U0342705

普通高等教育“十四五”规划教材

数据库原理与应用

——基于 SQL Server 2019

刘 丽　杨 忝　雷雪梅　编著

北 京
冶 金 工 业 出 版 社
2024

内 容 提 要

本书深入浅出地介绍了数据库的基本原理、SQL Server 2019 的使用及数据库应用系统的开发，并基于“数据库原理 + SQL Server 数据库 2019 + Java 语言及其数据库访问技术”架构及其内容体系，通过“教学信息管理数据库应用系统”的完整设计过程，全面、系统地阐述了数据库系统的基本概念、基本原理、基本技术和基本设计方法。书中内容不仅覆盖了关系数据库原理、数据库设计方法和应用系统开发，而且给出了 SQL Server 2019 数据库管理系统软件的基本运用方法。

本书既可作为高等院校数据库课程的教材，也可供各类计算机应用开发人员阅读参考。

图书在版编目(CIP)数据

数据库原理与应用：基于 SQL Server 2019 / 刘丽，杨焘，雷雪梅编著. —北京：冶金工业出版社，2024. 1

普通高等教育“十四五”规划教材

ISBN 978-7-5024-9736-1

Ⅰ. ①数… Ⅱ. ①刘… ②杨… ③雷… Ⅲ. ①关系数据库系统—高等学校—教材 Ⅳ. ①TP311. 132. 3

中国国家版本馆 CIP 数据核字(2024)第 023628 号

数据库原理与应用——基于 SQL Server 2019

出版发行	冶金工业出版社	**电　话**	(010)64027926
地　址	北京市东城区嵩祝院北巷 39 号	**邮　编**	100009
网　址	www. mip1953. com	**电子信箱**	service@ mip1953. com

责任编辑 夏小雪 王雨童 美术编辑 吕欣童 版式设计 郑小利

责任校对 郑 娟 责任印制 禹 蕊

三河市双峰印刷装订有限公司印刷

2024 年 1 月第 1 版，2024 年 1 月第 1 次印刷

787mm × 1092mm 1/16；16. 25 印张；391 千字；246 页

定价 39. 00 元

投稿电话 (010)64027932 投稿信箱 tougao@cnmip. com. cn

营销中心电话 (010)64044283

冶金工业出版社天猫旗舰店 yjgycbs. tmall. com

（本书如有印装质量问题，本社营销中心负责退换）

前　言

随着人工智能技术的迅速发展，数据的重要性更加凸显。数据不仅是AI发展的驱动力，更是商业和社会创新的核心要素。数据库是现代信息系统的核心组成部分，用于存储、管理和检索大量结构化和非结构化数据。数据库作为人工智能技术中的重要组成部分得以广泛应用，可以提供数据存储和管理、数据分析和挖掘、决策支持以及自然语言处理等功能，为人工智能算法提供有力的支撑。

本书以关系数据库为核心，按照“理论—应用—实践”循序渐进的模式，在系统阐述数据库的基本理论、方法和技术的基础上，结合具体的数据库管理系统软件SQL Server 2019来介绍数据库的应用。本书注重实用，可操作性强，目的是帮助读者按照软件工程和数据库设计的步骤，根据应用需求灵活设计数据库系统，并能基于SQL Server 2019，以及利用高级语言Java和软件开发工具进行数据库应用系统的开发。

本书是作者在多年来讲授数据库课程积累的经验基础上撰写而成的，书中突出了教学中的重点和难点，加强实践环节，理论与实践紧密结合，强化了数据库应用系统的设计和开发，列举具体案例详细描述了数据库应用系统的设计与开发过程。

本书介绍了数据库的基本原理、SQL Server 2019的使用以及数据库应用系统开发。全书共11章，第1章数据库系统概论，第2章关系数据库，第3章SQL Server 2019与T-SQL介绍，第4章数据库、表的操作，第5章数据的操作，第6章存储过程、触发器及用户自定义函数，第7章数据库的安全性管理，第8章数据库设计，第9章Java与数据库编程，第10章新兴数据库技术，第11章实验指导。

本书由刘丽、杨焘、雷雪梅撰写，其中第3、6、7章由刘丽撰写；第4、5、9、10章由杨焘撰写，第1、2、8章由雷雪梅撰写；第11章由刘丽和杨焘共同撰写。

本书在撰写过程中，参考了大量的相关技术资料和程序开发文档，在此向文献作者深表谢意。本书的出版得到了北京科技大学教材建设经费资助及北京科技大学教务处的全程支持，在此表示诚挚的谢意。同时，感谢冶金工业出版社对本书出版的大力支持。

数据库技术发展非常迅速，由于作者水平有限，书中存在的疏漏之处，敬请广大读者批评指正。

作 者

2023 年 10 月

目　录

1 数据库系统概论

数据库技术是信息系统的核心和基础，数据库从最初的数据文件的简单集合发展到今天的大型数据库管理系统，已经成为我们日常生活中不可缺少的组成部分，在各个领域得到广泛的应用。信息时代大量的信息和有价值的数据是组织的宝贵资产，随着信息的不断增长，如何有效地管理数据并快速地查找所需数据，就需要强大的数据管理系统，用户借助数据管理工具保存数据并快速地抽取有价值的信息。

本章目的在于使读者对数据库系统的基本知识能有一个较为全面的了解。介绍了有关数据库结构和数据库系统的基本知识和基本概念，阐述了数据库系统结构及其特点，重点介绍了数据模型及其组成要素，概念模型的表示方法，以及关系数据模型的基本概念。

1.1 数据库概述

在学习数据库知识之前，我们首先理解清楚信息、数据与数据处理、数据库和数据库管理系统等基本概念。

1.1.1 信息、数据与数据处理

信息对人类社会的发展具有重要意义。信息是客观世界的反映，具有实效性、有用性和知识性的特性，信息能够被传递，并且需要一定的形式来表示。

数据是信息的一种表现形式，描述事物的符号记录称为数据。数据的种类很多，可以是数字，也可以是字符，以及图形、图像、声音等多媒体数据。数据有多种表现形式，可以经过数字化和结构化后存入计算机。

数据有“型”和“值”之分，数据的“型”是指数据的结构，数据的“值”是指数据的具体取值。例如，学生数据由“学号”“姓名”“年龄”“性别”“班级”等属性构成，那么学生数据的“型”可表示为学生（学号，姓名，年龄，性别，班级），而一个记录的具体取值，如（“051001”“王丽”“20”“女”“计05”）就是一个学生数据的“值”。

数据处理是指对各种数据进行收集、存储、加工和传播的一系列活动的总和，核心任务是对数据进行分类、组织、编码、存储、检索和维护。

1.1.2 数据库及其特点

数据库是长期保存在计算机内、可共享的、结构化的大量数据的集合，用于描述实体

及实体之间联系的一系列活动。例如，学校教学管理数据库包含如下信息：实体有学生、教师、课程、教室；实体间联系如学生选课、教师教授课程、使用教室上课等。

数据库中的数据按照一定的数据模型组织、描述和存储，具有较小的冗余度、较高的数据独立性，可为多用户共享，并且容易扩展，安全性和完整性也有保障。数据库的特点主要有以下几个方面。

(1) 数据结构化。数据结构化是数据库与文件系统的根本区别。在描述数据时不仅要描述数据本身，还要描述数据之间的联系。

(2) 数据独立性高。数据独立性是指数据库中的数据独立于应用程序。包括数据的物理独立性和逻辑独立性。数据库通过数据的抽象视图将应用程序与数据表示和数据存储彼此独立，保证数据存储结构的变化不影响用户程序的使用，提高了数据库应用系统的稳定性。数据库系统结构的二级映像保证了数据独立性的实现（详见 1.2 节）。

(3) 数据共享性高、冗余度低。数据库系统从整体角度来描述数据，数据库中的数据可以供多个用户使用，每个用户只与数据库中的一部分数据发生联系；用户可以同时存取数据而互不影响，大大提高了数据库的使用效率。最低程度地减少了数据库系统中的重复数据，使存取速度更快，在有限的存储空间内可以存放更多的数据。

数据库中的数据统一定义、组织和存储，集中管理，避免了不必要的数据冗余，相同的数据可以被多个用户、多个应用共享，而在物理上这些数据仅存储一次，减少了数据冗余，也提高了数据的一致性。

(4) 数据由数据管理系统统一管理和控制。数据由数据库管理系统（Database-Management System，DBMS）统一管理，DBMS 能保证数据的一致性、完整性、安全性，提供并发控制和数据恢复机制。数据的一致性是指反映同一客观事物的数据无论在何时何地出现都是相同的。DBMS 能对不同的用户访问数据的权限进行限制，数据库系统保证数据的安全性，可以防止数据丢失和被非法使用。DBMS 能保证数据的完整性，可以保护数据的正确、有效和相容。DBMS 具有并发控制和数据恢复功能，可以对数据并发控制，避免并发程序之间的相互干扰，多用户操作可以进行并行调度。DBMS 具有数据的恢复功能，在数据库被破坏或数据不可靠时，系统有能力把数据库恢复到最近某个时刻的正确状态。

1.1.3　数据库管理系统

数据库管理系统（DBMS）是一种操纵和管理数据库的大型软件，用于建立、使用和维护数据库。它对数据库进行统一的管理和控制，以保证数据库的安全性和完整性。DBMS 使用户能方便地定义和操纵数据，维护数据的安全性和完整性，以及进行多用户下的并发控制和恢复数据库。DBMS 是建立在操作系统之上的应用软件平台，具有以下功能：

(1) 数据定义功能。DBMS 提供相应数据定义语言（DDL）来定义数据库结构（包括外模式、内模式及其相互之间的映象）、定义数据的完整性约束、保密限制等约束条件。在DBMS中包括DDL的编译程序，它把用DDL编写的各种源模式编译成相应的目标模式。这些目标模式是对数据库的描述，而不是数据本身，它们是数据库的框架（即结构），并被保存在数据字典中，供以后进行数据操纵或数据控制时查阅使用。

（2）数据库操纵功能。DBMS提供数据操纵语言（DML），实现对数据库数据的基本存取操作，包括检索、插入、修改和删除。

（3）数据库运行管理功能。DBMS提供数据控制功能对数据库运行进行有效地控制和管理，以确保数据正确有效。主要体现在四个方面：数据的安全性控制、数据完整性控制、多用户环境下的并发控制和数据库的恢复。

数据库安全性的控制是对数据库的一种保护。它的作用是防止被未授权的用户存取数据库中的数据。用户要想使用数据库及其数据，首先必须在DBMS中建立登录用户和数据库用户标识，然后系统确定该用户是否可以对指定的数据进行存取操作。

数据完整性控制是DBMS对数据库提供保护的另一个重要方面。完整性包括数据的准确性和一致性的描述。当数据加入到数据库时，对数据的合法性和一致性的检验将会提高数据的完整性程度。完整性控制的目的是保证进入数据库中的存储数据的语义的正确性和有效性，防止任何操作对数据造成违反其语义的改变。因此，DBMS都允许对数据库中各类数据定义若干语义完整性约束，由DBMS强制实行。

并发控制是DBMS的又一种控制机制。数据库技术的一个优点是数据的共享性。但多应用程序同时对数据库进行操作可能会破坏数据的正确性，或者在数据库内存储了错误的数据，或者用户读取了不正确的数据。并发控制机制能防止上述情况发生，正确处理好多用户、多任务环境下的并发操作。

数据库的恢复机制是保护数据库的又一个重要方面。在数据库建立后运行中要不断地对数据库进行操作，就可能会出现各种故障，例如，停电、软硬件各种错误、人为破坏等，从而导致数据库损坏，或者数据不正确了。此时，DBMS的恢复机制就有能力把数据库从被破坏的、不正确的状态，恢复至以前某个正确的状态。为了保证恢复工作的正常进行，系统要经常为数据库建立若干备份副本。

DBMS的其他控制功能还有系统缓冲区的管理以及数据存储的某些自适应调节机制等。

（4）数据库的建立和维护功能。包括数据库初始数据的装入，数据库的转储、恢复、重组织，系统性能监视、分析等功能。这些功能大都由各个实用程序来完成。例如，装配程序（装配数据库）、重组程序（重新组织数据库）、日志程序（用于更新操作和数据库的恢复）、统计分析程序等。

常见的数据库管理系统主要有Oracle、MySQL、SQL Server、Sybase、DB2等。

1.1.4 数据库系统的组成

数据库系统（Database System，DBS）是指在计算机系统中引入数据库后的系统，是一个由计算机硬件、软件（包括操作系统、数据库管理系统和应用开发工具等）、数据库，以及用户和数据库管理员（DBA）构成的完整计算机应用系统，如图1-1所示。

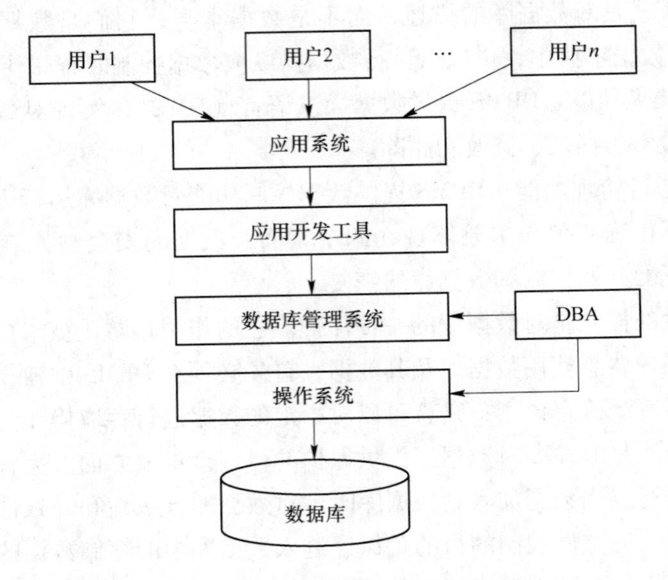

图1-1 数据库系统组成

1.1.5 数据库技术发展概述

数据库的发展经历了三代演变：层次/网状系统、关系系统、新一代数据库系统家族。数据库技术最初产生于20世纪60年代，三位数据库领域的开拓者C. W. Bachman、E. F. Codd和James Gray，为数据库理论奠定了坚实的基础，他们都获得了图灵奖。网状数据库之父C. W. Bachman，1960年为通用电气制造了世界上第一个网状数据库系统IDS，积极推动与促成了数据库标准的制定，在数据库技术的产生、发展与推广应用方面都发挥了巨大的作用，由于他在数据库方面的杰出成就于1973年获图灵奖。E. F. Codd关系数据库之父，20世纪60年代后期开始数据库研究，1970年提出关系模型概念，1981年获图灵奖。James Gray数据库技术和事务处理专家，由于他在数据库和事务处理研究方面的原创性贡献以及在将研究原型转化为商业产品的系统实现方面的技术领袖地位，1998年获图灵奖。

最早出现的数据库管理系统IDS奠定了网状数据模型的基础，之后，美国数据库系统语言协商会（CODASYL）下属的数据库任务组（DBTG）给出了第一个数据库标准规范，DBTG所提议的方法是基于网状结构的，是数据库网状数据模型的典型代表。IBM公司于1969年研制成功的数据库管理系统IMS（Information Management System），该系统基于层次模型。这两种数据库奠定了现代数据库发展的基础。

1970年，IBM公司的研究员E. F. Codd在题为《大型共享数据库数据的关系模型》的论文中提出了新的数据表示方法——关系数据模型，开创了数据库的关系模型和关系数据理论的研究，为关系数据库技术奠定了理论基础。关系模型建立之后，IBM公司在San

Jose 实验室增加了更多的研究人员研究关系数据库，开展著名的 System R 项目的研究，其目标是论证一个全功能关系数据库管理系统的可行性。该项目结束于 1979 年，完成了第一个实现结构化查询语言（SQL）的数据库管理系统，1980 年 System R 作为产品正式推向市场。同时，1973 年加州大学伯克利分校的 Michael Stonebraker 和 Eugene Wong 利用 System R 已发布的信息开始开发自己的关系数据库系统 Ingres。Ingres 项目最后由 Oracle 公司、Ingres 公司，以及硅谷的其他厂商所商品化。

从最初的层次、网状数据模型发展到关系数据模型，数据库技术产生了巨大的飞跃。关系理论的研究和关系数据库管理系统研制的成功，使关系数据模型成为数据库技术中具有统治地位的数据模型，技术越来越成熟和完善，到了 20 世纪 80 年代，几乎所有新开发的数据库系统都是关系型的，其代表产品有 Oracle 公司的 Oracle、IBM 公司的 DB2、微软公司的 MS SQL Server 等。

数据库应用迅速向深度、广度扩展。基于关系型 DBMS 的应用需求不断扩大，如企业资源计划（ERP）和管理资源计划（MRP）系统都是建立在 DBMS 之上的面向应用的大型系统。尤其是互联网的出现，极大地改变了数据库的应用环境，向数据库领域提出了前所未有的技术挑战，多数应用系统都是通过 Web 浏览器方式访问数据库中数据并以 HTML（扩展标记语言）格式返回查询结果，DBMS 厂商不断改进其产品特性以更好地适应 Internet 应用需求。随着科学技术的发展，应用对数据存储的需求不断膨胀，对数据库技术提出更高的要求。数据库产品的研发更注重支持复杂的数据分析，支持存储新的数据类型和复杂的查询。为了从分布的数据库中提取信息进行快速的联机事务处理和联机数据分析，出现了数据仓库与联机分析技术、数据挖掘与商务智能技术、海量数据管理技术等数据库新技术。

随着数据库应用领域的扩展，信息特性和来源的多样化，以及数据挖掘、Web 搜索引擎、人工智能等相关技术成熟，这些因素的变化不断推动数据库技术的进步，数据库新技术不断涌现和成熟。数据库要管理的数据的复杂度和数据量都在迅速增长，数据模型丰富多彩，在关系数据模型之后，人们研究和提出了面向对象的数据模型以及适应 Web 技术的 XML 数据模型。数据库技术与其他学科相结合出现了新型的数据库系统，如分布式数据库系统、Web 数据库、多媒体数据库、空间数据库、移动数据库系统等。数据库技术必将在数据、应用需求和计算机相关技术的推动下不断发展，研究高可靠性、高性能、高可伸缩性和高安全的数据库系统是数据库技术长久不衰的追求。

1.2 数据库的体系结构

为了有效地组织和管理数据，提高数据库的数据独立性和共享性，美国国家标准协会（ANSI）的数据库管理系统研究小组提出了数据库的体系结构的标准化建议，将数据库的数据组织结构分为三个相互关联的层次，分别是概念级数据模式、用户级数据模式和物理级数据模式。用户级数据模式对应外模式，概念级数据模式对应模式，物理级数据模式对应内模式，也即数据库系统的内部体系结构采用三级模式结构，包括外模式、模式和内模式。

1.2.1 数据库系统的三级模式结构

数据库系统的三级模式结构是指数据库是由外模式、模式、内模式三级构成，如图1-2所示。

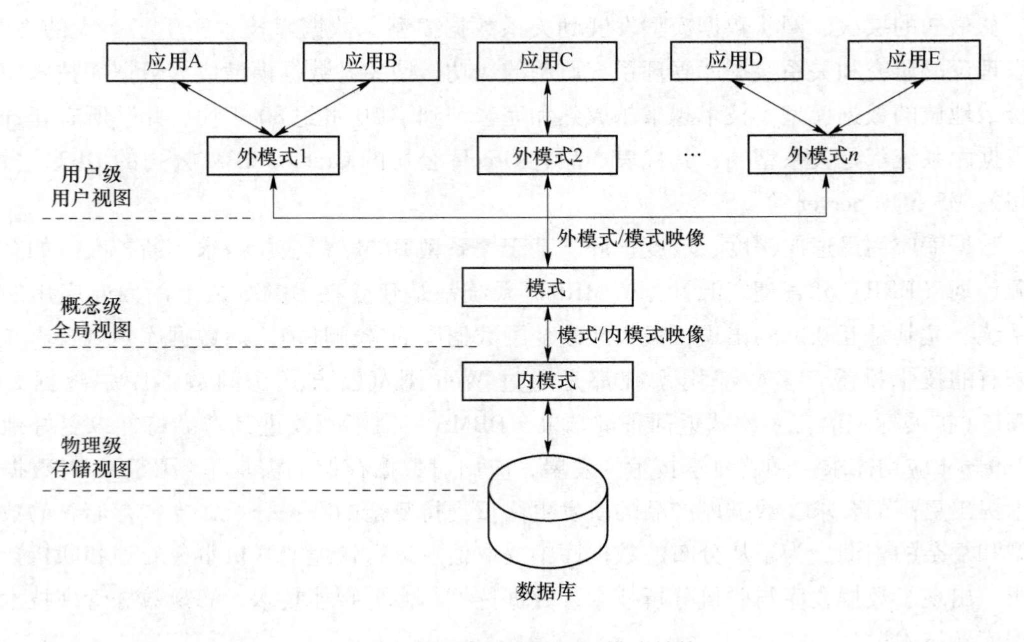

图1-2 数据库系统的三级模式结构

1.2.1.1 模式

模式又称为逻辑模式，对应概念级数据模式，是对数据库中全部数据的逻辑结构和特征的描述，是面向所有用户的公共数据的全局视图，是对数据库中所有数据项、数据以及数据之间的相互联系的描述。这种描述仅仅是一种逻辑组织结构的描述，不涉及数据存储结构。提供这一层次的数据模式描述，主要是为了使数据库系统的设计者，在对所有用户的应用需求进行统一综合考虑之后，从总体上，能够将这些需求所涉及的数据及其相互联系，有机地结合成为一个逻辑整体，按照统一的观点构造全局逻辑结构。

一个数据库只有一个模式，模式是数据库数据在逻辑级上的视图，数据库模式以某一种数据模型为基础，定义模式时不仅要定义数据的逻辑结构（如数据记录由哪些数据项构成，数据项的名字、类型、取值范围等），而且要定义与数据有关的安全性、完整性要求，定义这些数据之间的联系。

1.2.1.2 外模式

外模式又称为子模式或用户模式，属于用户级数据模式，是数据库用户使用数据库所涉及的局部数据的逻辑结构和特征的描述。它是与某一应用有关的数据的逻辑表示。外模式是模式的一个子集或者是一个映射，一个数据库只有一个模式，但通常都对应着多个外模式。外模式所包含的数据之间可以有重叠，也允许多个用户共用同一个外模式。提供这一层次的数据模式描述，有以下优点：

（1）保证了数据独立性。由于用户的数据库应用编程仅仅是依据外模式的数据逻辑结构的描述，而外模式一般都是模式的一个真子集，因此，若因需要而对模式所描述的数据逻辑结构进行部分修改或扩充时，如增加新的数据项或者增加新的数据类型等，只要不影响外模式和模式间原有的映射关系，那么用户依据外模式所开发的应用程序，就不受模式变动的任何影响。所以，提供模式与子模式这两层数据逻辑结构的描述，就可以较好地保证数据的逻辑独立性。

（2）数据能够被较好地共享，数据冗余小。由于同一模式可以产生许多不同的外模式，这些外模式所描述的数据可以来源于模式所描述的全局数据逻辑结构中各种数据项或记录类型，因此就可以很方便地实现数据的共享，也就大大减少了数据可能存在的冗余，从而有利于保证数据的一致性、完整性和正确性。

（3）有利于保证数据的安全性。由于用户是通过其相应的应用程序对数据库中数据进行操作，因此他只能操作其外模式所描述范围内的数据，而无法接触到其他用户及其外模式所描述的数据，由此就可以保证数据库中的数据具有较好的安全性。

1.2.1.3 内模式

内模式属于物理级数据模式，又称为存储模式或物理模式。它是对数据库中所有数据在物理设备上实际存储的物理结构和存储方式的描述，是数据在数据库内部的表示方式，例如，记录的存储方式是顺序存储、按照 B 树结构存储还是按 Hash 方法存储；索引按照什么方式组织；数据是否压缩存储，是否加密；数据的存储记录结构有何规定，等等。

内模式是数据库管理系统（DBMS）对数据库中数据进行有效组织和管理的方法。数据根据内模式的描述，被存放到若干按各种组织方式建立起来的物理文件中，对这些物理文件的所有存取访问的控制都是由 DBMS 统一控制的。DBMS 负责完成从模式到内模式之间的数据映射，因为所有的数据库应用程序或服务所涉及的数据都是根据模式的数据描述得到的，所以当数据库数据的物理组织结构发生变化时，模式的描述通常无需修改，同样也就保证了与模式相关联的外模式和用户应用程序也无需修改，从而使得数据库系统中数据具有物理独立性。

1.2.2 数据库的二级映像

数据库采用上述的三级模式结构对其中的数据组织进行描述，从而较好地保证了数据的独立性，方便了用户对数据库中数据的操作，减少了数据冗余。由于数据库中的数据实际上是按照内模式进行存储的，而模式和外模式都只是对内模式描述数据的一种逐级逻辑抽象，用户在对数据库进行操作时，都必须通过数据库管理系统，来完成从外模式到模式之间、模式到内模式之间这两种映射，当然这两种映射是由管理系统自动完成的，对用户是透明的。为了能够在内部实现数据库的三个抽象层次的联系和转换，数据库管理系统在这三级模式之间提供了两级映像。数据库的三级结构和二级映像保证了数据库中数据的物理独立性和逻辑独立性，物理独立性和逻辑独立性合称数据独立性。

1.2.2.1 外模式/模式映像

对应于同一个模式可以有任意多个外模式。对于每一个外模式，数据库系统都有一个外模式/模式映像，它定义了该外模式与模式之间的对应关系。当模式改变时，例如，增加新的实体和增加新的属性。可以通过重新定义外模式/模式的映像，使外模式保持不变。应用程序是依据数据的外模式编写的，从而应用程序可以不必修改，保证了数据与程序的逻辑独立性。

1.2.2.2 模式/内模式映像

数据库中只有一个模式，也只有一个内模式，所以模式/内模式映像是唯一的，它定义了数据库的全局逻辑结构与存储结构之间的对应关系。当内模式发生改变时，例如，更换存储设备、改变文件的存储结构、改变存取策略等，可以通过重新定义模式到内模式的映像而不用改变模式，其逻辑子集的外模式也不变，从而应用程序也不必修改。保证了数据与程序的物理独立性。物理独立性可以使得在系统运行中调整物理数据库以改善系统效率而不影响应用程序的运行。

1.3 数据模型

数据是描述事物的符号记录，模型是对现实世界中事物的抽象，数据模型是数据特征的抽象模型。计算机不可能直接处理现实世界中的具体事物，所以人们必须事先把具体事物转换成计算机能够处理的数据。在数据库中用数据模型这个工具来抽象、表示和处理现实世界中的数据和信息。在数据库技术中，表示实体类型及实体类型间联系的模型称为数据模型。数据模型是数据特征的抽象，描述的是数据的共性。数据模型用来描述数据及数据之间关系的结构、对数据的操作以及数据的约束。数据模型应满足三个方面的要求：一是能比较真实地模拟现实世界；二是容易为人们所理解；三是便于在计算机上实现。

1.3.1 数据模型的组成要素

一般而言，数据模型是严格定义的一组概念的集合，这些概念精确地描述了系统的静态特征（数据结构）、动态特征（数据操作）和完整性约束条件，数据结构、数据操作和数据完整性约束是数据模型的三个组成要素。

1.3.1.1 数据结构

数据结构主要描述数据的类型、内容、性质以及数据间的联系等，是对系统静态特征的描述。数据结构是数据模型的基础，数据操作和完整性约束都建立在数据结构上。数据结构指对象和对象间联系的表达和实现，这些对象是数据库的组成成分，包括两个方面：

（1）数据本身：类型、内容、性质。例如，关系模型中的域、属性、类型等。

（2）数据之间的联系：数据之间是如何相互关联的。例如，关系模型中的主键、外键、联系等。

1.3.1.2 数据操作

数据操作主要描述在相应的数据结构上可执行的操作类型和操作方式，是对系统动态特性的描述，指对数据库中各种对象（型）的实例（值）允许执行的操作的集合，主要指查询和更新（插入、删除、修改）两类操作。数据模型必须定义这些操作的确切含义、操作符号、操作规则（如优先级）以及实现操作的语言。

1.3.1.3 数据完整性约束

数据完整性约束是一组完整性规则的集合，主要描述数据结构内数据间的联系、数据间的制约和依存关系，以及数据动态变化的规则，规定数据库状态及状态变化所应满足的条件，以保证数据的正确性、有效性和相容性。

1.3.2 数据模型的类型

为了把现实世界的具体事物转换成计算机能够处理的数据，必须对具体的事物对象进行抽象、组织成为某一数据库管理系统（DBMS）支持的数据模型。常常采用逐步抽象的方法，人们首先对现实世界的客观对象进行认识并抽象为信息世界的某一种可描述的信息结构，该信息结构不依赖于计算机系统，按用户的观点对数据和信息建模，是概念级的模型；然后将信息世界的概念模型转换为机器世界即计算机中某一 DBMS 支持的数据模型。在数据库系统中针对不同的使用对象和应用目的，在不同的抽象层次采用不同的数据模型，一般分为三层，即概念层、逻辑层和物理层，相应地数据模型包括概念模型、逻辑数据模型和物理数据模型三种类型。从概念模型到逻辑数据模型的转换是由数据库设计人员完成的，从逻辑数据模型到物理数据模型的转换是由 DBMS 完成的。

1.3.2.1 概念模型

概念模型是面向用户的现实世界的模型，主要用来描述现实世界客观对象的概念结构，是按用户的观点对客观事物建模，该模型独立于计算机系统，与具体的数据库管理系统无关，完全不涉及信息在计算机系统中的表示。概念模型主要用于数据库设计，是用户与数据库设计人员之间进行交流的语言，概念模型应当简单、清晰、易于用户理解，能方便、直接地表达各种语义，而且概念模型应独立于任何 DBMS，但容易向 DBMS 所支持的逻辑数据模型转换。实体联系模型（Entity Relational Model，简称 ER 模型）是常用的概念模型。概念数据模型必须转换成逻辑数据模型，才能在 DBMS 中实现。

1.3.2.2 逻辑数据模型

逻辑数据模型是用户通过数据库管理系统（DBMS）所看到的数据模型，是具体的 DBMS 所支持的数据模型，用来描述数据库数据整体的逻辑结构。不同的 DBMS 提供不同的逻辑数据模型，常用的逻辑数据模型有层次模型、网状模型、关系模型、面向对象模型等。逻辑数据模型是直接面向数据库的逻辑结构的，通常有一组严格定义的，无二义性的语法和语义的数据库语言，人们可以用这种语言来定义、操纵数据库中的数据。

DBMS 常用的数据模型包括层次数据模型、网状数据模型和关系数据模型等。

层次模型是数据库系统中最早出现的数据模型，层次模型的典型代表是 IBM 公司的 IMS（Information Management System）。层次模型的结构是树型结构，树中的每个结点代表一种记录类型，这些结点满足如下规律：有且仅有一个结点无双亲，该结点称为根结点；根以外的其他结点有且仅有一个双亲结点。在层次模型中，从双亲结点到子女结点是 1：N 联系，因此层次模型较适合于表示一对多的实体关系，对于多对多的联系虽然也可以通过一些方法转换成一对多联系，但实现起来较复杂，并且由于层次模型的层次顺序的严格和复杂性，使得数据查询和更新操作比较复杂，没有得到进一步的发展和应用。

用网状结构表示实体及其之间联系的数据模型称为网状模型，它是层次模型的拓展。网状模型中，结点间的联系更具有任意性，能够表示各种复杂的联系。网状模型的特点是：至少有一个结点无双亲结点；允许结点有多于一个的双亲结点。网状结构可以直接表示多对多联系，其缺点是数据结构及其对应的数据操作语言极为复杂，程序设计困难。

关系模型是用关系的表结构来描述实体以及实体间联系的数据模型。从 20 世纪 80 年代中期开始，关系模型占有统治地位，数据库市场已基本被关系数据库系统的产品取代，ORACLE、Sybase、DB2、SQL Server 等主流数据库产品都基于关系模型。

1.3.2.3 物理数据模型

物理数据模型，简称为物理模型，是描述数据在储存介质上的组织结构的数据模型，用来描述数据物理存储结构和存储方法。例如，一个数据库中数据和索引是存放在不同的数据段上还是同一数据段中；数据的物理记录格式是变长的还是定长的；数据是压缩的还是非压缩的；索引结构是 B + 树还是 Hash 结构等。

物理模型不但与具体的 DBMS 有关，而且还与操作系统和硬件有关。每一种逻辑数据模型在实现时都有其对应的物理数据模型。DBMS 为了保证其独立性与可移植性，大部分物理数据模型的实现工作由系统自动完成，而设计者只设计索引、聚集等特殊结构。

1.3.3 E-R 模型

实体联系模型（Entity Relational Model，简称 E-R 模型），E-R 模型是 P. P. Chen 在 1976 年提出的。E-R 模型是一种广泛使用的概念模型，该模型将现实世界的要求转化成实体、联系、属性等几个基本概念，并可用 E-R 图直观地表示出来。E-R 模型是面向现实世界，它主要是用于描述现实信息世界中数据的静态特性，而不涉及数据的处理过程。E-R 模型在数据库系统应用的设计中，得到了广泛应用。

1.3.3.1 实体

（1）实体（Entity）和实体集（Entity Set）。客观存在并可相互区别的事物均可认为是实体。一个学生、一个部门、学生的一次选课。

实体集是具有共同特征的一类实体的集合。全体学生就是一个实体集。

（2）属性（Attribute）和域。实体所具有的某一特性称为属性，一个实体可以有若干属性，实体及其属性构成实体的完整描述。如学生实体可以由“学号、姓名、性别、出生日期”等属性来描述。

域是属性的合理取值范围。

（3）实体型和实体值。具有相同属性的实体所具有的共同特征的描述，称为实体型。用实体名及属性名集合来描述。例如，学生（学号，姓名，年龄，专业）就是一个实体型。

实体值是符合实体型定义的每个具体实体，即实体型的属性的一组值就表示了一个具体的实体，称为实体值。

（4）码（键）。码是能唯一标识实体的属性或属性组。如学生学号可作为“学生”实体的码，人的身份证号可作为“人”实体的码。

1.3.3.2 联系

在现实世界中，任何事物都不是孤立存在的。实体之间存在着各种相互联系，实体之间只能通过联系才能建立起连接关系。例如，教师与学生之间至少存在一种联系，即“教学”联系，老师与学生是通过“教学”建立联系；供应商与商品之间存在一种“供应”联系，这些都是不同类型的实体之间存在的联系。还有一种联系是存在于同一实体型中的不同的具体实体之间，例如学生实体型里，某一学生是班长，显然班长和其他学生间存在着一种领导与被领导的关系。

在 E-R 数据模型中，通常将不同实体型之间存在的联系归纳成三种不同类型：

（1）一对一的联系（1∶1）。对于实体型 A 中的一个实体，在实体型 B 中至多有一个实体与之对应，反之对于实体型 B 中的一个实体，在实体型 A 中至多有一个实体与之对应。这样的联系被称为是一对一的联系。例如，“系”和“系主任”两个实体型之间的联系是 1∶1，假设一个系只能有一名系主任，而一名系主任只能领导一个系。

（2）一对多的联系（1∶n）。对于实体型 A 中的一个实体，实体型 B 中可以有若干个实体与之对应；反之，对于实体 B 中的一个实体，实体型 A 中只能有一个实体与之对应。这样的联系被称为是一对多的联系，例如实体型“系”和“教师”之间的联系是 1∶n，一个系可以有若干名教师，一名教师只能对应一个系。

（3）多对多的联系（m∶n）。对于实体型 A 中的一个实体，实体型 B 中可以有若干个实体与之对应；反之，对于实体型 B 中的一个实体，实体型 A 中也有若干个实体与之对应，这样的联系被称为是多对多的联系。例如，两个实体型“教师”和“课程”之间的联系是 m∶n，一名教师可以教若干门课，一门课又可以有若干名教师讲。

以上介绍的三种类型的联系不仅可以用于描述两个不同类型的实体，还可以用于描述多个不同类型的实体。如在现实世界中，存在着许多个实体型相互之间都有联系的情况。如教师、课程、学生三个实体型之间就存在一种联系，一名教师可以教若干门课，一门课又可以有若干名教师讲授；一名教师可以教若干学生，一名学生又可以有若干名教师教；一门课可以有若干名学生选，一名学生又可以选若干门课。为了方便，我们可以将这三个实体型之间联系分解成每两个实体型之间均存在的多对多联系。

1.3.3.3 属性

实体型是实体集合中所有实体共同描述特征的集合，这些实体所共有的描述特征就称为实体的属性。如学生实体型，其共有的描述特征通常有学号、姓名、年龄、性别等，它们都是学生实体型的属性。这些属性的一组值就表示了一个具体的实体。在一个具体的实体型中，其中的每一个属性都有其取值范围，这一范围称为属性的域。一个属性的域可以是整数、浮点数、字符串等。实体型中的某个（些）属性的取值可以用来唯一区分实体型中具体实体，这种属性称为该实体型的码。如学生实体型中的“学号”属性的取值就可以用来区分每一个学生，是学生实体的码。

不仅实体有属性，联系也可以有属性，如学生和课程这两个实体，“选课”是它们之间的一种联系，学生选修某门课程取得了某个成绩，显然成绩描述是一个属性，但它既不是学生实体型中的一个属性，也不是课程实体型中的一个属性。而成绩属性的具体取值，既依赖于某个具体的学生，又依赖于某个具体的课程，所以我们将成绩属性定义为是学生和课程这两个实体型之间“选课”联系的属性。

实体、属性和联系三个基本要素的概念是有明确区分的，但是对于某个具体数据对象，究竟它应该被认为是实体，还是属性或联系，常常需要根据具体应用背景和用户的观点来确定。

下面举例说明以上概念。

【例 1-1】 银行系统数据库。

（1）银行储户实体。

属性：身份证号码，姓名，单位；

实体集：所有银行储户；

实体型：银行储户（身份证号码，姓名，单位）；

实体值：（350306197801020051，李刚，工商学院）；

域：身份证号码必须为 18 位的数字符号；

码（键）：身份证号码。

（2）银行账户实体。

属性：账户号码，开户时间，存款额；

实体集：所有银行账户；

实体型：银行账户（账户号码，开户时间，存款额）；

实体值：（0010023，1998-5-12，50000）；

域：开户时间中年月日必须符合规范；

码：账户号码。

（3）联系。若规定每一储户只能有一个账户，银行储户和银行账户之间是一对一联系（1：1）。

【例 1-2】 学生选课系统数据库。

（1）学生实体。

属性：学号，姓名，年龄，专业，年级；

实体集：全体学生；

实体型：学生（学号，姓名，年龄，专业，年级）；

实体值：（405501，张小敏，20，计算机，计09）；

域：年龄在0~99之间；

码：学号。

（2）课程实体。

属性：课程编号，课程名，授课教师；

实体集：所有课程资料；

实体型：课程（课程编号，课程名，授课教师）；

实体值：（001，数据库原理，王红）；

码：课程编号。

（3）联系。学生和课程实体间存在多对多联系“选课”，一门课可以有若干名学生选，一名学生又可以选若干门课程。“选课”关系存在属性“成绩”，通过学号和课程号共同组成的码来唯一标识。

1.3.3.4 E-R模型的表示

E-R图能够形象地描述出E-R模型。在E-R图中用不同的几何图形描述实体、实体与实体之间相互联系，以及实体和联系的属性。

（1）实体集：用矩形表示实体，矩形框内写上实体集的名字。

（2）属性：用椭圆表示实体和联系的属性，并用无向边将其与相应的实体或联系连接起来，在椭圆框内写上属性的名称。

（3）联系：用菱形表示，菱形框内写明联系名，并用无向边分别与相关实体连接起来，同时在无向边旁标注联系的类型（1：1、1：n或m：n）。需要注意的是联系本身也是一种实体型，也可以有属性。如果一个联系具有属性，则这些属性也要用无向边与该联系连接起来。

图1-3是学校学生选课系统中所涉及的部分信息对象所构成的E-R图。

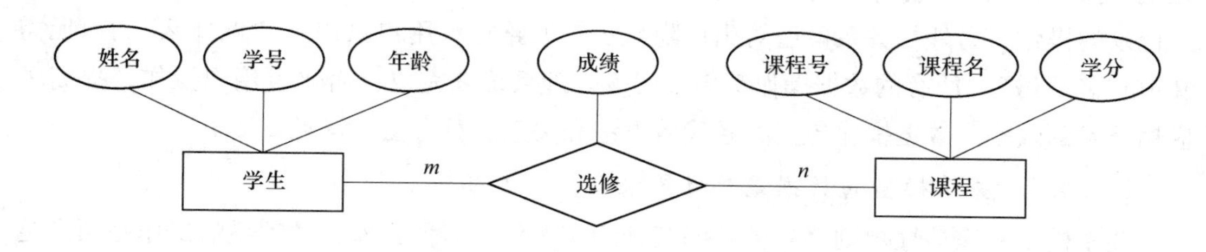

图1-3 学生选课E-R图

在图1-3中，描述了学生和课程两个实体，用矩形加以表示；学生实体的属性包括姓名、学号、年龄，课程实体的属性包括课程号、课程名、学分，这些属性用椭圆加以表示；学生和课程两个实体通过“选修”关系联系起来，两实体间存在多对多的联系，联系用菱形加以表示，“选修”联系的属性为成绩，该属性也用椭圆表示。

E-R 模型已被广泛地应用于数据库应用系统的概念设计。由于 E-R 图直观易懂，通过 E-R 图，计算机专业人员与非计算机专业人员可以进行直接地交流和合作，同时使用 E-R 图，可以很方便、真实和合理地描述出一个具体数据库应用系统的信息结构，并以此作为进一步设计数据库应用系统的基础。

1.3.4 关系模型

DBMS 常用的数据模型中，关系模型占有统治地位，目前主流数据库产品都基于关系模型。关系模型的组成要素包括关系模型的数据结构、关系模型的数据操作和关系模型的数据完整性约束。

1.3.4.1 关系模型的数据结构

用二维表结构来表示实体及实体间的联系的数据模型称为关系模型。关系模型的数据结构是二维表，每个二维表称为一个关系，表 1-1 是“学生”关系。关系数据结构涉及的基本概念，详见 2.1 节。

表 1-1 学生关系

学号	姓名	年龄	性别	班级
98601	李强	20	男	计 08
98602	刘伟	21	女	计 08
98603	张兵	20	男	自 09
98604	陈志坚	22	男	电 09
98605	张兵	21	女	电 08

1.3.4.2 关系模型的数据操作

关系模型的数据操作主要包括查询、插入、删除和更新数据。关系模型中的数据操作是集合操作方式，即操作的对象和结果都是集合（或称关系），而非关系模型都是面向单个记录的操作。另外，关系模型对用户隐藏了存取路径，用户只提出“做什么”，而无需知道“怎么做”，所有的数据操作都由数据库管理系统来完成，简化了用户操作，提高了应用开发的效率。数据操作包括关系代数方法和关系演算方法，详见 2.2 节。

1.3.4.3 关系模型的数据完整性约束

关系模型的完整性规则是对关系的某种约束条件，对数据库各种关系的操作必须满足关系的完整性约束条件。关系模型中包含三类完整性约束：实体完整性、参照完整性和用户定义的完整性。实体完整性用于定义数据库中所有表的主码（键）所应满足的条件，保证元组的唯一性。参照完整性是描述实体与实体间联系的规则，指定表之间的引用关系，也即参照与被参照关系。用户定义完整性是用户根据具体应用的环境制定的数据规则，反映某一具体应用所涉及的数据必须满足的语义要求。数据完整性约束详细内容将在后面章节介绍。

1.4　数据库应用系统结构

数据库系统（Database System）是由计算机系统、数据库、数据库应用程序、数据库管理系统（DBMS），以及数据库管理员组成。在数据库领域内，常常把使用数据库的各类系统统称为数据库应用系统，数据库应用系统体系结构主要有以下三种模式。

1.4.1　主机/终端模式

主机/终端模式是集中式的数据库应用系统，数据库管理系统和数据库放在主机上，处理数据库的应用程序系统也放在主机上，数据能为多用户终端共享，用户可以通过本地终端访问数据库，这些终端不具有处理能力。集中式数据库应用系统的主要优点是安全性较好，缺点是当多用户并发使用时，系统的性能急剧下降。

1.4.2　客户机/服务器结构模式

客户机（Client）/服务器（Server）结构模式也称为 C/S 结构，它根据网络中各个计算机的特点进行分工，客户机和服务器具有协同处理、CPU 共享的能力。C/S 模式可定义为一种特殊的协作式处理模式，DBMS 配置在服务器上，但应用程序的数据处理被分布在客户机和服务器上。客户机和服务器两者都参与一个应用程序的处理，软件各部分相互协作以完成特定的程序功能，C/S 结构模式如图 1-4 所示。在该体系结构中，Client 向 Server 发送请求，Server 响应 Client 发出的请求并返回 Client 所需要的结果。数据库应用程序布置在 Server 上，Client 上主要是 I/O 界面及处理、分析程序，提高了计算机的运行效率。

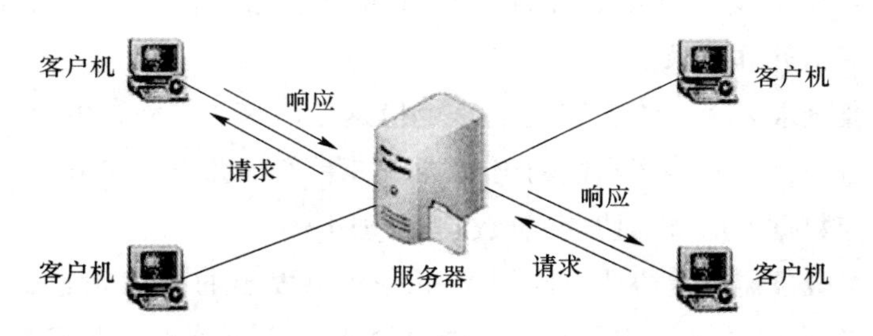

图 1-4　客户机/服务器结构模式

C/S 模式可以充分利用两端硬件环境的优势，将任务合理分配到 Client 端和 Server 端来实现，降低了系统的通信开销。但是这种两层的 C/S 结构也存在不足之处。首先由于客户机和服务器直接相连，服务器要消耗系统资源用于处理与客户机的通信，当大量客户机同时提交数据请求时，服务器资源被用于频繁的与客户机之间的连接，而无法及时响应数据请求，导致系统运行效率降低甚至崩溃。其次客户机应用程序的分发和协同难于处理。为了解决两层 C/S 结构的缺点，进一步改善其性能，三层/多层的 C/S 模式应运而生。

1.4.3 浏览器/Web 服务器结构模式

随着网络信息管理系统向 Internet 的迁移，出现了 WWW 技术与数据库技术相结合的 Web 数据库应用，目前软件应用系统正在向分布式的 Web 应用发展，出现了浏览器 (Browser)/Web 服务器（Server）结构模式，简称 B/S 结构。B/S 模式是一种以 Web 技术为基础的新型的数据库应用系统体系结构。把传统 C/S 模式中的服务器部分分解为一个数据服务器与一个或多个应用服务器（Web 服务器），从而构成一个三层结构的客户/服务器体系，B/S 结构模式如图 1-5 所示。

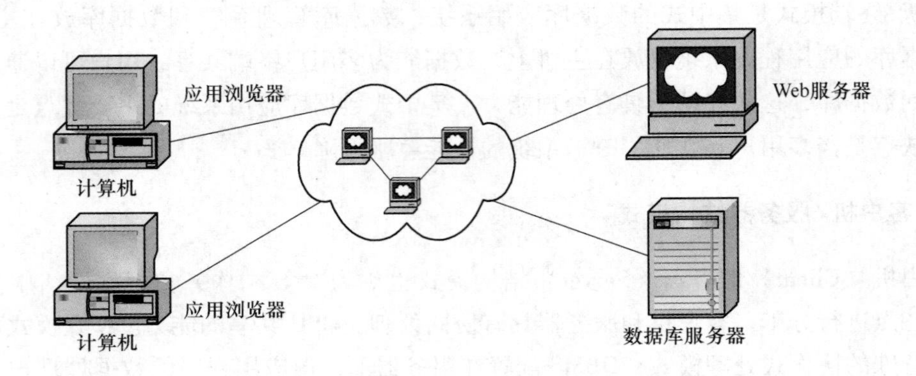

图 1-5 B/S 结构模式

第一层客户机是用户与整个系统的接口。客户的应用程序精简到一个通用的浏览器软件，如 Netscape Navigator，微软公司的 IE 等。浏览器将 HTML 代码转化成图文并茂的网页。网页还具备一定的交互功能，允许用户在网页上输入信息，提交给后台第二层的 Web 服务器，并提出处理请求。

第二层 Web 服务器将启动相应的进程来响应这一请求，并动态生成一串 HTML 代码，其中嵌入处理的结果，返回给客户机的浏览器。如果客户机提交的请求包括数据的存取，Web 服务器还需与数据库服务器协同完成这一处理工作。

第三层数据库服务器负责协调不同的 Web 服务器发出的 SQL 请求，管理数据库。基于 Web 应用系统都采用 B/S 结构，在客户端中除 Web 浏览器外，要安装的软件便是一些插件和控件。这些插件被设计于服务器端，并通过网络下载到客户端，而控件则是在第一次浏览时下载并注册的。这是一种最小化的客户端安装及瘦客户机模式，也是目前客户/服务器体系结构的发展方向。

B/S 结构的特点如下：

(1) B/S 结构简化了客户端。它无需像 C/S 模式那样在不同的客户机上安装不同的客户应用程序，而只需安装通用的浏览器软件。这样不但可以节省客户机的硬盘空间与内存，而且使安装过程更加简便、网络结构更加灵活。

（2）B/S 结构简化了系统的开发和维护。系统的开发者无需再为不同级别的用户设计开发不同的客户应用程序了，只需把所有的功能都实现在 Web 服务器上，并就不同的功能为各个级别的用户设置权限就可以了。各个用户通过 HTTP 请求，在权限范围内调用 Web 服务器上不同处理程序，从而完成对数据的查询或修改。

习　题

（1）简述数据库的概念及其特点。

（2）数据库管理系统的主要功能有哪些？

（3）试述数据模型的概念和数据模型的三个组成要素。

（4）简述数据库的三级模式结构。

（5）什么是数据的物理独立性和数据的逻辑独立性，为什么数据库系统具有数据与程序的独立性？

（6）简述实体间联系的类型。

（7）某图书管理系统对图书、读者及读者借阅情况进行管理。一名读者可以借阅多本图书，同一本图书可以被多名读者借阅。系统要求记录图书的书号、书名、作者、出版日期、类型、页数、价格、出版社名称、读者姓名、借书证号、性别、出生日期、学历、住址、电话、借书日期和归还日期。试用 E-R 图来描述该系统的概念模型。

（8）什么是关系模型？

（9）定义并解释以下术语：实体，实体型，属性，域，码。

2 关系数据库

关系模型建立在严格的数学概念的基础上，本章将较深入地讲解关系模型，包括关系的形式化定义，关系操作的关系代数语言，关系的完整性约束，以及关系的规范化理论。

2.1 关系数据结构

2.1.1 关系模型的基本概念

用二维表结构来表示实体及实体间的联系的数据模型称为关系模型。关系模型中数据的逻辑结构是一张二维表，由行和列组成，每个二维表称为一个关系，现实世界的实体及实体间的联系均用二维表结构即关系来表示。图 2-1 给出了教学管理系统数据库中的学生关系、课程关系、学生选课关系、专业关系、教师关系和教师讲授课程关系。

学生

学号	姓名	年龄	性别	专业号
98601	李强	20	男	01
98602	刘伟	21	女	02
98603	张兵	20	男	01

(a)

课程

课程号	课程名	学时
C601	高等数学	72
C602	数据结构	36
C603	操作系统	36

(b)

选课

学号	课程号	分数
98601	C601	90
98601	C602	90
98602	C603	90
98603	C601	75

(c)

专业

专业号	专业名称
01	自动化
02	计算机
03	通信
04	冶金

(d)

讲授

教工号	课程号	上课地点
T01001	C601	教 101
T01001	C602	教 102
T01002	C603	教 102
T01003	C601	教 105

(e)

教师

教工号	姓名	年龄	性别	职称	系所	电话
T01001	李洋	40	男	教授	数学	62341101
T01002	刘华	31	女	副教授	计算机	62341201
T01003	张庆	35	男	副教授	计算机	62341301

(f)

图 2-1 教学管理数据库中的关系

(a) 学生关系；(b) 课程关系；(c) 学生选课关系；(d) 专业关系；

(e) 教师讲授课程关系；(f) 教师关系

（1）元组。表中的每一行称为一个元组（tuple），也称为一个记录。一个关系可由多个元组构成，一个关系中元组互不相同。例如，（“98601”“李强”“20”“男”“01”）为图2-1(a) 学生关系的一个元组。

（2）属性。表中的每一列称为一个属性，给每一个属性起一个名称即属性名，属性的取值为属性值。如图2-1(f) 教师表有7列，对应7个属性（教工号，姓名，年龄，性别，职称，系所，电话），“T01001”为“教工号”属性的属性值。

（3）域。属性的取值范围称为域。如性别的域是{男,女}，系所的域是一个学校所有系名的集合。

（4）分量。元组中的一个属性值称为元组的分量。

（5）候选键（候选码）。能够唯一的确定关系中的一个元组的属性或属性集称为该关系的候选键。最简单的情况是候选键只包含一个属性，例如学生关系中的学号为候选键，学号能够唯一确定一名学生。候选键也可以是属性集，例如选课关系中候选键是学号和课程号的组合，即只有知道学号和课程号后才能确定某学生某课程的成绩。

（6）主键（主关键字/主码）。在一个关系中可能有多个候选键，从中选择一个作为主键。主键是可以唯一确定一个元组的某个属性或属性集。例如学生关系中的学号，选课关系中的学号和课程号的组合。

（7）外键（外码）。如果关系模式 R 中的一个或一组属性不是 R 的主键，而是另一关系 S 的主键，则称该属性或属性组是关系 R 的外键。例如，“选课”关系的“学号”必须引用“学生”关系的“学号”，“课程号”必须引用“课程”关系的“课程号”，所以这里“学号”是选课关系的外键，“课程号”也是选课关系的外键，而学号和课程号的组合是选课关系的主键。

（8）主属性和非主属性。包含于任何一个候选键中的属性称为主属性，不包含在任何候选键中的属性称为非主属性。

2.1.2 关系的数学定义

关系模型是在集合代数基础上建立起来的数据模型，下面从集合论的角度给出关系的形式化定义。

首先介绍笛卡尔乘积的定义，给定一组集合 D_1，D_2，…，D_n，则这组集合的笛卡尔乘积是集合：

$$D = D_1 \times D_2 \times \cdots \times D_n = \{(d_1, d_2, \cdots, d_n) d_i \in D_i;\ i = 1, 2, \cdots, n\}$$

其中：笛卡尔乘积集合 D 中的每一个元素称为元组，n 表示参与笛卡尔乘积中的集合个数，又称为笛卡尔乘积的度。例如：集合 A、B，其中 $A = \{a_1, a_2\}$，$B = \{b_1, b_2, b_3\}$，则集合 A、B 的笛卡尔乘积为集合 D，且有 $D = \{(a_1, b_1)$，(a_1, b_2)，(a_1, b_3)，(a_2, b_1)，(a_2, b_2)，$(a_2, b_3)\}$。笛卡尔乘积 D 集合包含了六个元组，每个元组有两个分量。

定义 2.1　关系的数学定义： 笛卡尔乘积 $D_1 \times D_2 \times \cdots \times D_n$ 的一个子集 R，就称为定义在集合 D_1，D_2，…，D_n 之上的一个关系。集合 D_1，D_2，…，D_n 称为关系 R 的域。

关系数据模型是定义在关系的数学定义基础之上一种数据模型，它将描述实体和联系的有关属性看成是集合，而将实体和联系认为是建立在这些集合之上的关系，如一个实体或联系的属性有 A_1，A_2，…，A_n，这些属性的取值范围所构成的集合为 D_1，D_2，…，D_n，则描述这一实体或联系的关系 R 可表示为 $R(A_1, A_2, \cdots, A_n)$。它是笛卡尔乘积 $D_1 \times D_2 \times \cdots \times D_n$ 的一个子集。集合 D_1，D_2，…，D_n 又称为是属性 A_1，A_2，…，A_n 的域。在关系数据模型中，所有分量都应是原子数据，即是不可再分的数据。例如，一学生实体型的关系数据模型可表示为：学生（学号，姓名，性别，年龄，籍贯）。而如（9110001，张三，男，21，安徽），是学生关系中的一个具体实体值，又称为元组，一个关系实际上是由若干元组所构成。这里的关系与数学中的关系在概念上有所不同，在数学上，关系中元组值是有序的；而在关系数据模型中，其元组值是无序的，即 $R(A_1, A_2)$ 和（$R(A_2, A_1)$ 是相同的关系。

2.1.3 关系的性质

关系是一种规范化的二维表，具有如下性质：

（1）列是同质的，即每一列的分量是同类型的数据，来自同一域。

（2）表中的每一列为一个属性，不同的属性要给予不同的属性名，表中各属性不能重名。

（3）关系中的每一个属性值都是不可分解的，即每一个分量都必须是不可分的数据项。

（4）关系中没有重复的元组，任何一个元组在关系中是唯一的，由此我们可以推出每一个关系一定存在一个主键。

（5）表中的属性的顺序并不重要，属性是由它的名称来标识，而非它的位置来表示。

（6）元组的顺序无关紧要，即元组的次序可以任意交换。

2.1.4 关系模式

关系模式是对关系的描述，是关系的型，是关系的框架，关系模式是静态的。

关系模式形式化定义为：$R(U, D, dom, F)$，其中 R 为关系名，U 为组成该关系的属性名集合，D 为属性组 U 中属性的域，dom 为属性向域的映象集合，F 为属性间数据的依赖关系集合。关系模式通常可以简记为 $R(U)$ 或 $R(A_1, A_2, \cdots, A_n)$，其中 R 为关系名，A_1，A_2，…，A_n 为属性名。

关系模式一般表示为：

关系名（属性 1，属性 2，…，属性 n）

例如，图 2-1(f)的“教师”关系，其关系模式可简记为：教师（教工号，姓名，年龄，性别，职称，系所，电话）。

在关系模型中，实体及实体之间的联系都用关系来表示，例如，图 2-1(c)表示的学生与课程多对多联系的选课关系，其在关系模型中可表示为：选课（学号，课程号，分数）。

2.2 关 系 代 数

关系操作采用集合操作方式，即操作的对象和结果都是集合。这种操作方式也称为一次一集合的方式。相应地，非关系数据模型的数据操作方式则为一次一记录的方式。常用的关系操作包括查询操作（选择、投影、连接、除、并、交、差）和更新操作（增、删、改）。对关系的操作方法包括：用对关系的运算来表达查询要求的关系代数方法，用谓词来表达查询要求的关系演算方法，以及高度非过程化的关系语言方法。

关系代数是一种抽象的查询语言，是关系数据操纵语言的一种传统表达方式，通过对关系的运算来表达查询。关系代数的运算对象是关系，运算结果也是关系。

关系代数分为传统的集合运算与专门的关系运算。

2.2.1 传统的集合运算

传统的集合运算包括并、交、差、广义笛卡尔积等运算。

（1）并运算。关系 R 与关系 S 的并运算（$R \cup S$）是由 R 中的元组和 S 中的元组共同组成的集合。

（2）交运算。关系 R 和关系 S 的交运算（$R \cap S$）是由既出现在 R 中又出现在 S 中的元组组成的集合。

（3）差运算。关系 R 和关系 S 的差运算 $R-S$ 是由只在 R 中出现，不在 S 中出现的元组组成的集合。

（4）笛卡尔积。两个关系 R 和 S 的笛卡尔积是一个新的关系，记作 $R \times S$，是把 R 和 S 的元组以所有可能的方式组合起来，$R \times S$ 拥有的元组数量是 R 的元组数与 S 的元组数的乘积。

【例 2-1】 假定现在有两个关系 R 与 S，如下所示。那么，R 和 S 的并、交和差运算结果如下。

关系 *R*

学 号	姓 名	年 龄	所 在 系
304	江 民	19	计算机系
305	王 海	20	化学系
308	李小亮	19	物理系

关系 *S*

学 号	姓 名	年 龄	所 在 系
303	陈海军	21	生物系
305	王 海	20	化学系
308	李小亮	19	物理系

并运算 $R \cup S$，有：

学　号	姓　名	年　龄	所在系
304	江　民	19	计算机系
305	王　海	20	化学系
308	李小亮	19	物理系
303	陈海军	21	生物系

交运算 $R \cap S$，有：

学　号	姓　名	年　龄	所在系
305	王　海	20	化学系
308	李小亮	19	物理系

差运算 $R-S$，有：

学　号	姓　名	年　龄	所在系
304	江民	19	计算机系

差运算 $S-R$，有：

学　号	姓　名	年　龄	所在系
303	陈海军	21	生物系

【例 2-2】 假定现在有两个关系 R 与 S，如下所示。那么，R 和 S 的笛卡尔积 $R \times S$ 运算结果如下。

R 关系为：

A	*B*
A	*L*
B	*N*

S 关系为：

B	*C*	*D*
f	*g*	*h*
l	*x*	*y*
n	*p*	*x*

$R \times S$ 运算结果为：

A	*R* · *B*	*S* · *B*	*C*	*D*
A	*L*	*f*	*g*	*h*
A	*L*	*l*	*x*	*y*
A	*L*	*n*	*p*	*x*
B	*N*	*f*	*g*	*h*
B	*N*	*l*	*x*	*y*
B	*N*	*n*	*p*	*x*

2.2.2 专门的关系代数运算

专门的关系运算包括选择、投影和连接操作，以如下学生、课程和选修三个关系为例分别介绍这几种关系运算。

关系一：学生

学　号	姓　名	年　龄	性别	所 在 系
95001	刘　一	20	男	计算机
95002	王　二	21	女	计算机
95003	张　三	20	女	外语
95004	李　四	21	男	外语
95005	钱　五	21	男	通信

关系二：课程

课 程 号	课 程 名	学　分
01	数据库	4
02	语言文化	3
03	通信技术	3
04	英语	4

关系三：选修

学　号	课 程 号	成　绩
95001	01	85
95001	04	90
95002	01	70
95002	04	50
95003	02	80
95003	04	70
95004	02	95
95004	04	65
95005	03	80
95005	04	54

2.2.2.1 选择运算

选择运算就是在关系中选择满足给定条件的元组，该运算作用于关系 R 将产生一个新关系 S，S 的元组集合是 R 的一个满足某条件 C 的子集。选择运算的一般表达式为：

$$S=\sigma_c(R)$$

即按给定的选择条件 C 从关系 R 中选出符合条件的元组，组成新的关系 S。

选择条件 C 是由逻辑运算符和算术表达式组成的，该逻辑表达式的值为真的元组将被选取，该逻辑表达式的值为假的元组不被选取。

逻辑运算符包括：逻辑非（¬）、逻辑与（∧）、逻辑或（∨）。

【例2-3】 从学生关系中查询所有男生的信息，可以表示为$\sigma_{性别=“男”}$（学生）。

选择运算结果为：

学 号	姓 名	年 龄	性 别	所 在 系
95001	刘 一	20	男	计算机
95004	李 四	21	男	外语
95005	钱 五	21	男	通信

可以看出，选择是对行（元组）的筛选，列没有改变，是原关系的子集。

【例2-4】 查询所有计算机系男生的信息。

（1）首先确定数据来源是“学生”；

（2）其次进行筛选的条件是计算机系男生，在这里，不仅要求是计算机系的学生，而且也要求是男生，这两个条件都必须满足，对应的逻辑表达式为：性别 =“男”∧所在系 =“计算机”。

即用关系代数表示为：$\sigma_{性别=“男”\wedge 所在系=“计算机”}$（学生）。

结果如下：

学 号	姓 名	年 龄	性 别	所 在 系
95001	刘 一	20	男	计算机

2.2.2.2 投影

投影操作是从关系中选择出若干属性列组成新的关系。该运算作用于关系 R 将产生一个新关系 S，S 只具有 R 的某几个属性列。投影运算的一般表达式如下：

$$S = \prod_{A_1,A_2,\cdots,A_n}(R)$$

S 是投影运算产生的新关系，它只具有 R 的属性 A_1，A_2，…，A_n 所对应的列。

选择操作选取关系的某些元组，而投影操作选取关系的某些属性。

投影运算过程具体有两步：

（1）关系中选取若干属性列，组成新的关系。

（2）去掉重复元组。

【例2-5】 查询所有学生的姓名、所在系。

$$\prod_{姓名,所在系}(学生)$$

结果如下：

姓 名	所 在 系
刘 一	计算机
王 二	计算机
张 三	外语
李 四	外语
钱 五	通信

2.2.2.3 连接

连接操作是从两个关系的笛卡尔积中选取属性间满足一定条件的元组。

连接是二元关系操作，也称为 θ 连接，它是从两个关系的笛卡尔积中选取满足连接条件 θ 的元组。以 $\bowtie$ 符号表示，记为 $R \underset{A\theta B}{\bowtie} S = \sigma_{A\theta B}(R \times S)$。其中 A 和 B 分别为 R 和 S 上度数相同且可比的属性组，θ 是比较运算符，连接运算是从 R 和 S 的笛卡尔积 $R \times S$ 中选取满足连接条件（即 R 关系在 A 属性组上的值与 S 关系在属性 B 上的值满足比较关系 θ）的元组。

（1）等值连接：θ 为“=”的连接运算。$R \underset{A=B}{\bowtie} S = \sigma_{A=B}(R \times S)$。

（2）自然连接：是一种特殊的等值连接，表示为 $R \bowtie S$，它是从关系 R 和 S 的笛卡尔积中选取公共属性值相等的那些元组，并去除重复的属性。

【例 2-6】 查询学生“张三”选修的所有课程的课程号及其成绩。

对于这个查询比上面的例子要复杂，以前涉及的查询都是单表查询（即数据都来源于同一张表），而这里涉及了两张表（两个关系）。题目要求最终要显示的是课程号和成绩，这两个属性都在“选修”表中，这里的筛选条件是张三这个学生选修，首先张三这个条件只要通过对“学生”表进行姓名 = “张三”的选择就可以了，那么如何把上面两个条件联系起来呢？可以用自然连接把“学生”表和“选修”表通过学号这个公共属性联系起来，可以按如下三步来完成：

（1）根据张三这个条件对学生表进行筛选，即 $R1 = \sigma_{姓名=“张三”}$（学生），得到一张新的表 $R1$。

关系 R1

学号	姓名	年龄	性别	所在系
95003	张三	20	女	外语

（2）把 $R1$ 和选修表进行自然连接，即 $R2 = R1 \bowtie$ 选修，得到一张新的表 $R2$。

关系 R2

学号	姓名	年龄	性别	学号	课程号	成绩
95003	张三	20	女	95003	02	80
95003	张三	20	女	95003	04	70

（3）最后对 $R2$ 投影，显示课程号和成绩两个属性，即 $R3 = \prod_{课程号,成绩}$（$R2$），得到最终结果 $R3$。

关系 R3

课 程 号	成 绩
02	80
04	70

最终的关系代数表达式可表示为：

$$\prod_{课程号,成绩}(\sigma_{姓名=“张三”}(学生)\bowtie 选修)$$

2.3 关系模型的完整性约束

关系模型的完整性是指数据库中数据的正确性和一致性。数据完整性由数据完整性规则来维护，规则是对数据的约束，对数据库各种关系的操作必须满足完整性约束条件，关系模型定义了三类完整性约束规则：实体完整性、参照完整性和用户定义的完整性规则。

2.3.1 实体完整性

实体完整性规则：若属性 A 是基本关系 R 的主属性，则属性 A 不能取空值。实体完整性是指关系数据库中所有的表都必须有主码（主键），而且表中不允许存在主码值相同的记录。

按照实体完整性规则，主键的值不能为空。例如，在关系学生（学号，姓名，年龄，性别，专业号）中，学号是主键，因此学号不能为空。如果主键是由若干属性组成，则所有这些属性都不能取空值。例如，关系选课（学号，课程号，分数）中，（学号，课程号）是主键，则这两个属性都不能为空。

对实体完整性的理解：现实世界中的实体是可区分的，即它们具有某种唯一性标识。相应地，关系模型中以主键来唯一标识元组。例如，学生关系中的属性“学号”可以唯一标识一个元组，也可以唯一标识学生实体。如果主键中的属性为空，则不符合关系主键的定义条件，不能唯一标识元组及与其相对应的实体。

2.3.2 参照完整性

现实世界中的实体之间往往存在某种联系，在关系模型中实体及实体间的联系都是用关系来描述的。这样就自然存在着关系与关系间的引用。

参照完整性规则：若属性(或属性组)F 是关系 R 的外码，它与关系 S 的主码 K 相对应，则对于 R 中每个元组在 F 上的值必须为：或者取空值，或者等于 S 中某个元组的主码值。

【例2-7】 如图2-1（见2.1.1节）的关系：学生（学号，姓名，年龄，性别，专业号），专业（专业号，专业名称），课程（课程号，课程名，学时），选课（学号，课程号，分数），教师（教工号，姓名，年龄，性别，职称，系所，电话），讲授（教工号，课程号，上课地点）。

在这6个关系中，引用规则如下：

（1）“学生”关系的属性“专业号”是外键，其必须参照“专业”关系的属性“专业号”，即“学生”关系的属性“专业号”的取值必须等于“专业”关系的属性“专业号”的值或者取空值。

（2）“选课”关系中的“学号”是一个外键，它引用“学生”关系中的“学号”，其取值必须等于“学生”关系的属性“学号”的值或者取空值；“选课”关系中的“课程号”也是一个外键，它引用“课程”中的“课程号”，其取值必须等于“课程”关系的属性“课程号”的值或者取空值。学号和课程号两个属性组合作为选课关系的主键。

（3）教师“讲授”课程关系中的“教工号”是一个外键，它引用“教师”关系中的“教工号”，其取值必须等于“教师”关系的属性“教工号”的值或者取空值；“讲授”关系中的“课程号”也是一个外键，它引用“课程”关系中的“课程号”，其取值必须等于“课程”关系的属性“课程号”的值或者取空值。教工号和课程号两个属性组合作为讲授关系的主键。

2.3.3 用户定义的完整性

实体完整性和参照性适用于任何关系数据库系统。除此之外，不同的关系数据库系统根据其应用环境的不同，往往还需要一些特殊的约束条件。

用户定义完整性是针对某一具体关系数据库的约束条件，它反映某一具体应用所涉及的数据必须满足的语义要求。用户定义的完整性实际上就是指明关系中属性的取值范围，也就是属性的域。通过限制关系的属性的取值类型及取值范围来防止属性的值与应用语义矛盾。

如某个属性必须取唯一值，某些属性值之间应满足一定的函数关系、某个属性的取值范围等，都是用户定义完整性。例如，学生选课关系中成绩不能为负数，这样对相应数据的输入格式就要有此条件限制。

2.4 关系的规范化

数据库规范化，又称数据库正规化、标准化，是数据库设计中的一系列原理和技术，以减少数据库中数据冗余，增进数据的一致性。为了使数据库设计合理可靠，简单实用，长期以来，形成了关系数据库设计的规范化理论。

关系数据库的任意一个关系，需要满足一定的数据依赖约束。满足不同程度数据依赖约束的关系，称为不同范式的关系。关系模型的发明者 E. F. Codd 于 20 世纪 70 年代初定义了第一范式、第二范式和第三范式的概念，并与 Raymond F. Boyce 于 1974 年共同定义了 BCNF 范式，1976 年 Fagin 提出了第四范式，之后又有人提出了第五范式。

规范化，就是用形式更为简洁，结构更加规范的关系模式取代原有关系模式的过程。规范化程度从低到高可分为 5 级范式，分别称为 1NF、2NF、3NF（BCNF）、4NF、5NF。规范化程度较高者必是较低者的子集，即：$1NF \supset 2NF \supset 3NF \supset BCNF \supset 4NF \supset 5NF$。

2.4.1 函数依赖

数据依赖是现实世界数据关联的表现形式，是属性间相互联系的抽象，用来表示关系中属性与属性之间的约束关系。函数依赖是数据依赖的一种形式，用来描述属性之间的一种联系，其定义如下。

定义 2.2 函数依赖：设 $R(U)$ 是属性集 U 上的关系模式，X、Y 为 R 的属性或属性组，即 X，$Y \subseteq U$。如果对于 $R(U)$ 的任意一个关系 r，以及 r 的任意两个元组 $t1$，$t2$，不存在：$t1[X]=t2[X]$，而 $t1[Y]\neq t2[Y]$，即对于 X 的每一个具体值，Y 都只有一个具体值与之对应，则称 X 函数决定 Y，或者说 Y 函数依赖于 X，记为：$X\rightarrow Y$。

（1）$X\rightarrow Y$ 必须对 $R(U)$ 的任何一个关系实例都成立。

（2）若 $X\rightarrow Y$，$Y\rightarrow X$，则记作 $X\longleftrightarrow Y$。若 Y 不函数依赖 X，则记作 $X\nrightarrow Y$。

上述定义，可简言之：如果属性 X 的值决定属性 Y 的值，那么属性 Y 函数依赖于属性 X。换一种说法：如果知道 X 的值，就可以获得 Y 的值，则可以说 X 决定 Y。

函数依赖描述关系中属性和属性之间的约束关系。例如描述教师关系，包括教工号 t_no，姓名 t_name，系名 t_dept 等属性。由于一个教工号对应一名教师，一名教师只在一个系所任教，因此“教工号”确定之后，教师的姓名和所在系所就被唯一地确定。即 t_no 函数决定 t_name，t_no 函数决定 t_dept，记作 t_no→t_name，t_no→t_dept。

【例 2-8】 建立一个描述学校教学考评的数据库，包括教师的教工号（t_no），姓名（t_name），系名（t_dept），系主任（manager），课程号（c_no），课程名（c_name）和评价（score）。假设用单一的关系模式教师 teacher 来表示，其属性集合 U = {t_no，t_name，t_dept，manager，c_no，c_name，score}

根据客观世界的对象语义，我们可以假定：

（1）一个系有若干名教师，但一名教师只属于一个系；

（2）一个系只有一个系主任；

（3）一名教师讲授多门课程，一门课程由若干教师讲授；

（4）每名教师讲授一门课程有一个评价分数。

则属性组 U 上的一组函数依赖 F 如图 2-2 所示，表示为：

F = {t_no→t_name, t_no→t_dept, t_dept→manager, c_no→c_name, (t_no, c_no)→score}

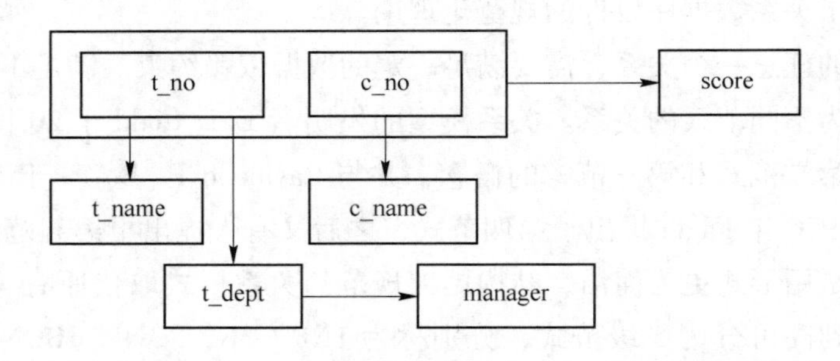

图 2-2 teacher 关系的函数依赖

定义 2.3 完全函数依赖：设关系模式 $R(U)$，U 为 R 的属性集合，X，$Y \subseteq U$，如果 $X\rightarrow Y$，且对 X 的任何一个真子集 X'，都使得 $X'\rightarrow Y$ 不成立，则称 Y 完全函数依赖于 x，记作 $X\xrightarrow{F}Y$。

例如，例2-8中(t_no,c_no)$\xrightarrow{F}$score为完全函数依赖。

定义2.4　部分函数依赖：设关系模式$R(U)$，U为R的属性集合，X，$Y\subseteq U$，且$X\to Y$。如果存在X的某一个真子集X'，使$X'\to Y$成立，则称Y部分函数依赖于X，记作：$X\xrightarrow{p}Y$。

例如，例2-8中(t_no,c_no)$\xrightarrow{p}$t_dept为部分函数依赖，因为t_no→t_dept成立，且t_no是（t_no，c_no）的真子集。

定义2.5　传递函数依赖：在关系$R(U)$中，X，Y，$Z\subseteq U$，如果$X\to Y$，$Y\to Z$，但$Y\to X$不成立，且$Y\not\subset X$，则称Z传递函数依赖于X，记作$X\xrightarrow{传递}Y$。

例如，例2-8中t_no→t_dept，t_depet→manager，则t_no→manager为传递依赖。

前面，我们对码进行了直观化的定义，下面用函数依赖的概念对码做出较为精确的形式化的定义。

定义2.6　码：设$R(U)$为属性集U上的关系模式，$K\subseteq U$，K'是K的任一子集。若$K\to U$，而不存在$K'\to U$，则K为$R(U)$的候选码（Candidate Key），并且具有以下规则：

（1）若候选码多于一个，则选其中的一个为主码（Primary Key）；

（2）包含在任一候选码中的属性，叫作主属性（Primary Attribute）；

（3）不包含在任何码中的属性称为非主属性（Nonprime Attribute）或非码属性(Nonkey Attribute)；

（4）关系模式中，最简单的情况是单个属性是码，称为单码（Single Key）；最极端的情况是整个属性组是码，称为全码（All-Key）。

定义2.7　外码：设有两个关系R和S，X是R的属性或属性组，并且X不是R的码，但X是S的码，则称X是R的外部码（Foreign Key），简称外码或外键。

如：职工（职工号，姓名，性别，职称，部门号）

　　部门（部门号，部门名，电话，负责人）

其中，职工关系中的“部门号”就是职工关系的一个外码。

在此需要注意，在定义中说X不是R的码，并不是说X不是R的主属性，X不是码，但可以是码中的一个主属性。

如：学生（<u>学生号</u>，姓名，性别，年龄，…）

　　课程（<u>课程号</u>，课程名，任课老师，…）

　　选课（<u>学生号，课程号</u>，成绩）

在选课关系中，（学生号，课程号）是该关系的码，学生号、课程号又分别是组成主码的属性（但单独不是码），它们分别是学生关系和课程关系的主码，所以是选课关系的两个外码。

2.4.2　第一范式

如果关系模式R中所有分量都是不可分割的基本数据项，即实体中的某个属性不能有多个值或者不能有重复的属性，则 R 满足第一范式，记作：$R \in 1NF$。1NF 是对关系的最低要求。

例如，如果员工关系中有一个工资属性，而工资又由岗位工资和业绩工资两个数据项组成，则该关系就不满足 1NF。

员工关系

员工号	姓　名	单　位	工　资	
			岗位工资	业绩工资
1001	张　三	信息学院	1400	900

又如下表所示的教师关系不满足 1NF，是非规范化关系，因为课程号、课程名和评价属性含有多值数据项。

教师关系

教工号	姓　名	系　名	系主任	课程号	课程名	评价
1001	张　三	计算机	李四	01	通信原理	90
				02	数据库	92

非规范化关系转化为满足 1NF 规范化关系的方法是对关系模式进行分解，将复合属性分解，用分解后的属性取代原来的属性；或者消除属性的多值数据项，使得每个元组中所包含数据项的值唯一。

员工关系转化为满足 1NF 的关系为：员工（员工号，姓名，单位，岗位工资，业绩工资）。

教师关系转化为 1NF 的结果如下：

教师关系

教工号	姓　名	系　名	系主任	课程号	课程名	评价
1001	张　三	计算机	李四	01	通信原理	90
1001	张　三	计算机	李四	02	数据库	92

满足 1NF 的关系模式还会存在插入异常、删除异常和更新异常等现象，要消除这些异常要满足更高层次的规范化要求。例如，上表教师关系虽然符合 1NF，但仍是有问题的关系，表中存在大量的数据冗余和潜在的数据更新异常，需要进一步规范化。

2.4.3　第二范式

定义 2.8　第二范式：如果一个关系 $R \in 1NF$，且它的所有非主属性都完全函数依赖于 R 的任一候选码，则 R 属于第二范式，记作：$R \in 2NF$。

说明：上述定义中所谓的候选码也包括主码，因为码首先应是候选码，才可以被指定为码。

例如，例2-8的教师关系模式：teacher（t_no，t_name，t_dept，manager，c_no，c_name，score）中，（t_no，c_no）是该关系的码，而t_no→t_name，t_no→t_dept，t_dept→manager，c_no→c_name，（t_no，c_no）→score，所以（t_no，c_no）$\xrightarrow{p}$t_name、（t_no，c_no）$\xrightarrow{p}$c_name。

故上述教师关系不符合第二范式要求。它存在数据冗余、插入异常、删除异常和更新异常等问题。

（1）数据冗余。数据冗余是指相同数据在数据库中多次重复存放的现象。数据冗余不仅会浪费存储空间，而且可能造成数据的不一致性。同一门课程由 n 名教师讲授，“课程名c_name”就重复 n 次；同一名教师讲授 m 门课程，姓名、系所和系主任就重复了 m 次。

（2）插入异常。插入异常是指当在不规范的数据表中插入数据时，由于实体完整性约束要求主码不能为空的限制，而使有用数据无法插入的情况。

假设要开设一门新的课程，暂时还没有教师，这样，由于还没有“教工号”关键字，课程名称也无法录入数据库。

（3）删除异常。当不规范的数据表中某条需要删除的元组中包含有一部分有用数据时，就会出现删除异常。假设要从数据库表中删除某一教师的课程评价记录，可是同时系名、系主任以及课程名称等信息也被删除了。

（4）更新异常。当教师关系中课程名称发生变化时，由于可能有多名教师讲授该课程，要修改课程信息，就得对每一名教师的信息（如姓名，系名，系主任）进行修改，加大了工作量，还有可能发生遗漏，存在着数据一致性被破坏的可能。

规范化目的是减小关系模式因规范化程度过低带来的数据冗余，避免修改、删除的异常，“模式分解”是规范化的实现途径。对不满足2NF的关系模式，其关系模式的分解方法如下：

假设 $R(U)$ 为属性集 U 上的关系模式，关系 R 的候选码为 K，且 $K=(X_1, X_2)$，X_1，X_2，Y_1，Y_2 均为 U 的子集，如果关系模式不满足2NF条件，根据2NF定义，R 中一定存在非主属性对候选码的部分依赖，假定关系 $R=(X_1, X_2, Y_1, Y_2)$ 的函数依赖关系为：$X_1 \rightarrow Y_1$，$(X_1, X_2) \rightarrow Y_2$，也即 $(X_1, X_2) \xrightarrow{p} Y_1$。

为了使关系 R 满足2NF条件，必须消除非主属性 Y_1 对候选码 K 的部分依赖，将关系 R 进行分解，得到如下 R_1 和 R_2 两个关系模式，这两个关系都满足2NF。

$R_1=(X_1, X_2, Y_2)$，$K=(X_1, X_2)$，$(X_1, X_2) \rightarrow Y_2$

$R_2=(X_1, Y_1)$，$K=(X_1)$，$X_1 \rightarrow Y_1$

【例2-9】 把教师关系（教工号，姓名，系名，系主任，课程号，课程名，评分）进行分解使其满足2NF。

教师关系的候选码为（教工号，课程号），存在非主属性对候选码的部分依赖，需要进行消除，可把教师关系分解成如下三个关系：

教师（教工号，姓名，系名，系主任）

课程（课程号，课程名）

评价（教工号，课程号，评分）

分解后这三个关系中的非主属性对主码都是完全函数依赖了，符合 2NF。

符合第二范式的关系模式仍可能存在数据冗余、更新异常等问题。如关系模式教师（教工号，姓名，系名，系主任），虽然该关系也符合 2NF，但当某个系中有 100 名职工时，元组中的“系主任”就要重复 100 次，存在着较高的数据冗余。原因是关系中，系主任不是直接函数依赖于教工号，而是因为教工号函数决定系名，而系名函数决定系主任，才使得系主任函数依赖于教工号，这种依赖是一个传递依赖的过程。所以，该教师关系模式还需要进一步的规范化。

2.4.4　第三范式

定义 2.9　第三范式：如果关系模式 $R \in 2NF$，且它的每一个非主属性都不传递依赖于任何候选码，则称 R 是第三范式，记作：$R \in 3NF$。

推论：如果关系模式 $R \in 1NF$，且它的每一个非主属性既不部分依赖、也不传递依赖于任何候选码，则 $R \in 3NF$。

当关系 R 满足 2NF 但不满足 3NF 条件时，需要对关系模式继续进行分解，使其满足 3NF 条件。R 满足 2NF 但不满足 3NF 条件，说明 R 中的所用非主属性都完全函数依赖于 R 的任何候选码，但至少存在一个非主属性传递依赖于 R 的某一候选码，即可简单表示为：$R=(S, X_1, X_2)$，S 为主码，$S \to X_1$，$X_1 \to X_2$，则 $S \xrightarrow{传递} X_2$。

为了使关系 R 满足 3NF 条件，必须消除非主属性 X_2 对码 S 的传递依赖，将关系 R 进行分解，得到如下 R_1 和 R_2 两个关系模式，都满足 3NF。

$R_1=(S, X_1)$，主码为 S，外码为 X_1；

$R_2=(X_1, X_2)$，主码为 X_1。

【例 2-10】　把教师关系（教工号，姓名，系名，系主任，课程号，课程名，评分）进行分解使其满足 3NF。

例 2-9 已经把教师关系（教工号，姓名，系名，系主任，课程号，课程名，评分）分解为三个关系，从而满足了 2NF，但是分解后其中的关系：教师（教工号，姓名，系名，系主任）不满足 3NF，因为存在非主属性（系主任）对码（教工号）的传递函数依赖，即 t_no→t_dept，t_dept→manager，所以 $\text{t\_no} \xrightarrow{传递} \text{manager}$。需要对该关系继续进行分解，可以把该教师关系分解为以下两个关系：

教师（教工号，姓名，系名）

系所（系名，系主任）

分解后这两个关系不再存在非主属性对码的传递依赖了，符合3NF。

2.4.5 BCNF

BCNF（Boyce-Codd Normal Form）是由Boyce与Codd提出的，是对第三范式的扩充，也称为是修正的第三范式。

定义2.10 BCNF：设关系模式$R<U, F>$，U为R的属性集，F为R的函数依赖关系集，R满足1NF，若F的任一函数依赖$X \to Y(Y \not\subset X)$中X都包含了R的一个码，则称$R \in$ BCNF。

换言之，在关系模式R中，如果每一个函数依赖的决定因素都包含码，则$R \in$ BCNF。

推论：如果$R \in$ BCNF，则：

（1）R中所有非主属性对每一个码都是完全函数依赖；

（2）R中所有主属性对每一个不包含它的码，都是完全函数依赖；

（3）R中没有任何属性完全函数依赖于非码的任何一组属性。

如果$R \in$ BCNF，按照BCNF定义不存在任何属性对码的传递依赖和部分依赖，所以$R \in$ 3NF一定成立。

但是当$R \in$ 3NF时，R未必属于BCNF。因为3NF比BCNF放宽了一个限制，它允许决定因素不包含码。BCNF是在第三范式的基础上进一步进行了约束，即如果关系中不存在任何属性对任一候选码的传递依赖和部分依赖则符合BCNF。

【例2-11】 关系模式教学（学生，教师，课程），简记为Teaching(S，T，C)，如果规定：一个教师只能教一门课，每门课程可由多个教师讲授；学生一旦选定某门课程，教师就相应地确定。于是，可得到如下的函数依赖关系：

$$F = \{T \to C, (S,C) \to T, (S,T) \to C\}$$

该关系的候选码是（S，C）和（S，T），因此，三个属性都是主属性，由于不存在非主属性，也就没有任何非主属性对码的部分依赖和传递依赖，因此，该关系一定是3NF。但由于决定因素T不包含码，故该关系不是BCNF。

非BCNF的关系模式仍然存在不合适的地方，例2-11关系模式Teaching仍然存在着数据冗余问题，因为存在着主属性对码的部分函数依赖问题。

确切地表示关系模式Teaching的函数依赖：$F = \{T \to C, (S, C) \to T, (S, T) \xrightarrow{p} C\}$。

所以，可以将Teaching关系分解为以下两个BCNF关系模式：

Teacher(T，C)

Student(S，T)

3NF的“不彻底”性，表现在可能存在主属性对码的部分依赖和传递依赖。一个关系模式如果达到了BCNF，那么，在函数依赖范围内，它就已经实现了彻底的分离，消除了数据冗余、插入和删除异常。

关于多值依赖和4NF以及连接依赖和5NF的内容，本书不作描述，读者可参考其他书籍和文献。

2.4.6 关系的规范化程度

在关系数据库中，对关系模式的基本要求是满足第一范式。符合1NF的关系模式就是合法的，允许的。但是人们发现有些关系存在这样那样的问题，就提出了关系规范化的要求。

关系规范化的目的，是解决关系模式中存在的数据冗余、插入和删除异常、更新繁琐等问题。关系规范化的基本思想是，消除数据依赖中不合适的部分，使各关系模式达到某种程度的分离，使一个关系只描述一个概念、一个实体或实体间的一种联系。所以，规范化的实质就是概念单一化的过程。关系规范化的过程是通过对关系模式的分解来实现的。把低一级的关系模式分解为若干高一级的关系模式。规范化程度越高，分解就越细，所得关系的数据冗余就越小，更新异常也会越少。

但是，规范化在减少关系的数据冗余和消除更新异常的同时，也加大了系统对数据检索的开销，降低了数据检索的效率。因为关系分得越细，数据检索时所涉及的关系个数就越多，系统只有对所有这些关系进行自然连接，才能获取所需的全部信息。而连接操作所需的系统资源和开销是比较大的。所以不能说，规范化程度越高的关系模式越优。

规范化应满足的基本原则是：由低到高，逐步规范，权衡利弊，适可而止。通常以满足第三范式为基本要求。

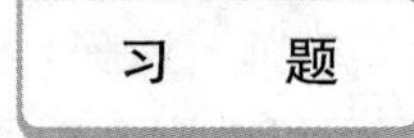

（1）关系模型的3个组成要素是什么？

（2）关系模型的完整性规则包含几种，分别举例说明？

（3）已知关系 R 和 S 如下，求 $R \cup S$、$R \cap S$、$R-S$、$R \times S$。

关系 R

A	B	C
a_1	b_1	c_1
a_1	b_2	c_2
a_2	b_3	c_1

关系 S

A	B	C
a_1	b_2	c_2
a_1	b_4	c_3
a_2	b_3	c_1

（4）现有如下关系模式：学生（学号，姓名，年龄，性别，所在系）；课程（课程号，课程名，开课系，任课教师）；选修（学号，课程号，成绩）。试用关系代数完成如下操作：

1）查询王红老师所授课程的课程号和课程名。

2）查询年龄大于23岁的男学生的学号和姓名。

3）查询王乐同学所选课程的课程名、任课教师和成绩。

（5）理解并给出下列术语的定义：

函数依赖、部分函数依赖、完全函数依赖、传递依赖、主键、外键、1NF、2NF、3NF、BCNF。

（6）设有关系模式 $R(A, B, C, D)$，F 是 R 上成立的函数依赖之集，$F=\{(A, B)\to C, (A, B)\to$

D，$A \to D$}。判断 R 是否满足 2NF，若不是将 R 分解成 2NF 的关系模式。

（7）设有关系模式：R（职工名，项目名，工资，部门名，部门经理）。

如果规定每个职工可参加多个项目，各领一份工资；每个项目只属于一个部门管理；每个部门只有一名经理。

1）写出关系模式 R 的函数依赖集合与主码。

2）说明 R 不是 2NF 模式的理由，并把 R 分解成 2NF 模式集。

3）进一步把 R 分解为 3NF 模式集，并说明理由。

（8）现在要建立关于系、学生、班级、学生会等信息的一个关系数据库。语义为：一个系有若干专业，每个专业每年只招一个班，每个班有若干学生，一个系的学生住在同一个宿舍区，每个学生可参加若干学生会，每个学生会有若干学生。

描述学生的属性有：学号、姓名、出生日期、系名、班号、宿舍；

描述班级的属性有：班号、专业名、系名、人数、入校年份；

描述系的属性有：系名、系号、系办地点、人数；

描述学会的属性有：学会名、成立年份、地点、人数、学生参加某会有一个入会年份。

1）请写出关系模式。

2）写出每个关系模式的函数依赖集，指出是完全依赖，部分函数依赖，还是传递依赖。

3）指出各个关系模式的主键、外键。

3 SQL Server 2019 与 T-SQL 介绍

本章将简要介绍 SQL Server 2019 的主要组件和工具。SQL 是关系数据库的标准语言，Transact-SQL（以下简称 T-SQL）是微软公司对 SQL 的扩展。本章将详细介绍 T-SQL 的数据类型、常量与变量、运算符与表达式、常用的内置函数和流程控制语句，只有了解了这些内容，才能够利用 SQL Server 2019 开发各种数据库应用系统。

3.1 SQL Server 2019 概述

SQL Server 是 Microsoft 公司推出的关系型数据库管理系统。先后发布了系列版本 SQL Server 2000、SQL Server 2005、SQL Server 2008、SQL Server 2012、SQL Server 2014、SQL Server 2016、SQL Server 2017、SQL Server 2019。SQL Server 是一种基于客户机/服务器的关系型数据库管理系统，服务器管理数据库和分配可用的服务器资源，如网络带宽、内存和磁盘操作，客户机应用程序通过网络与服务器通信。

3.1.1 SQL Server 2019 新增功能

SQL Server 2019 在早期版本的基础上构建，旨在将 SQL Server 发展成一个平台，以提供开发语言、数据类型、本地或云环境以及操作系统选项。SQL Server 2019 引入适用于 SQL Server 的大数据群集。它还为 SQL Server 数据库引擎、SQL Server Analysis Services、SQL Server 机器学习服务、Linux 上的 SQL Server 和 SQL Server Master Data Services 提供了附加功能和改进。其新增的功能如下。

3.1.1.1 数据虚拟化和 SQL Server 2019 大数据群集

当代企业通常掌管着庞大的数据资产，这些数据资产由托管在整个公司的孤立数据源中的各种不断增长的数据集组成。利用 SQL Server 2019 大数据群集，可以从所有数据中获得近乎实时的信息，该群集提供了一个完整的环境来处理包括机器学习和 AI 功能在内的大量数据。

3.1.1.2 智能数据库

SQL Server 2019 在早期版本中的创新的基础上构建，旨在提供开箱即用的业界领先性能。从智能查询处理到对永久性内存设备的支持，SQL Server 智能数据库功能提高了所有数据库工作负荷的性能和可伸缩性，而无需更改应用程序或数据库设计。

3.1.1.3 智能查询处理

通过智能查询处理，可以发现关键的并行工作负荷在大规模运行时，其性能得到了改进。同时，它们仍可适应不断变化的数据世界。默认情况下，最新的数据库兼容性级别设置上支持智能查询处理，这会产生广泛影响，可通过最少的实现工作量改进现有工作负荷的性能。

3.1.1.4 内存数据库

SQL Server 内存数据库技术利用现代硬件创新提供无与伦比的性能和规模。SQL Server 2019 在此领域早期创新的基础上构建（例如，内存中联机事务处理（OLTP）），旨在为所有数据库工作负荷实现新的可伸缩性级别。

3.1.2 SQL Server 2019 服务功能组件

SQL Server 2019 的功能组件主要包括：数据库引擎、分析服务 Analysis Services、集成服务、报表服务、机器学习服务。

3.1.2.1 数据库引擎服务

数据库引擎（Database Engine）服务是 SQL Server 系统的核心服务，主要负责对数据的存储、处理和安全管理，能够存储和处理关系类型的数据或 XML 文档数据。例如，创建数据库、创建表、创建视图、查询数据和访问数据库等操作，都是由数据库引擎完成的。SQL Server 2019 系统的数据库引擎包括复制、全文搜索、服务代理和通知服务这些功能组件，并提供使用关系数据运行 Python 和 R 脚本的机器学习服务。

3.1.2.2 分析服务

分析服务（Analysis Services）包括一些工具，可用于创建和管理联机分析处理（OLAP）以及数据挖掘应用程序。

通过分析服务，对多维数据进行多角度分析，可以完成数据挖掘模型的构造和应用，实现知识的发现、表示和管理。

3.1.2.3 报表服务

报表服务（Reporting Services）是用于创建和发布报表及报表模型的图形工具，用于从多种关系数据源和多维数据源提取内容以生成企业报表，可以根据需要发布和订阅。包括用于创建、管理和部署表格报表、矩阵报表、图形报表以及自由格式报表的服务器和客户端组件。

报表服务也用于管理报表服务器的管理工具，以及作为对报表服务对象模型进行编程和扩展的 API（应用程序编程接口）。报表服务还是一个可用于开发报表应用程序的可扩展平台。

SQL Server 2019 的报表服务所创建的报表能以各种格式查看，可以通过网页（Web）方式进行查看，也可以作为 Microsoft Windows 应用程序的一部分来查看。

3.1.2.4 集成服务

集成服务（Integration Services）是一组图形工具和可编程对象，用于移动、复制和转换数据。它还包括“数据库引擎服务”的 Integration Services（DQS）组件。

SQL Server 2019 是一个用于生成高性能数据集成和工作流解决方案的平台，其提供的数据库引擎服务、分析服务和报表服务都是通过 Integration Services 来进行联系的。除此之外，使用数据集成服务可以高效地处理各种各样的数据源，例如：SQL Server、Oracle、Excel、XML 文档、文本文件等。

3.1.2.5 主数据服务

主数据服务（Master Data Services，MDS）是针对主数据管理的 SQL Server 解决方案。可以配置 MDS 来管理任何领域（产品、客户、账户）；MDS 中可包括层次结构、各种级别的安全性、事务、数据版本控制和业务规则，以及可用于管理数据的用于 Excel 的外接程序。

3.1.2.6 机器学习服务

数据库内机器学习服务支持使用企业数据源的分布式、可缩放的机器学习解决方案。在 SQL Server 2019 中支持 R 和 Python 语言。

独立机器学习服务器支持在多个平台上部署分布式、可缩放机器学习解决方案，并可使用多个企业数据源，包括 Linux 和 Hadoop。

3.2 SQL Server 2019 的主要管理工具

常用的 SQL Server 的管理工具包括配置管理器（SQL Server Configuration Manager）、数据库开发和管理工具（SQL Server Management Studio）、事件探查（SQL Server Profiler），以及数据库引擎优化顾问（Database Engine Tuning Advisor）等。

3.2.1 配置管理器

SQL Server 配置管理器为 SQL Server 服务、服务器网络协议、客户端协议和客户端别名等提供基本配置管理。例如，SQL Server 服务的启动和停止，自动或手动启动服务模式定义；服务器与客户端网络协议配置等。

启动配置管理器的操作如下：单击 Windows“开始”菜单，选择 Microsoft SQL Server 2019，点击访问 SQL Server 2019 配置管理器，如图 3-1 所示。使用 SQL Server 配置管理器可以对 SQL Server 服务、网络、协议等进行配置，配置好后客户端才能顺利地连接和使用。

SQL Server 安装到系统中之后，将作为一个服务由操作系统监控，使用 SQL Server 之前需要启动 SQL Server 服务。具体操作步骤如下：

单击图 3-1 中窗口左侧的 SQL Server 服务，窗口右侧会列出已安装的服务。其中 SQL Server 服务是数据库引擎服务，只有启动了这个服务，才能使用和管理 SQL Server 数据库管理系统，客户端也才能建立与服务器的连接。右击 SQL Server（MSSQLSERVER）服务（MSSQLSERVER 为实例名），在弹出的下拉菜单中点击“启动”即可实现该服务的启动，结果如图 3-2 所示。同样，按上述操作在弹出的下拉菜单中点击“暂停”，可以暂停和停止服务。

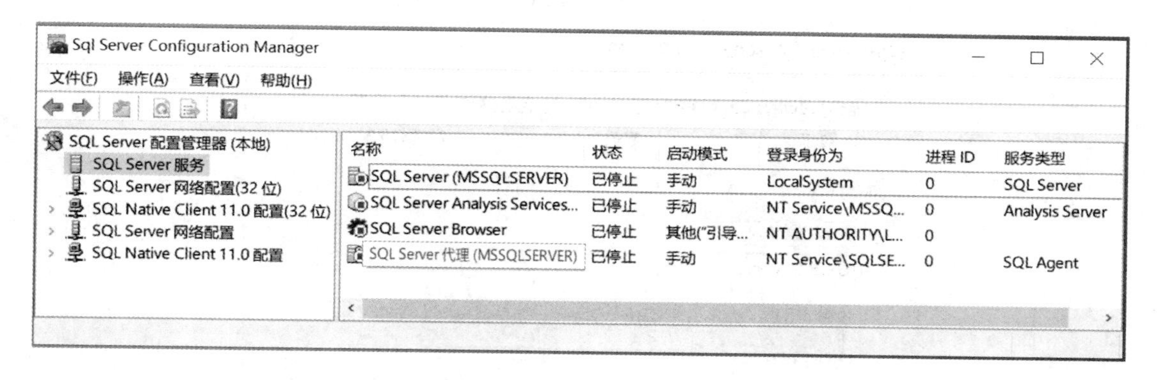

图 3-1　SQL Server 配置管理器

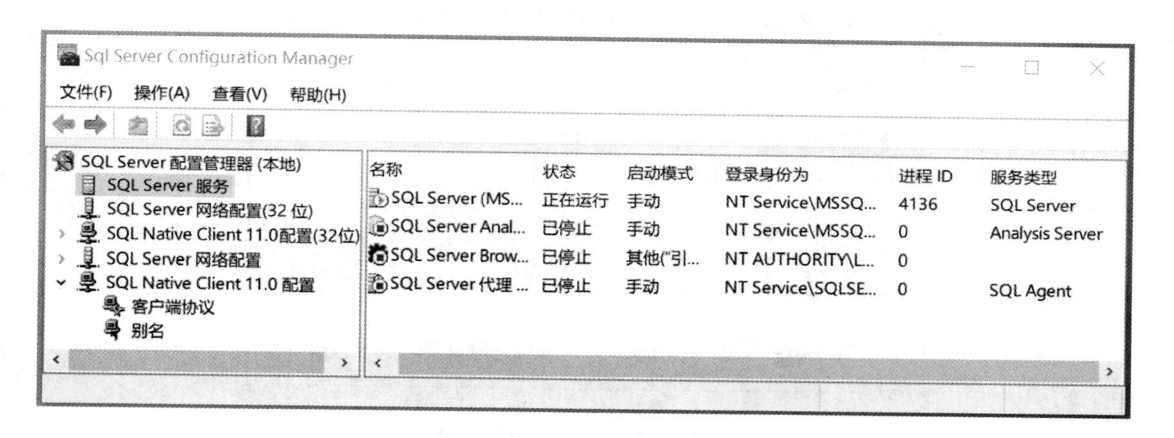

图 3-2　SQL Server 服务启动

在图 3-1 中右击窗口右侧 SQL Server（MSSQLSERVER）服务，在弹出的下拉菜单中点击“属性”命令，可以弹出如图 3-3 所示的属性对话框。在“登录”选项中可以设置启动服务的账户，在“服务”选项中可以设置服务的启动方式，自动、手动和已禁用，如图 3-4 所示。设置自动方式，表示每当操作系统启动时自动启动该服务，设置手动方式表示每次使用该服务时都需要用户手工启动。

3.2.2　SQL Server 管理平台

SQL Server Management Studio（SSMS）是 SQL Server 提供的数据库开发和管理的集成开发环境，用于访问、配置、控制、管理和开发 SQL Server 实例。集成环境使用户可以在一个界面内执行各种任务，如创建和管理数据库对象、编辑和执行查询、备份数据和执行常见函数等；还可以和 SQL Server 的所有组件协同工作，如报表服务、集成服务等。SSMS 工具简易直观，极大地方便了开发人员和管理人员对 SQL Server 的访问。

首先理解实例的概念，在实践中用户可能安装所有的服务组件，也可能只安装其中的一部分，这一组 SQL Server 服务即称实例。安装 SQL Server 服务组件，就是创建一个新的

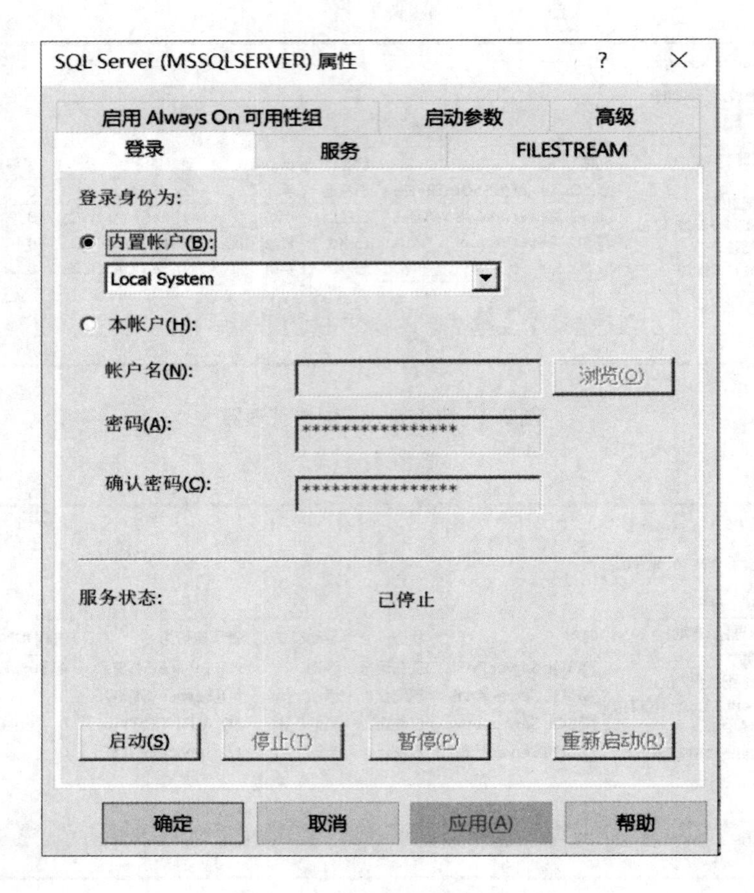

图 3-3 SQL Server 服务登录

SQL Server 实例或是在原有实例中增减服务组件。SQL Server 允许在同一个操作系统中创建多个实例。

3.2.2.1 SSMS 服务器连接

安装好 SQL Server 2019 之后，可以打开 SQL Server Management Studio 并且连接到 SQL Server 服务器，具体操作步骤如下：

在启动 SQL Server 服务后（见图 3-2），执行“开始”→“所有程序”→“Microsoft SQL Server Tools 18”→“Microsoft SQL Server Management Studio 18”，点击打开 SSMS，出现“连接到服务器”对话框，如图 3-5 所示。

在“连接到服务器”对话框中，服务器类型选择“数据库引擎”；服务器名称默认为安装 SQL Server 的本地计算机名（注意计算机更名后，此处要重新选择新计算机名），若连接其他服务器，在服务器名称下拉列表框中点击“浏览更多”选项，列出所有可以连接的服务器名称，选择要连接的数据库引擎服务器，然后点击确定，例如：选择本机一个名为“LIULI”的 SQL 服务器，如图 3-6 所示；身份验证下拉列表框中指定连接类型，如果设置了混合验证模式，可以在下拉列表框中使用 SQL Server 身份登录，此时，将需要输

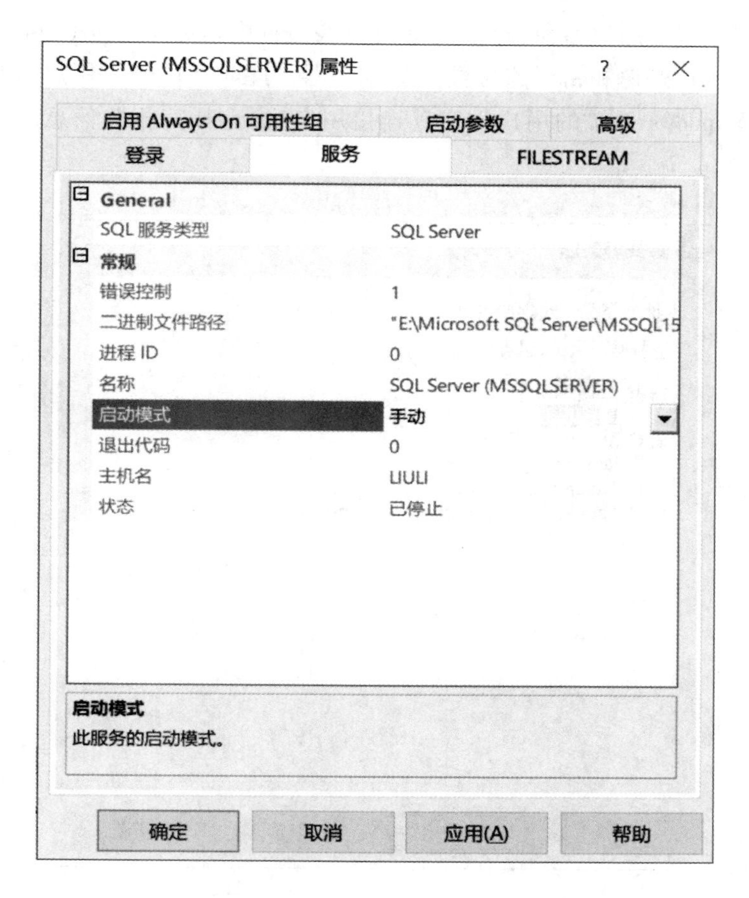

图 3-4　SQL Server 服务启动方式设置

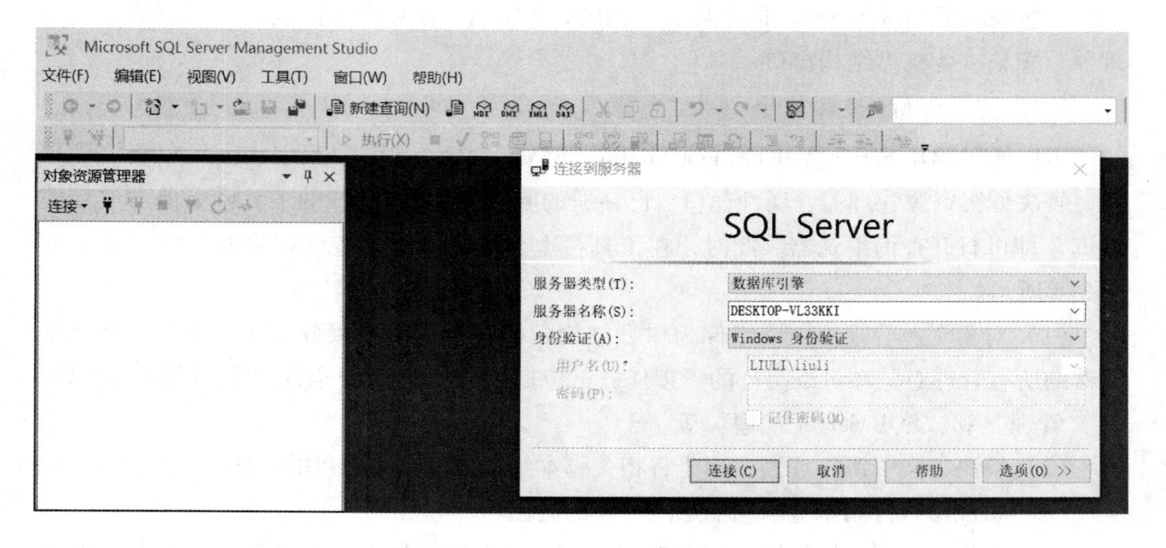

图 3-5　SSMS 的启动与连接

入安装数据库时设置的用户名和密码。如果在安装过程中指定使用 Windows 身份验证，指使用操作系统的用户账户和密码连接数据库服务器，此时不用输入用户名和密码（默认为当前登录到 Windows 系统的用户作为其连接用户）。选择完相关信息之后，单击“连接”按钮。

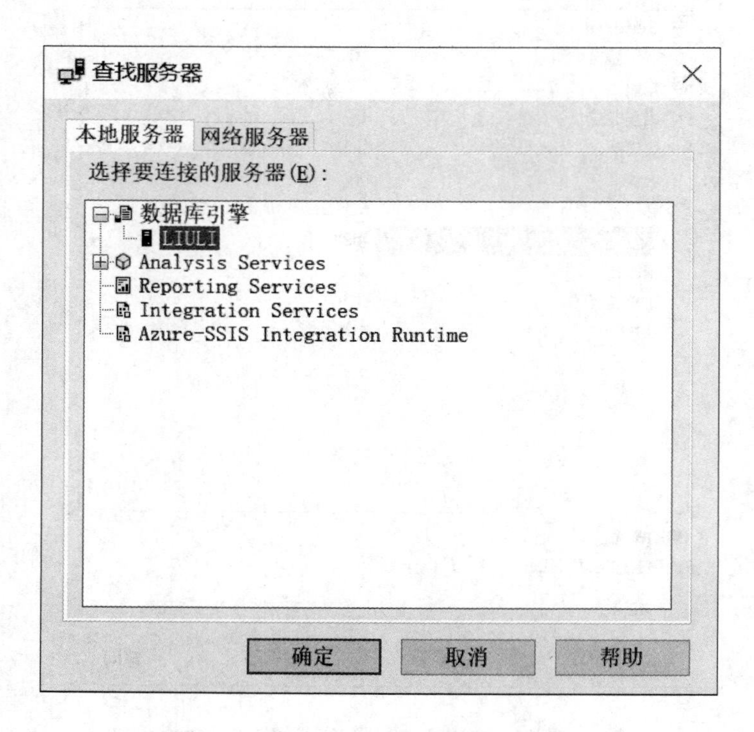

图 3-6　SSMS 的数据库引擎服务器选择

连接成功后则进入 SSMS 的主界面，如图 3-7 所示，该界面左侧显示了“对象资源管理器”窗口，为树型结构窗口。

3.2.2.2　SSMS 操作

可以通过 SQL Server Management Studio（SSMS）中“视图”菜单访问对象资源管理器、解决方案资源管理器、属性窗口、已注册的服务器。在 SSMS 的工具栏上单击“新建查询”即可打开查询编辑器。此时，在工具栏上会增加一个“查询编辑器”工具条，如图 3-8 所示。

（1）对象资源管理器：该组件为树型结构，根节点是当前服务实例，子节点是该服务器的所有管理对象和可以执行的管理任务，包括“数据库”“安全性”“服务器对象”“复制”“管理”和“SQL Server 代理”等。

（2）解决方案资源管理器：用于将相关脚本组织并存储为项目的一部分。

（3）属性窗口：用于显示当前选定对象的属性。

（4）查询编辑器：用于编写和编辑 SQL 脚本，在工具栏上单击“新建查询”将在查询编辑器中打开一个后缀为 . sql 的文件，可在此窗口中输入和调试 Transact SQL 语句，完

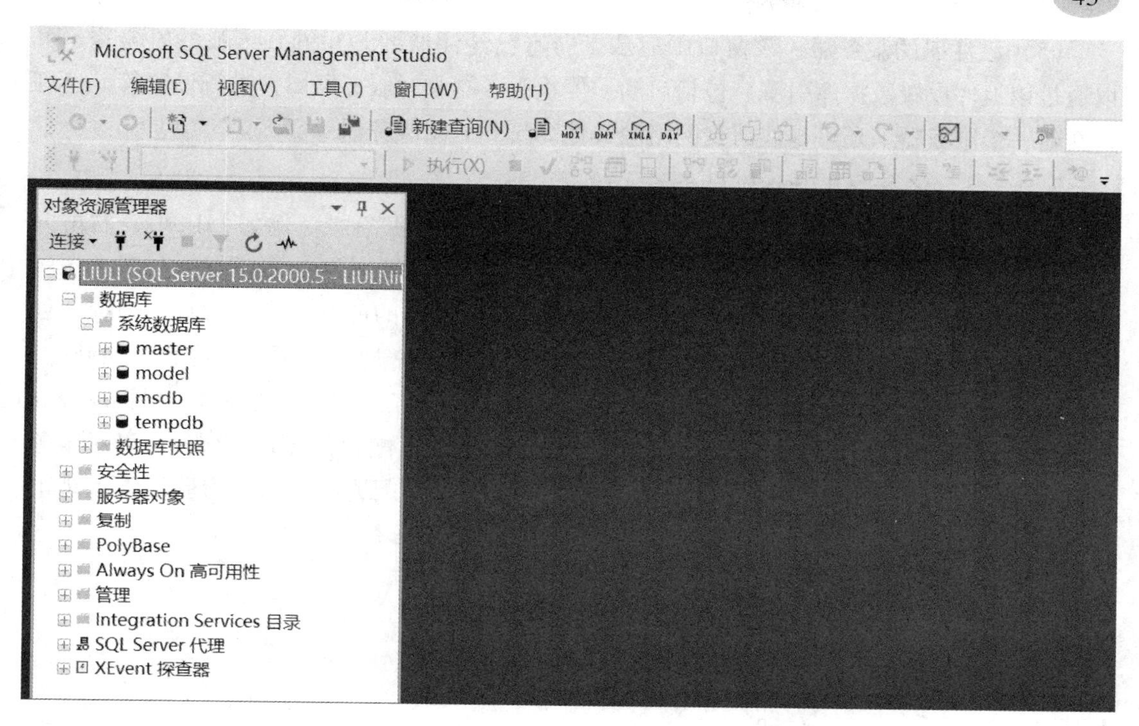

图 3-7　SSMS 图形界面

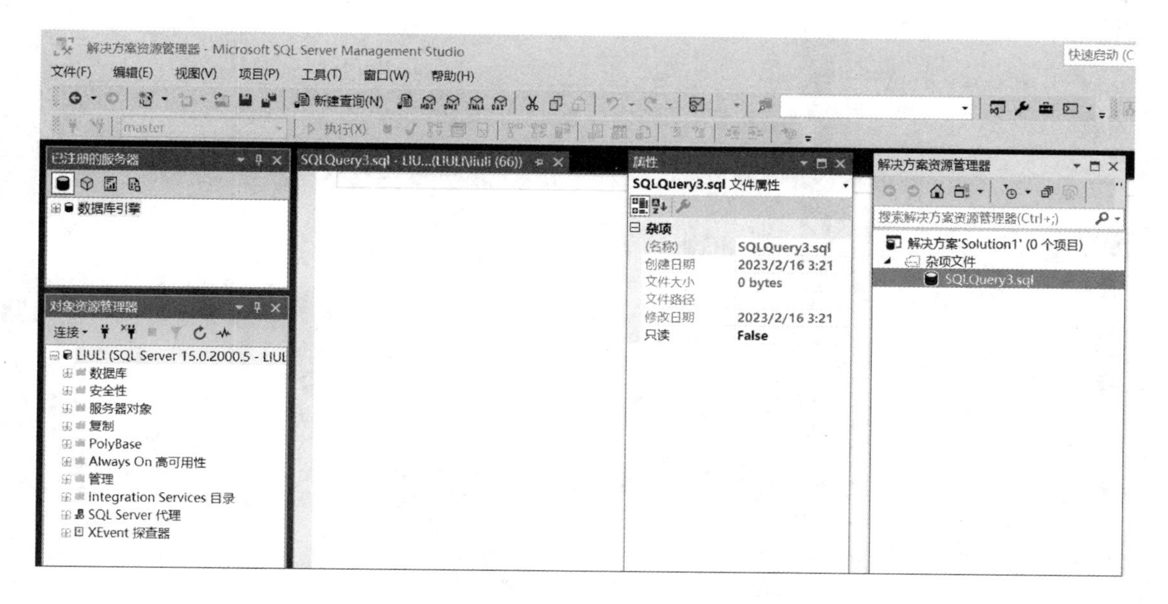

图 3-8　SSMS 主要组件

成后可单击工具栏上的“保存”按钮，给文件命名，该 . sql 文件保存成功之后，单击工具栏中的“执行”按钮，将会执行 . sql 文件中的代码，执行之后，在消息窗口中将提示命令执行结果。

（5）已注册的服务器：该窗口中显示了所有已经注册的 SQL Server 服务器名称。可以通过该组件设置数据库引擎，包括启动、停止服务器和对服务器属性进行设置等，也可以新建一个服务器，还可以注册到网络中其他 SQL Server 服务器等。

3.2.2.3　配置 SQL Server 服务器属性

在图 3-7 “对象资源管理器” 窗口中选择当前登录的服务器（例如 LIULI），右击并在弹出的快捷菜单中选择 “属性” 菜单命令，打开 “服务器属性” 对话框，如图 3-9 所示。在该对话框左侧的 “选择页” 中可以看到当前服务器的所有选项：常规、内存、处理器、安全性、连接、数据库设置、高级和权限。其中 “常规” 选项中的内容不能修改，包括服务器名称、产品信息、操作系统、平台、版本、语言、内存、处理器、根目录等固有属性信息。“常规” 之外的其他选项包含了服务器端的可配置信息，例如，可以对服务器内存大小进行配置与更改，可以查看或修改 CPU 选项，配置服务器身份验证、登录审核等安全选项，最大并发连接数设置，以及对数据库的备份和还原路径等设置。

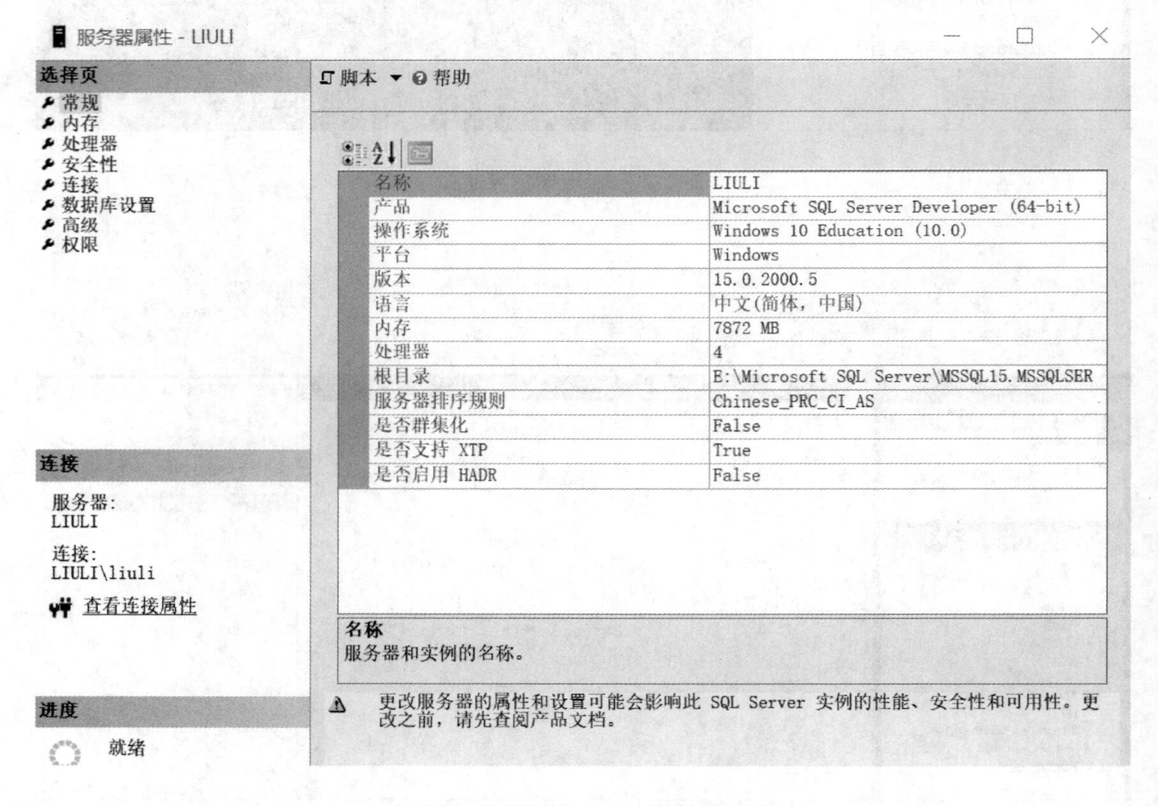

图 3-9　配置 SQL Server 服务器属性

3.2.3　事件探查器

事件探查器 SQL Server Profiler 提供了 SQL 跟踪的一个图形用户界面，用于监视数据库引擎实例或 Analysis Services 实例。可以捕获有关每个事件的数据并将其保存到文件或表中供以后分析，如可以了解哪些存储过程由于执行速度太慢影响了性能。SQL Server Profiler 还支持对 SQL Server 实例上执行的操作进行审核，记录与安全相关的操作。

执行“开始”→“所有程序”→“Microsoft SQL Server Tools 18”→“SQL Server Profiler 18”，单击打开 SQL Server Profiler；也可以在 SSMS 界面（见图 3-7）中选择“工具”菜单中的“SQL Server Profiler”，出现如图 3-10 所示的图形界面。选择“文件”菜单，点击“新建跟踪”出现“连接到服务器”对话框，选择要监视的数据库引擎服务器名称，可对其操作进行监视。

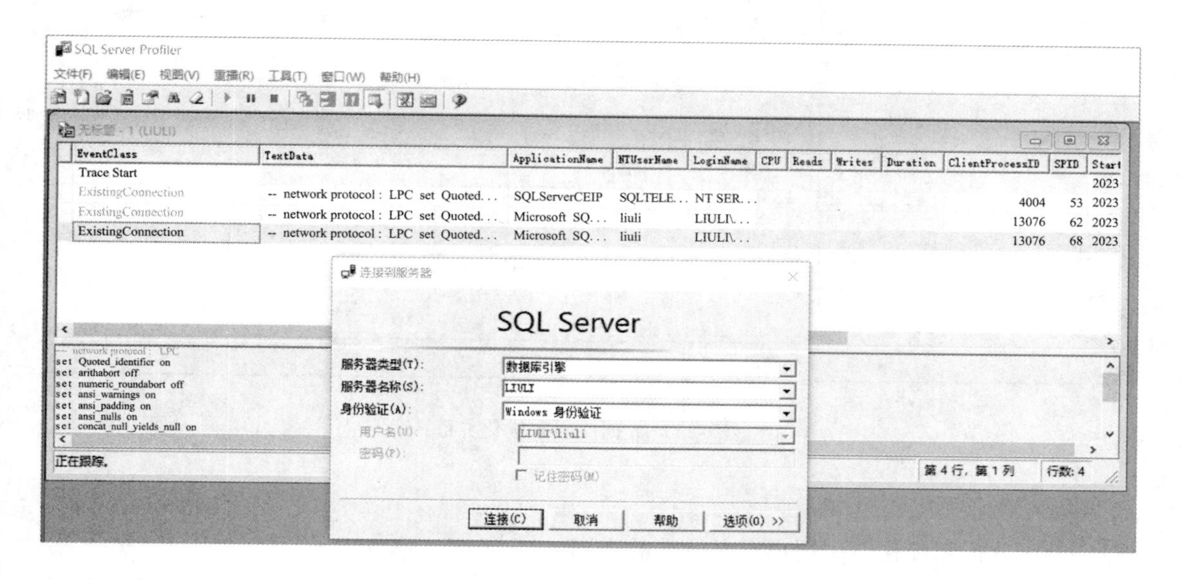

图 3-10　SQL Server Profiler 界面

3.2.4　数据库引擎优化顾问

数据库引擎优化顾问可以协助创建索引、索引视图和分区的最佳组合。执行“开始”→“所有程序”→“Microsoft SQL Server Tools 18”→“数据库引擎优化顾问”；也可以在 SQL Server Management Studio 界面（见图 3-7）中选择“工具”菜单中的“S 数据库引擎优化顾问”，点击打开界面，应用程序会显示“连接到服务器”对话框，可在其中指定要连接到的 SQL Server 实例，出现如图 3-11 所示的界面。

数据库引擎优化顾问具备下列功能：

（1）通过使用查询优化器分析工作负荷中的查询，推荐数据库的最佳索引组合。

（2）可以对“SQL Server Profiler”跟踪工具跟踪出的相关功能语句进行分析。

（3）工作负荷分析功能，推荐工作负荷中引用的数据库的索引视图。

（4）分析所建议的更改将会产生的影响，包括索引的使用，查询在表之间的分布，以及查询在工作负荷中的性能。

（5）可以在数据库引擎优化顾问图形用户界面上，利用计划缓存、工作负荷文件或

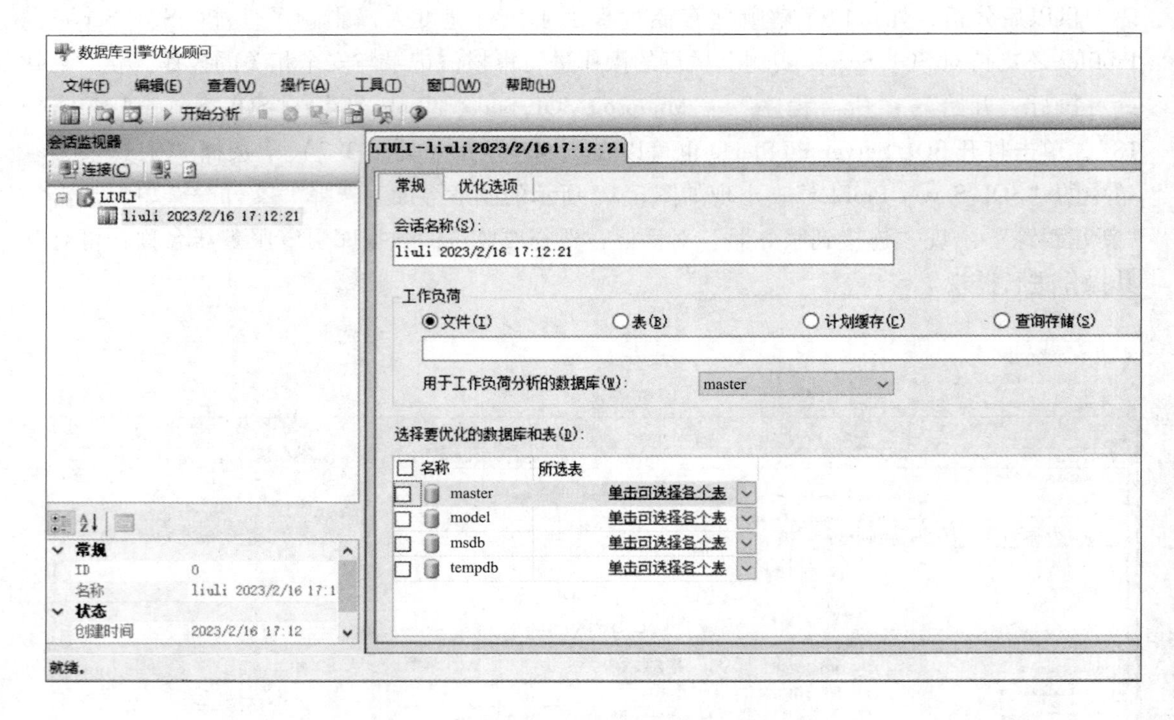

图 3-11　数据库引擎优化界面

工作负荷表来优化数据库。

（6）分析和优化引用用户定义函数的查询。

（7）优化会话完成后，数据库引擎优化顾问将以文本格式或 XML 格式生成若干分析报告。这些报告提供的信息包括工作负荷中发生的查询开销、工作负荷中事件的发生频率以及查询及其引用的索引之间的关系等。

（8）数据库引擎优化顾问可以权衡包括筛选索引在内的各种不同类型的物理设计结构（如索引、索引视图、分区）所提供的性能。

3.3　T-SQL 介绍

SQL 全称是“结构化查询语言（Structured Query Language）”，其语言结构简洁，功能强大，集数据定义、查询、更新和控制功能于一体，已经成为关系数据库的标准语言。如今像 Oracle、Sybase、Informix、SQL Server、DB2 等数据库管理系统都支持 SQL 作为查询语言；在 HTML 超文本标记语言中也可嵌入 SQL 语句通过网络访问数据库服务器；在 VC ++ 、VB、Java、Delphi 等应用程序设计语言中也可嵌入 SQL 语句。按照实现的功能，SQL 可以分为以下四类：

数据操纵语言（Data Manipulation Language）：用来进行数据的查询和更改的语句，包括 SELECT（从数据库表中查询数据）、UPDATE（更新数据库表中的数据）、DELETE

（从数据库表中删除数据）和 INSERT INTO（向数据库表中插入数据）。

数据定义语言（Data Definition Language）：用来定义和管理数据库以及数据库中各种对象的语句，包括 CREATE（创建数据库对象）、ALTER（修改数据库对象）和 DROP（删除数据库对象）等。

数据控制语言（Data Control Language）：用来设置或者更改数据库用户或角色权限的语句，包括 GRANT、DENY、REVOKE 等语句。

SQL Server 在支持标准 SQL 语言的同时，对其进行了扩充，形成了 Transact-SQL（T-SQL）语言。T-SQL 可以定义变量、使用流控制语句、自定义函数和存储过程。SQL Server 中使用图形界面能够完成的所有功能，都可以利用 T-SQL 来实现。应用程序通过向 SQL Server 服务器发送 T-SQL 语句来进行通信。

3.3.1 T-SQL 数据类型

在 SQL Server 中，每个变量、参数和表达式都有数据类型。数据类型决定了数据的表现方式和存储方式，并依此来划分数据的种类。SQL Server 2019 中常用的数据类型如下。

3.3.1.1 字符数据类型

字符数据类型是使用最多的数据类型，它可以用来存储各种字母、数字符号、特殊符号等。一般情况下，使用字符类型数据时，须在数据的前后加上单引号或双引号。字符数据类型包括 char 型、nchar 型、varchar 型和 nvarchar 型。

（1）char 型：存储固定长度的非 Unicode 字符串，每个字符和符号占用一个字节。其定义形式为 char(*n*)，其中 *n* 表示字符串长度，取值为 1 ~ 8000。当输入字符数小于 *n* 时，系统自动用空格填充；当输入字符数大于分配长度时，系统自动截掉超出部分。

（2）nchar 型：存储固定长度的 Unicode 字符串，每个字符占 2 个字节。其定义形式为 nchar(*n*)，*n* 表示字符串长度，取值为 1 ~ 4000，默认值为 1。

（3）varchar 型：存储可变长度的非 Unicode 字符串。其定义形式为 varchar（*n* | max），varchar(*n*)表示字符长度最大为 *n* 位，*n* 的取值范围是 1 ~ 8000；varchar(max)表示最大存储大小是 $2^{31}-1$ 位字符。varchar 型数据的存储长度为实际数据的长度。如果输入数据的字符数小于 *n* 定义的长度，系统会丢掉尾部的空格以节省空间；但是如果输入的数据长度大于 *n* 定义的长度，系统会自动截掉超出部分。

（4）nvarchar 型：存储可变长度的 Unicode 字符串，其定义形式为 nvarchar（*n* | max），*n* 的取值范围是从 1 ~ 4000。nvarchar 型的其他特性与 varchar 类型相似。

（5）text 型：存储大量非 Unicode 文本数据的可变长度字符串，容量为 $2^{31}-1$ 个字节。

（6）ntext 型：存储大量 Unicode 文本数据的可变长度字符串，容量为 $2^{30}-1$ 个字节。

3.3.1.2 数字数据类型

（1）整数数据类型。整数型数据包括 int 型、bigint 型、smallint 型和 tinyint 型。

1）int 型：整数型，长度为 4 个字节，共 32 位。其中 31 位用于表示数值的大小，1

位用于表示符号。可存储的数值范围是 $-2^{31} \sim 2^{31}-1$。

2）bigint 型：大整型数，长度为 8 个字节，共 64 位。其中 63 位用于表示数值的大小，1 位用于表示符号。可存储的数值范围是 $-2^{63} \sim 2^{63}-1$。

3）smallint 型：短整数型，长度为 2 个字节，共 16 位。其中 15 位用于表示数值的大小，1 位用于表示符号。可存储的数值范围是 $-2^{15} \sim 2^{15}-1$。

4）tinyint 型：微短整数型，长度为 1 个字节，共 8 位，全部用于表示数值的大小，无符号位。可存储的数值范围是 0 ~ 255。

（2）精确数字类型。包括 decimal 数据类型和 numeric 数据类型，两者功能是相同的，长度为 2 ~ 17 个字节，取值范围是 $-10^{38}+1 \sim 10^{38}-1$。

定义格式为 decimal（p，[s]）和 numeric（p，[s]），其中 p 表示可供存储的值的总位数（不包括小数点），默认值为 18，最大精度为 38；s 表示小数点后的位数，默认值为 0；参数之间的关系是 $0 \leqslant s \leqslant p$。例如：decimal（15,5）表示共有 15 位数，其中整数 10 位，小数 5 位。

（3）近似数字类型。用来存储十进制小数。采用上舍入方式存储浮点数据，即只要舍入的小数部分是一个非零值，就要在该数字的最低有效位上加 1，并进行必要的进位，因此浮点数据为近似值。近似数字类型包括 real 型和 float 型。

1）real 型：长度为 4 个字节，可精确到小数点后第 7 位数字。存储范围为 -3.40E+38 ~ -1.18E-38，0 和 1.18E-38 ~ 3.40E+38。

2）float 型：长度为 8 个字节，可精确到小数点后第 15 位数字。存储范围为 -1.79E+308 ~ -2.23E-308，0 和 2.23E+308 ~ 1.79E+308。float 型的数据可写成 float(n)的形式。其中，n 是 1 ~ 15 之间的整数值，指定 float 型数据的精度。

3.3.1.3 二进制数据类型

二进制数据类型用于存储二进制数据，包括 binary 型、varbinary 型和 image 型。

（1）binary 型：用于存储固定长度的二进制串，定义形式为 binary(n)，其中 n 表示数据长度，取值范围是 1 ~ 8000。该类型数据的默认大小为 1 个字节，共占用 $n+4$ 个字节的存储空间。在输入数据时必须在数据前加上字符“0x”作为二进制标识。当实际的二进制数据长度小于定义长度时，该类型会在实际数据的尾部添加二进制的 0 以达到固定的长度。

（2）varbinary 型：用于存储可变长度的二进制字符串，其定义形式为 varbinary（n|max），其中 varbinary(n)，n 的取值范围是 1 ~ 8000，如果输入的数据长度超出 n 的范围，则系统会自动截掉超出部分；varbinary(max)存储的最大为 $2^{31}-1$ 字节的二进制数据。

（3）image 型：用于存储大量可变长度的二进制数据，其最大长度为 $2^{31}-1$ 个字节。可用来保存图像。image 型数据的存储模式与 text 型数据相同，通常用来存储图形等 OLE 对象。在输入数据时，与输入二进制数据一样，必须在数据前加上起始符号“0X”作为二进制标识。

3.3.1.4 日期和时间数据类型

日期和时间数据类型代表日期和一天内的时间，默认的格式为“月/日/年”。SQL Server 的常用日期时间类型有 datatime 和 smalldatetime。在 SQL Server 2019 中，日期时间类型在这两种数据类型的基础上又增加了 date、time、datetime2 和 datetimeoffset 类型。其中，datetime2 为 datetime 类型的扩展，其数据范围更大，默认的小数精度更高。datetimeoffset 数据类型有时区偏移量，是指定某个 time 或 datetime 值相对于 UTC（世界标准时间）的时区偏移量。具体介绍见表 3-1。

表 3-1 日期时间数据类型

数据类型	最小	最大	内存	精度
datetime	1753-01-01 00:00:00.000	9999-12-31 23:59:59.999	8 字节	3% s
smalldatetime	1900-01-01	2079-06-06	固定 4 字节	1 min
date	0001-01-01	9999-12-31	固定 3 字节	1 d
time	00:00:00.0000000	23:59:59.9999999	5 字节	100 ns
datetimeoffset	0001-01-01	9999-12-31	10 字节	100 ns
datetime2	0001-01-01	9999-12-31	6 字节	100 ns

3.3.1.5 货币数据类型

货币数据类型用于存储货币或现金值，包括 money 型和 smallmoney 型。系统默认的货币符号为“￥”。

（1）money 型：是一个有 4 位小数的 decimal 值，其取值从 $-2^{63} \sim 2^{63}-1$，存储大小为 8 个字节。

（2）smallmoney 型：取值范围为 -2147483648 ~ +2147483647，存储大小为 4 个字节。

3.3.1.6 逻辑数据类型

逻辑数据类型只有一种 bit 型。bit 数据类型只占用 1 个字节，其值为 0 和 1。只要输入的值为非 0，系统都会当作 1 处理。另外，bit 型不能定义为 NULL 值。

3.3.1.7 其他数据类型

SQL Server 2019 中包含了如表 3-2 所示的一些用于数据存储的特殊数据类型。

表 3-2 其他数据类型

数据类型	描　　述
timestamp	提供数据库范围内的唯一值
hierarchyid	表示树层次结构中的树位置
uniqueidentifier	存储 16-byte 全球唯一标识符（GUID）
sql_variant	可存储 SQL Server 支持的各种数据类型值（text、ntext、timestamp 和 sql_variant 除外）

续表 3-2

数据类型	描　述
XML	将 XML 数据存储在列中，或 XML 类型的变量
Geometry	空间几何类型，在平面坐标系中表示数据
Geography	空间地理类型，存储椭球（圆形地球）数据，例如 GPS 纬度和经度坐标

3.3.1.8 用户自定义数据类型

除了以上系统提供的数据类型外，用户可以根据实际应用的需要设计自定义数据类型。自定义数据类型必须建立在 SQL Server 系统数据类型基础之上。创建时，需要定义三个参数：类型名称、新数据类型所基于的系统数据类型、是否允许为空值（NULL）。空值通常表示当前未知、不可用或将在以后添加的数据。空值与数字 0 或空格字符是不同的，空格和 0 都是确定的、有效的，而空值表示当前尚未确定其内容是什么。若表中某一字段允许为空值，则在插入一条新记录时可以不给该字段输入数据；而当字段不允许为空值时，则在插入一条新记录时必须为该字段赋值。

用户自定义数据类型的创建和删除有两种方法：一种是利用企业管理器，另一种是使用系统存储过程。下面我们用两种方法来为图书管理系统数据库创建一个名为 readerno 的数据类型，基于 char 数据类型、不允许为空值，然后再将其删除。

（1）利用 SSMS 创建/删除用户自定义数据类型。在 SQL Server Management Studio 中展开要创建用户自定义数据类型的数据库→“可编程性”→“类型”→“用户定义数据类型”，右击“用户定义的数据类型”，在弹出的快捷菜单中选择“新建用户定义数据类型”，出现如图 3-12 所示的界面。在“常规”选项界面中输入新建数据类型的名称，例如“readerno”，定义其数据类型和长度，例如数据类型为 char，长度为 20，最后单击确定按钮。此时，再通过 SSMS 查看便可发现“用户定义数据类型”下的 readerno 数据类型。当不需要该数据类型时，可以右击该数据类型，在弹出菜单中单击“删除”。

（2）利用系统存储过程 sp_addtype 创建/删除用户自定义数据类型。系统存储过程 sp_addtype 用于创建用户自定义数据类型，其语法如下：

```
sp_addtype{type},[,system_data_bype][,'null_type']
```

其中，type 是用户定义的数据类型的名称。system_data_type 是系统提供的数据类型，例如，Decimal、Int、Char 等。null_type 表示该数据类型是如何处理空值的，默认值为 NULL，必须使用单引号引起来，‘NULL | NOT NULL’。

系统存储过程 sp_droptype 用于删除不再使用的用户自定义数据类型，其语法如下：

```
sp_droptype 类型名称
```

在删除时必须确保该用户自定义数据类型不能被数据表正在使用。

【例 3-1】 使用系统存储过程在教学管理数据库中创建用户定义数据类型 student ID，

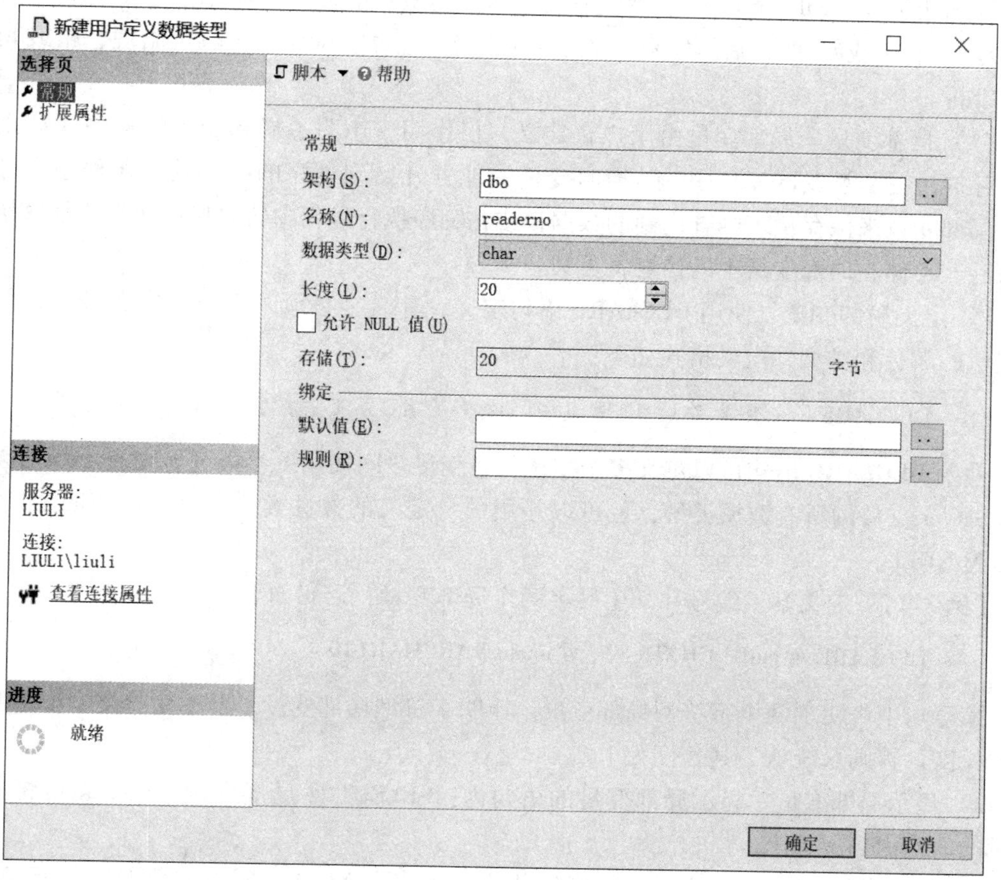

新建用户定义数据类型
选择页
常规
扩展属性
脚本 帮助
常规
架构(S): dbo
名称(N): readerno
数据类型(D): char
长度(L): 20
允许 NULL 值(U)
存储(T): 20 字节
绑定
默认值(E):
规则(R):
连接
服务器:
LIULI
连接:
LIULI\liuli
查看连接属性
进度
就绪
确定 取消

图 3-12 新建用户自定义数据类型

其数据类型为 char，长度为 8；然后再将该数据类型删除。

```
USE 教学管理
GO
EXEC sp_addtype studentID, 'char(8)', 'NOT NULL'
GO
EXEC sp_droptype studentID
GO
```

用户自定义完 student ID 数据类型后，student ID 就可以用来定义某个数据列或变量的数据类型。

3.3.2 变量与常量

3.3.2.1 变量

T-SQL 语言可以定义两种变量：系统提供的全局变量（Global Variable）和用户自定

义的局部变量（Local Variable）。变量有变量名和类型两个属性。命名时使用常规标识符，以字母、_、@或#开头，后续字母、数字、@、$、_等字符序列，不可出现空格或其他特殊字符。

（1）局部变量。局部变量由用户自定义，仅作用于声明了局部变量的程序（如批处理、存储过程、触发器等）中，从声明变量的地方开始到程序的结尾处。在程序中可以使用局部变量来保存从表中查询到的数据，或在程序执行过程中暂时保存变量。程序执行结束后，存储在局部变量中的信息将丢失。

1）定义局部变量。使用 DECLARE 语句定义，其名字必须以一个“@”开头，并给出变量的名称和类型。定义格式如下：

```
DECLARE  @变量名1  变量类型[,@变量名2  变量类型,…]
```

一条 DECLARE 语句可以定义多个变量，各变量之间使用逗号隔开。变量类型可以是 SQL Server 支持的所有数据类型，也可以是用户自定义的数据类型。第一次声明变量时，其值为 NULL。

【例 3-2】 定义学生编号和学生姓名两个局部变量，语句如下：

```
DECLARE @stuID CHAR(8), @name VARCHAR(10)
```

该语句中声明了两个字符型局部变量。声明字符型局部变量，要在变量类型中指明其最大长度，否则系统认为其长度为 1。

2）显示局部变量。显示局部变量的语句为：SELECT @局部变量。该语句可将局部变量的值输出到屏幕上。

3）局部变量赋值。定以后的局部变量的默认值为 NULL，所以需要对其进行赋值。可以使用 SELECT、UPDATE 或 SET 语句来对局部变量进行赋值，格式如下：

```
SELECT  @局部变量1=变量值或表达式[,@局部变量2=变量值或表达式,…]
SET  @局部变量=变量值或表达式
UPDATE 表名 SET@局部变量=变量值或表达式 WHERE 更新条件
```

【例 3-3】 SELECT 赋值语句通过 SELECT…FROM…WHERE…查询语句从一个表中检索出数据并赋值给局部变量。本例使用 SELECT 语句从 Student 表中检索出学号为“42023109”的记录，并将其学生姓名赋值给@name。

```
DECLARE @stuID CHAR(8), @name VARCHAR (10)
SELECT @stuID = ‘42023109’
SELECT @name = name FROM Student WHERE stuID = @stuID
SELECT @name as ‘姓名’
```

本例中，使用 SELECT…FROM…WHERE…语句查询后返回了一条记录，所以@studentID 变量具有唯一值。如果 SELECT 语句返回多条记录，那么只将结果集中最后一行中 ReaderName 字段的值返回给局部变量。

【例 3-4】 使用 SET 语句为局部变量赋值。计算 Student 表的所有学生的人数并赋值给局部变量@ count。

```
DECLARE @ count int
SET @ count  = (SELECT COUNT( * ) FROM Student)
SELECT @ count
```

【例 3-5】 使用 UPDATE 语句为局部变量赋值。将 Student 表中 stuID 为 “42023110” 的学生的姓名赋值给局部变量@ name。

```
Declare @ name varchar(10)
UPDATE Student SET @ name  =  name WHERE stuID = '42023110'
SELECT @ name
```

这里要注意数据表中字段的类型与局部变量的数据类型要一致，否则会因数据类型不匹配而出错。

（2）全局变量。全局变量是 SQL Server 2019 系统内部使用的变量，用于保存系统配置的设置值和性能统计数据，作用域是在任何程序内都有效。我们常常会在程序中用全局变量来测试系统的设定值或者 T_SQL 命令执行后的状态值。在程序中引用全局变量时，其名字前面以两个“@ @”标记符为开头。

常用全局变量的名称及其对应的功能如下所述。

1）@ @ ERROR：系统报告的最后一条 SQL 命令执行后的错误号，若为 0 则成功，若为非 0 值则产生了错误。用户可以根据不同的错误号采取相应的措施。

2）@ @ ROWCOUNT：最近一次命令执行后影响到的记录总数。

【例 3-6】 设 Student 表中存有 6 条记录。在 SQL Server Management Studio 中点击“新建查询”出现的查询编辑器窗口，输入 SELECT * FROM Student，然后按工具栏上的“执行”按钮，查询编辑器下方的“结果”选项卡会显示该表中的所有记录，将全局变量@ @ ROWCOUNT 的值赋给局部变量@ student_ count，再将该局部变量显示出来，可以看到其值为 6，并显示“影响的行数”为 6。显示全局变量@ @ ROWCOUNT 的数值如图 3-13 所示。

3）@ @ MAX_ CONNECTIONS：同时与 SQL Server 服务器相连的最大连接数。

4）@ @ VERSION：当前 SQL Server 的版本号。

5）@ @ IDENTITY：保存最近一次的插入身份值。若数据表中定义有 identity 列，则当向表中插入一条或多条记录后，@ @ IDENTITY 等于由语句产生的最后一个 identity 值。

6）@ @ RPOCID：当前存储过程的 ID。

7）@ @ SERVERNAME：本地服务器名称。

8）@ @ SERVICENAME：当前运行的服务器名称。

9）@ @ SPID：当前进程的 ID。

10）@ @ TRANSC( ) UNT：当前连接打开的事务数。

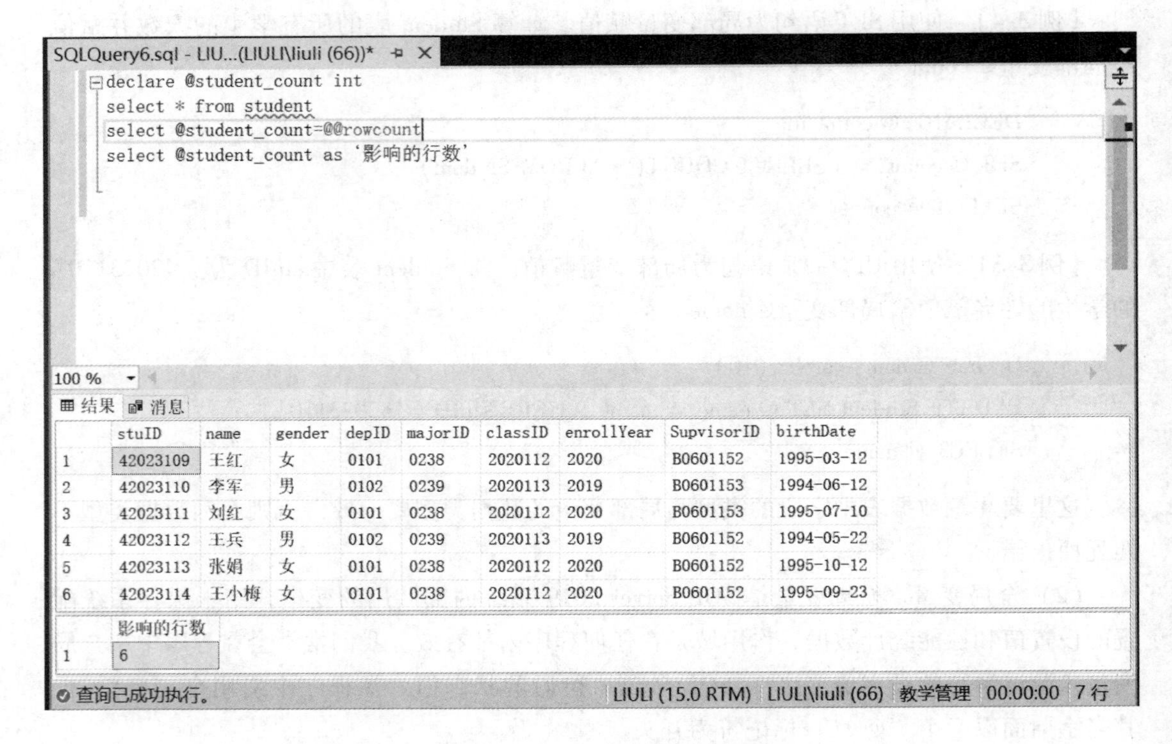

图 3-13 显示全局变量@@ROWCOUNT 的数值

3.3.2.2 常量

常量是表示一个特定数据值的符号，其格式取决于它所表示的值的数据类型。常量有以下几种类型：数值常量、逻辑值常量、字符串和二进制常量、日期/时间常量。

（1）数值常量。包括整型常量、浮点常量、精确数值常量、货币常量等，不使用引号括起。

1）整型常量：不含小数点的一串数字。

2）浮点常量：采用科学计数法表示，例如 123.4E5、0.12E-3 等。

3）精确数值常量：包含小数点的一串数字，例如 123.4、6.78 等。

4）货币常量：以可选的货币符号为前缀的整型数据或精确数值数据，例如 $12、$23.14、￥30 等。

（2）逻辑值常量。使用数字 0 或 1 表示，并且不括在引号中。大于 1 的数字将转换为 1。

（3）字符串和二进制常量。

1）字符串常量。字符串常量括在单引号内并包含字母数字以及特殊字符。例如：'Beijing''Welcome to China!'，空字符串用中间没有任何字符的两个单引号表示。

2）Unicode 字符串。Unicode 字符串的前缀为一个 N 标识符，且 N 必须是大写字母。例如，'SQL Server' 是字符串常量，而 N'SQL Server' 则是 Unicode 常量。每个 Unicode 字符数据占用 2 个字节。

3）二进制常量。二进制常量前缀为 0x，且是十六进制数字字符串，不使用引号括起。例如：0xAE、0x12Ef、0x（表示空值）。

（4）日期/时间常量。使用指定格式的字符日期值来表示，并被单引号括起来。输入时可以使用“/”“.”“-”作为这种常量的分隔符。默认情况下，系统按照 mm/dd/yy 的格式处理。

日期常量示例：‘December 21，2012’‘121221’‘12/21/12’等。

时间常量示例：‘23:48:24’‘11:48 PM’等。

3.3.3 运算符与表达式

运算符是一种符号，用来执行列间或变量间的数学运算和比较操作等。常使用如下几种运算符：算术运算符、字符串串联运算符、位运算符、比较运算符、逻辑运算符。表达式是标识符、值和运算符的组合。

3.3.3.1 算术运算符与表达式

算术运算符用来在两个表达式上执行数学运算，这两个表达式可以是两个数值型的列或变量。算术运算符包括 +（加）、-（减）、*（乘）、/（除）、%（模）。前四种算术运算符可操作的数据类型有：整型、近似数据类型、精确数据类型、货币类型；模运算可操作的数据类型为整型。

3.3.3.2 字符串串联运算符

在 T-SQL 中，“+”除了表示算术运算的加号，能将数值类型的两个数据相加以外，还可当作字符串串连运算符使用，即可连接两个字符串数据，可操作的数据类型有 char、varchar、text 等。例如，‘Mr. ’+‘Pizza’中两个字符串连接后形成新的字符串‘Mr. Pizza’。

3.3.3.3 位运算符

位运算符在两个表达式之间执行位操作，这两个表达式的数据类型可以是整型或逻辑型。对整型数据进行位运算时，需要先将其转换为二进制数，然后再计算。位运算符的符号及其定义如下：

（1）&（按位 AND）：从两个表达式中取对应的位，执行按位逻辑与运算。只有当两个位的值都为 1 时，结果中的位才被设置为 1；否则，结果中的位被设置为 0。

（2）|（按位 OR）：从两个表达式取对应的位，执行按位逻辑或运算。当有一个位为 1 或者两个位均为 1 时，那么结果中的位被设置为 1；如果两位都不为 1，则结果中该位的值被设置为 0。

（3）^（按位互斥 OR）：从两个表达式取对应的位，执行按位逻辑异或运算。如果某个位（但不是两个位）的值为 1，则结果中位的值被设置为 1；如果两个位的值都为 0 或者都为 1，那么结果中该位的值被清除为 0。

（4）~（按位 NOT）：对表达式执行按位逻辑非运算。如果某个位的值为 0，则结果中该位的值被设置为 1；否则，结果中该位的值将被清除为 0。

3.3.3.4 比较运算符

比较运算符用来测试两个表达式的值是否相同，可用来比较字符、数字或日期数据，不能用于 text、ntext 或 image 数据类型。比较运算符包括 =（等于）、>（大于）、<（小于）、> =（大于等于）、< =（小于等于）、< >（不等于）、! =［不等于（非 SQL-92 标准）］、! <［不小于（非 SQL-92 标准）］、! >［不大于（非 SQL-92 标准）］。

比较表达式返回的结果为布尔型数据，取值为 TRUE、FALSE、UNKNOWN。那些返回布尔数据类型的表达式被称为布尔表达式。表列或变量的数据类型不能指定为布尔型，也不能在结果集中返回布尔型。在 WHERE 子句中使用带有布尔数据类型的表达式，可以筛选出符合搜索条件的行，也可以在流控制语言语句（例如 IF 和 WHILE）中使用这种表达式。

3.3.3.5 逻辑运算符与表达式

逻辑运算符用于对某个条件进行测试，以获得其真实情况。逻辑表达式返回带有 TRUE 或 FALSE 值的布尔数据类型。逻辑运算符的符号及其含义如下所述：

ALL：若一系列的比较均为 TRUE，则结果为 TRUE；

AND：若两个布尔表达式均为 TRUE，则结果为 TRUE；

ANY：若一系列的比较中任何一个为 TRUE，则结果为 TRUE；

BETWEEN：若操作数在某个范围之内，则结果为 TRUE；

EXISTS：若子查询包含一些行，则结果为 TRUE；

IN：若操作数等于表达式列表中的一个，则结果为 TRUE；

NOT：对布尔型输入取反；

OR：若两个布尔表达式中的一个为 TRUE，则结果为 TRUE；

SOME：若在一系列比较中，有些为 TRUE，则结果为 TRUE；

LIKE：若操作数与一种模式相匹配，则结果为 TRUE。模式可以使用通配符，如%（包含零个或多个字符的任意字符串）、_（对应任何单个字符）、[ ]（指定集合中的任何单个字符）、[^]（不属于指定集合中的任何单个字符）。

【例 3-7】 在学生表中查询所有姓“王”的学生姓名。

SELECT name FROM Student WHERE name LIKE ‘王%’

上述各种运算符的优先顺序从高到低依次是：~（按位 NOT）、{ *（乘）、/（除）、%（求模）}、{ +（加）、-（减）}、{ =（等于）、>、<、>=、<=、< >、! =、! >、! <、&、|、^}、NOT、AND、{ALL、ANY、BETWEEN、IN、LIKE、OR、SOME}、=（赋值），大括号内的运算符优先级别相同。在表达式中，按照优先顺序的高低进行运算。当优先顺序相同时，则从左到右执行。

3.3.4 系统内置函数

函数是一组编译好的 SQL 语句，可以有或没有输入参数，可以返回数值或记录集，或执行一些操作。SQL Server 2019 系统内置函数是一组预定义的函数，包括字符串函数、数学函数、日期和时间函数、聚合函数等。下面简单列举常用的一些函数。

3.3.4.1 字符串函数

字符串函数对字符串输入值执行转换、查找、分析等操作，返回字符串或数字值。

（1）常用的字符串操作函数。

SPACE：返回由重复的空格组成的字符串。

REPLACE：用第三个表达式替换第一个字符串表达式中出现的所有第二个给定字符串表达式。

REVERSE：返回字符表达式的反转。

LOWER：将大写字符数据转换为小写字符数据后返回字符表达式。

UPPER：返回将小写字符数据转换为大写的字符表达式。

LTRIM：删除起始空格后返回字符表达式。

RTRIM：截断所有尾随空格后返回一个字符串。

（2）与字符串长度有关的函数。

LEFT：返回从字符串左边开始指定个数的字符。

SUBSTRING：返回字符串表达式的一部分。

LEN：返回给定字符串表达式的字符（而不是字节）个数，其中不包含尾随空格。

RIGHT：返回字符串中从右边开始指定个数的字符。

（3）字符串转换函数。

ASCII：返回字符表达式最左端字符的 ASCII 代码值。

CHAR：将 ASCII 代码转换为字符。

STR：由数字数据转换成字符数据。

3.3.4.2 数学函数

数学函数包括指数运算、对数运算、三角运算等，操作数为数字数据类型。以下列出一些常用的数学函数。

（1）ABS：返回给定数字表达式的绝对值。

例如：SELECT ABS(-1.0), ABS(0.0), ABS(1.0)，结果为：1.0，0，1.0。

（2）ACOS、ASIN、ATAN：分别为求反余弦值、反正弦值、反余切值。

例如：SELECT ACOS(-1)，结果为：3.14159。

（3）CEILING：返回大于或等于所给数字表达式的最小整数。

（4）FLOOR：返回小于或等于所给数字表达式的最大整数。

例如：

CEILING($123.45), CEILING($ -123.45), CEILING($0.0)，结果为：124.00，-123.00，0.00。

SELECT FLOOR(123.45), FLOOR(-123.45), FLOOR($123.45)，结果为：123，-124，123.0000。

（5）COS、SIN、TAN、COT：分别为求余弦值、正弦值、正切值、余切值。

（6）Log、Log10：分别为自然对数值、以 10 为底的对数值。

（7）EXP：求指数值。

（8）POWER：返回给定表达式乘指定次方的值。

（9）RAND：返回 0 ~1 之间的随机浮点值。

（10）ROUND：返回数字表达式并四舍五入为指定的长度或精度。

例如：SELECT ROUND（123.9994，3），ROUND（123.9995，3），ROUND（123.4545，2）。结果为：123.9990，124.0000，123.4500。

（11）SIGN：返回给定表达式的正（+1）、零(0)或负(-1)号。

（12）SQRT、SQUARE：分别返回给定表达式的平方根、平方。

3.3.4.3 日期和时间函数

日期和时间函数可以操作 datetime 和 smalldatetime 类型数据，执行算术运算。SQL Server 2000 提供的日期和时间函数有如下几种。

（1）DATEADD：以指定的计数单位，将给定日期加上一段时间，返回新的日期值。

例如：SELECT DATEADD（year，2，'2010-05-01'），DATEADD（month，2，'2010-05-01'），DATEADD（day，2，'2010-05-01'）。

结果为：2012-05-01，2010-07-01，2010-05-03。

（2）DATEDIFF：以指定的计数单位，返回两个给定日期之差。

例如：SELECT DATEDIFF（day，'2010-05-01'，'2012-05-01'）。

结果为：731。

（3）DATEPART：返回代表给定日期的指定部分的整数。

例如：SELECT DATEPART（month，'2010-05-01'）。

结果为：5。

（4）DATENAME：返回代表给定日期的指定部分的字符串。

例如：SELECT DATENAME（year，'2010-05-01'）。

结果为：2010。

（5）GETDATE：返回当前系统日期和时间。

（6）DAY：返回指定日期的天数。

（7）MONTH：返回指定日期的月份。

（8）YEAR：返回指定日期中的年份。

3.3.4.4 聚合函数

SQL Server 2019 提供了一些聚合函数，可以对获取的数据进行分析和报告。这些函数的功能包括：计算数据表中记录的行数、计算某个属性列中数据的总和，以及找出数据表中某个属性列的最大值、最小值或计算平均值。

（1）AVG：返回某数据表的属性列的平均值。

（2）COUNT：返回某属性列的行数。

（3）MAX：返回某属性列中的最大值。

（4）MIN：返回某属性列中的最小值。

（5）SUM：返回某属性列值的和。

【例 3-8】　教学管理数据库的 Student 表中详细数据如图 3-13 的显示结果，在 Student 表中查询女生的人数，T-SQL 语句如下：

```
Use 教学管理
select count(stuID) from student where gender = '女'
```

执行结果如图 3-14 所示。

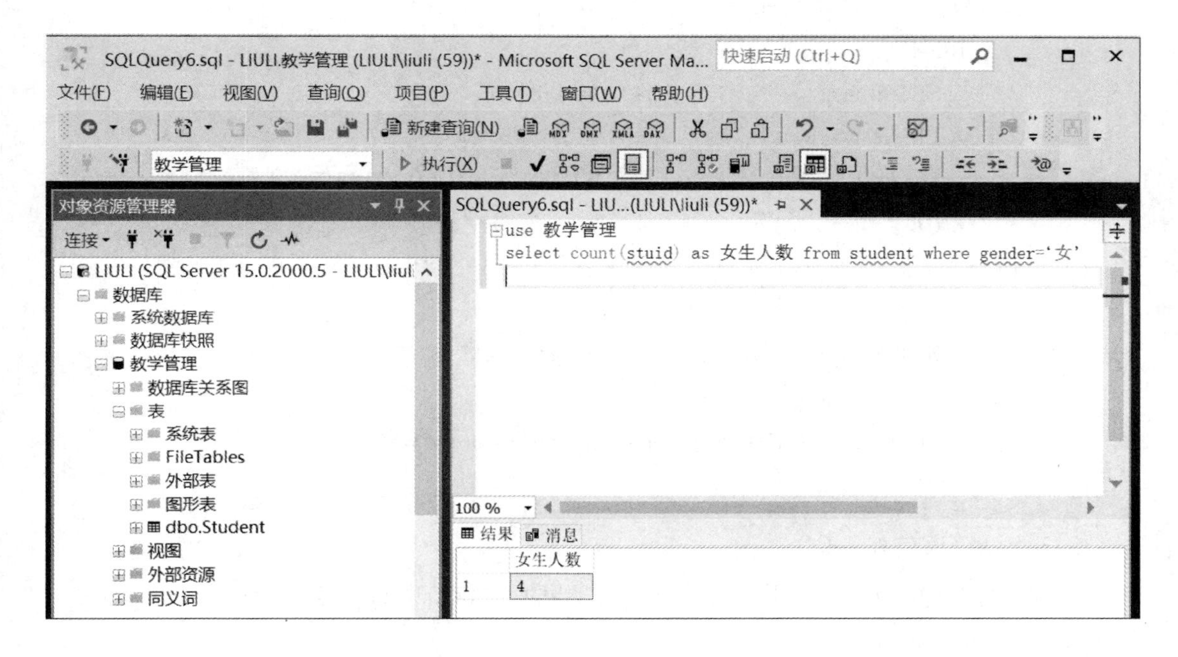

图 3-14　例 3-8 的 SQL 语句执行结果

3.3.5　流程控制语句

3.3.5.1　注释语句

注释语句有两个作用，一个是程序代码某些代码行不需要执行，可以将这些行进行注释；另一个是在程序代码中加入注释以便帮助理解编程者的思路。SQL Server 支持两种类型的注释字符：

（1）--（双连字符）：可以进行单行注释。注释字符可以和代码处在同一行，也可另起一行。从双连字符开始到行尾的内容都是注释。

（2）/＊…＊/：可以实现多行注释。注释字符可以和代码处在同一行，也可另起一行。第一个/＊和第二个＊/之间的所有内容均视为注释。

3.3.5.2　语句块—BEGIN…END

BEGIN…END 包含多行 T-SQL 语句，将这一组 T-SQL 语句作为一个逻辑单元执行。

BEGIN 和 END 关键字经常与 WHILE、CASE、IF…ELSE 一起组合使用。

【例 3-9】 在教学管理数据库的成绩表 ScoreReport 中，统计成绩低于 80 分的学生人数，如果大于 0 就显示所有成绩低于 80 分且 stuID 的前两个字符为“42”的学生成绩列表。否则，输出成绩高于 80 分的所有学生成绩列表。

```
USE 教学管理
GO
DECLARE @ msg varchar(255)
IF (SELECT COUNT( stuID) FROM Scorereport WHERE score < 80) > 0
    BEGIN
      SET @ msg = ‘以下学生成绩低于 80 分:’
      PRINT @ msg
      SELECT * FROM Scorereport WHERE stuID LIKE‘42%’ AND score < 80
    END
ELSE
    BEGIN
      SET @ msg = ‘没有成绩低于 80 的学生。’
      PRINT @ msg
      SELECT * FROM Scorereport WHERE score > =80
    END
```

3.3.5.3　批处理—GO

Go 可以向 SQL Server 实用工具发出一组 T-SQL 语句结束的信号。

语法：Go ［count］

其中 count 为一个正整数，表示 GO 之前的批处理将执行指定的次数。

GO 命令和 T-SQL 语句不能在同一行中。但在 GO 命令行中可包含注释。

用户必须遵照使用批处理的规则。例如，在批处理中的第一条语句后执行任何存储过程必须包含 EXECUTE 关键字。局部（用户定义）变量的作用域限制在一个批处理中，不可在 GO 命令后引用。

【例 3-10】 在 SSMS 的新建查询窗口中输入以下语句，创建两个批处理。

```
USE 教学管理
GO  --第一个批处理只包含一条 USE 教学管理语句,用于设置数据库上下文。
DECLARE @ NmbrStudents INT  --该局部变量用来保存作者数目
SELECT @ NmbrStudents = COUNT( * ) FROM student
PRINT‘到目前’+ CAST( GETDATE( ) AS varchar(20)) +‘为止,学生总数为’+
      CAST(@ NmbrStudents AS char (10))
GO  --局部变量@ NmbrStudents 的作用域到此结束
```

3.3.5.4 条件语句—IF…ELSE

当程序的执行取决于某个条件表达式的值时，可以使用条件语句。其语法格式为：

```
IF 布尔型表达式
        sql_语句 | 语句块
[ ELSE
        sql_语句 | 语句块 ]
```

布尔型表达式返回值为TRUE或FALSE。如果条件满足（布尔表达式返回TRUE时），则执行IF关键字及其条件之后的T-SQL语句，当不满足IF条件时（布尔表达式返回FALSE），就执行ELSE关键字后面的语句。

如果布尔表达式中含有SELECT语句，则必须用括号将SELECT语句括起来。如果不使用语句块，只能执行IF或ELSE条件之后的一条T-SQL语句。若要定义语句块，必须使用BEGIN和END关键字，如例3-9。

3.3.5.5 CASE函数

CASE函数用于计算条件列表并返回多个可能结果表达式之一。CASE具有两种格式：

（1）简单CASE函数：将某个表达式（通常是变量或数据表中的某个字段名）与一组简单表达式进行比较以确定结果。

```
CASE    字段名或变量名
WHEN   简单表达式 1 THEN 结果表达式 1
WHEN   简单表达式 2 THEN 结果表达式 2
…
ELSE 结果表达式
END
```

【例3-11】 查询Student表中每行记录的专业号，根据专业号输出相应的专业名称。

```
USE 教学管理
GO
SELECT 专业名称 =
        CASE majorID
            WHEN '0238' THEN '电子'
            WHEN '0239' THEN '计算机'
            WHEN '0240' THEN '通信'
            WHEN '0241' THEN '自动化'
            ELSE '查无此类'
        END,
    Name AS 学生姓名
FROM Student
```

```
GO
```

（2）CASE 搜索函数：计算一组布尔表达式以确定结果。

```
CASE
WHEN 布尔表达式 1 THEN 结果表达式 1
WHEN 布尔表达式 2 THEN 结果表达式 2
  …
ELSE 结果表达式
END
```

【例 3-12】 对成绩 ScoreReport 表中每学生的成绩做出评价。

```
USE 教学管理
GO
SELECT stuID, courseID ,'分数' =
      CASE
        WHEN score < 60 THEN '不及格'
        WHEN score BETWEEN 60 AND 80 THEN '成绩中'
        WHEN score BETWEEN 80 AND 90 THEN '成绩良'
        WHEN score >90 THEN '成绩优秀'
        ELSE '成绩错误'
      END
FROM ScoreReport
GO
```

3.3.5.6 循环语句—While

While 用于设置重复执行 SQL 语句或语句块的条件。只要指定的条件为真，就重复执行语句。可以使用 BREAK 和 CONTINUE 关键字在循环内部控制 WHILE 循环中语句的执行。其语法如下：

```
WHILE 布尔表达式
BEGIN
        sql 语句 | 语句块
        [ BREAK ]
        [ CONTINUE ]
        sql 语句 | 语句块
END
```

其中：

布尔表达式：返回 TRUE 或 FALSE。若布尔表达式中含有 SELECT 语句，则必须用括号将 SELECT 语句括起来。

语句块：使用 BEGIN 和 END 关键字定义。

BREAK：使程序完全跳出 WHILE 循环，执行 END 关键字后面的语句。

CONTINUE：使程序跳过 CONTINUE 之后的语句，回到 WHILE 循环第一行，继续进行下一次循环。

【例 3-13】 在教学管理数据库的 ScoreReport 表上，如果平均成绩小于 80，WHILE 循环程序块完成将成绩乘以 1.1，然后选择最高成绩，如果最高成绩小于或等于 90，重新启动循环再次将成绩乘以 1.1。该循环不断地将成绩提高，直到最高成绩超过 90，然后退出 WHILE 循环并打印一条消息‘最高成绩超过 90!’。

```
USE 教学管理
GO
WHILE (SELECT AVG(score) FROM ScoreReport) < 80
BEGIN
    UPDATE ScoreReport SET score = score * 1.1
    SELECT MAX(score) FROM ScoreReport
    IF (SELECT MAX(score) FROM ScoreReport) > 90
      BREAK
    ELSE
      CONTINUE
END
PRINT '最高成绩超过 90!'
```

3.3.5.7 Print 语句

Print 语句用于在屏幕上显示用户消息。可以帮助排除 T-SQL 代码中的故障、检查数据值或生成报告。其语法格式如下：

```
PRINT '字符串'|@局部变量|@@全局变量
```

其中：字符串不可超过 255 字节；@局部变量必须是 char 或 varchar 型；@@全局变量要能够被转换为 char 或 varchar 型。

3.3.5.8 Waitfor 延迟语句

用来暂停程序执行，直到所设定的时间间隔已过、或者到达设定时间、或者指定语句已经至少修改或返回了一行，才继续执行批处理、存储过程或事务等。其语法格式如下：

```
WAITFOR DELAY 'time' | TIME 'time'
```

其中，time 为 datetime 数据类型，格式为“hh：mm：ss”。DELAY 用于设定等待时间，最长为 24 小时。TIME 用于设定等待结束的时间点。

3.3.5.9 GOTO 跳转语句

用来改变程序执行的流程，使得程序跳转到标有标识符的程序行，再继续往下执行。GOTO 语句会破坏程序结构化的特点，尽量不要使用。其语法格式如下：

```
标识符:
…
GOTO 标识符
```

标识符可以包含数字和字符，以“:”结尾，GOTO 语句后的标识符不加“:”。

3.3.5.10 RETURN 语句

用于结束当前程序（如存储过程、批处理或语句块）的执行，返回到当前程序的调用程序中。其语法格式如下：

```
RETURN[整数值]
```

其中：存储过程可以给调用它的过程或应用程序返回整型值。

如果不指定返回的整数值，SQL Server 系统会根据程序执行结果返回一个内定值：0 表示程序执行成功，如果返回非零值，则表示发生了相应的错误。

习　题

(1) 完成 SQL Server 2019 的安装。

(2) 简述 SQL Server 2019 管理平台 SSMS 的主要组件。

(3) T-SQL 语言可以分为几类，每一类的作用是什么?

(4) 如何定义和使用局部变量和全局变量?

(5) 简述局部变量和全局变量的作用域。

(6) 流程控制语句有哪些?

(7) 查询 student 表，将返回的记录数赋给变量@RowCount。

(8) 编程练习：统计 1 ~ 50 之间所有能被 3 整除的数的个数。

(9) 用 T-SQL 流程控制语句编写程序，求两个数的最大公约数和最小公倍数。

4　数据库、表的操作

本章将介绍如何利用 SQL Server 2019 对主要 SQL Server 对象，如数据库、数据表以及索引和视图进行操作。数据库的存储结构分为逻辑存储结构和物理存储结构。逻辑存储结构主要包括数据库表、视图、函数、存储过程等数据库对象组成，而物理存储结构是讨论数据库文件在磁盘上如何存储的问题。

4.1　数据库结构

4.1.1　逻辑存储结构

从逻辑角度看，SQL Server 2019 将数据库组织成各种数据库对象，如数据表、视图、索引、存储过程、触发器等。在管理工具（SSMS）中，可以浏览到各种数据库对象，如图 4-1 所示。

数据库
系统数据库
数据库快照
教学管理
数据库关系图
表
视图
外部资源
同义词
可编程性
Service Broker
存储
安全性

图 4-1　数据库的逻辑组成

各类数据库对象的功能服务于 SQL Server，完成整体数据库功能的实现，其中的主要对象及其功能包括：数据表用来存储大量数据；视图是一种虚拟的数据表，可以定制复杂或常用的查询；索引可以加快数据检索效率；存储过程是一组用 SQL 语句编写的数据库操纵语句的集合，用来实现某一特定功能；触发器、约束、规则、默认值等对象用来确保数据的数据完整性；用户、角色等对象用来保障数据的安全性。

4.1.2　物理存储结构

从物理角度看，SQL Server 2019 具有三种类型的数据文件：主要数据文件（Primary

Data File)，次要数据文件（Secondary Data File)，事务日志文件（Transaction Log File)。这些数据文件以文件形式存储在计算机的硬盘上，在默认的 SQL Server 安装路径下可以看到如图 4-2 所示的数据库文件。

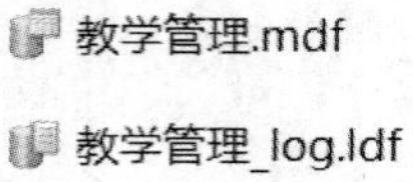

教学管理.mdf

教学管理_log.ldf

图 4-2 数据库的数据文件

4.1.2.1 主要数据文件

主要数据文件包括数据库的启动信息，并指向数据库中的其他文件。主要数据文件的文件扩展名是 . mdf。用户数据和对象主要存储在此文件中，也可根据实际数据量大小，存储在次要数据文件中。需要注意的是，每个数据库必定有一个主要数据文件。

4.1.2.2 次要数据文件

次要数据文件是可选的，由用户定义并存储用户数据。次要数据文件的文件扩展名是 . ndf。一般而言，当数据量达到一定量，通过将每个文件存储在不同的磁盘中，次要数据文件可用于将数据分散到多个磁盘上，从而提高大量数据处理的效率。此外，如果数据库超过了单个 Windows 文件的最大容量，可以使用次要数据文件，这样数据库就能够继续增长，而不受操作系统文件大小的限制。

4.1.2.3 事务日志文件

事务日志文件用于记录所有事务以及每个事务对数据库所做的修改，其文件扩展名是 . ldf。当用户使用 INSERT、UPDATE、DELETE 等语句对数据库进行更新时，这些操作都会记录在此文件中；而如果所作操作不会对数据库内容产生影响时（如使用 SELECT 进行查询)，就不会在日志文件中记录。随着对数据的更新操作的增多，日志记录会不断增长。日志文件的一个重要作用是，当数据库被损坏时，管理员可以使用事务日志文件中的历史信息来恢复数据库。每一个数据库必须至少拥有一个事务日志文件，并允许存在多个事务日志文件。

4.1.2.4 文件组

为了方便用户会对数据库文件进行分配和管理，SQL Server 2019 将文件分成不同的文件组。文件组有以下两种类型。

（1）主文件组。主文件组，称为 PRIMARY 文件组，包含了主数据文件和未指定文件组的其他文件。数据库的所有系统表都被分配到主文件组中。当主文件组的存储空间用完之后，将无法向系统表中添加新的目录信息，一个数据库有一个主文件组。

（2）次文件组。也称用户自定义文件组，是用户首次创建或修改数据库时自定义的，其目的在于约束数据分配到不同的磁盘存储位置，以提高数据表的读写效率。

数据库文件和文件组遵循的规则：一个文件或文件组只能被一个数据库使用；一个文件只能属于一个文件组；日志文件不能属于任何文件组。

需要注意的是：

（1）在创建数据库时，需要考虑数据增长的情况，即数据文件可能会出现自动增长的情况，因此应当设置数据文件大小上限，以免占满磁盘；

（2）主文件组需要存放数据库的各个系统表。当容量不足时，新数据可能无法添加到系统表中，数据库也可能无法进行添加或修改等操作；

（3）建议将频繁查询或频繁修改的文件分开放在不同的文件组中；

（4）建议将大型的文本文件、图像文件放到专门的文件组中。

4.2 数据库的常用操作

4.2.1 数据库的建立

4.2.1.1 数据库建立之前的设计工作

建立数据库之前应考虑以下几点，做好准备工作：

（1）确定数据库的拥有者、存取路径及位置和数据库文件名；

（2）确定相关的数据文件和事务日志文件的逻辑名、物理名、初始大小、增长方式和最大容量等；

（3）考虑建立的数据库的实际使用用户数及其使用权限；

（4）确定数据库存储空间以及文件组的存储空间位置与大小；

（5）做好数据库备份和恢复方案，应对可能的突发意外故障。

4.2.1.2 数据库建立的常用方法

在 SQL Server 2019 中，创建数据库的方法主要有两种：一种是通过 SSMS（SQL Server Management Studio）的图形化工具进行创建；另一种是使用 Transact-SQL 语句创建。

（1）数据库创建的 SSMS 菜单操作。启动 SQL Server 2019，进入 SSMS 的界面。在“对象资源管理器”中，选中“数据库”项并右击，弹出快捷菜单，如图 4-3 所示。在快捷菜单中单击“新建数据库”后，打开“新建数据库”界面，如图 4-4 所示，然后按照界面中的“数据库名称”“所有者”和“数据库文件”信息的要求进行填写。

以建立一个“教学管理”数据库为例。在“新建数据库”界面中，将数据库名称输入为“教学管理”，为描述方便，这里保留其他参数为默认。最后，单击“确定”按钮，返回“资源管理器”刷新后，即可看到新建的数据库“教学管理”。

（2）数据库建立的 SQL 语句操作。使用 CREATE DATABASE 语句可以创建数据库，在创建时，数据库名称、数据库文件存放位置、大小和最大容量等可以被指定。具体的语法格式如下：

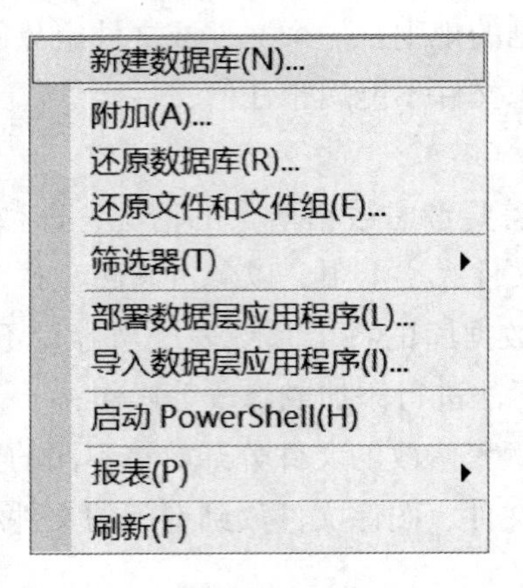

图 4-3 建立数据库的快捷菜单

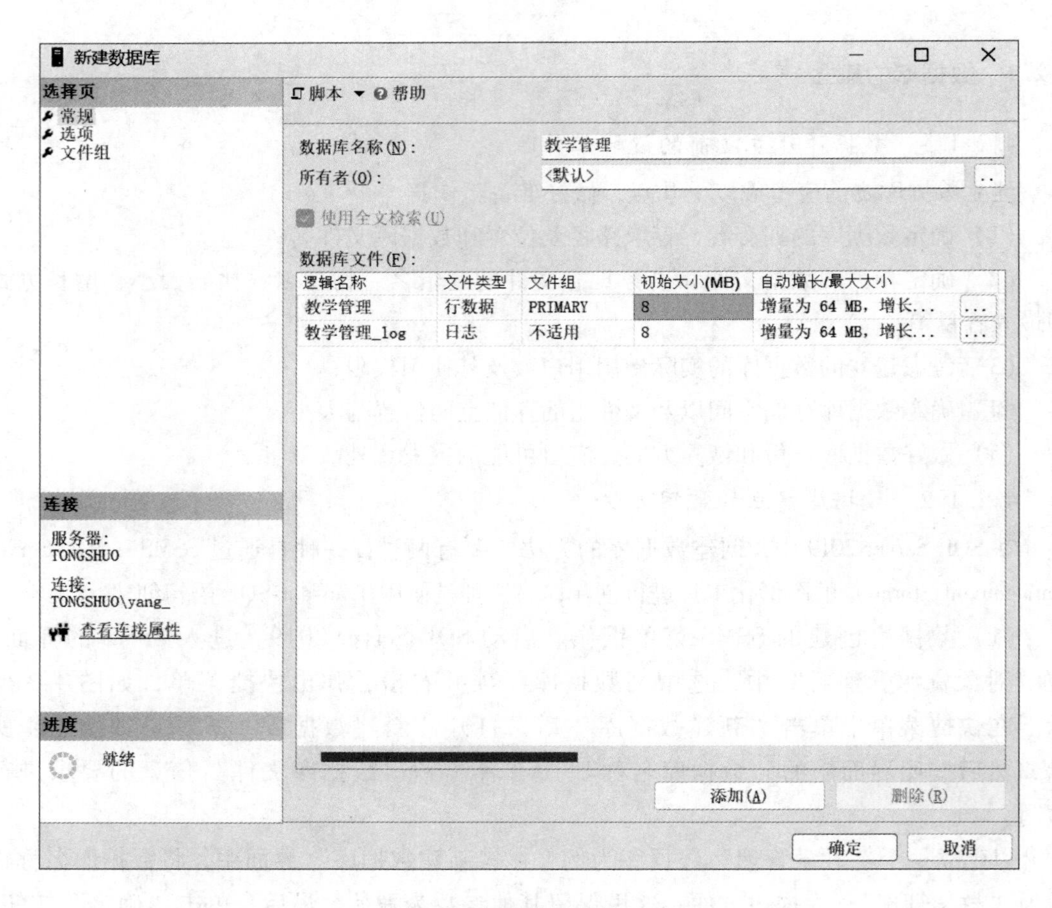

图 4-4 新建数据库的界面

```
CREATE DATABASE < database_name >
    [ ON
        [ PRIMARY ] [ < filespec > ] [ ,…n ]
```

```
    [ , <filegroup> [ ,…n] ]
[LOG ON { <filegroup> [ ,…n] } ]
]
```

其中,

```
<filespec> : : =
{ (NAME = <逻辑文件名>,
    FILENAME = {文件磁盘地址}
    [ ,SIZE = <size> ]
    [ ,MAXSIZE = { <MAX_size|UNLIMITED> } ]
    [ ,FILEGROWTH = <growth_increment> [KB|MB|GB|TB|% ] ]
    ) [ ,…n]
}
<filegroup> : : =
{ FILEGROUP <filegroup_name> [DEFAULT] <filespec> [ ,…n]
}
```

其中，各参数说明如下：

Database_name：数据库名称，在服务器中必须唯一，并且符合标识符命名规则，最长为 128 个字符。

ON：用于定义数据库的数据文件。

PRIMARY：用于指定其后所定义的文件为主要数据文件，如果省略，系统默认将第一个定义的文件作为主要数据文件。

LOG ON：指明事务日志文件的定义。

NAME：指定系统应用数据文件或事务日志文件时使用的逻辑文件名。

FILENAME：指定数据文件或事务日志文件的操作系统文件名称和路径，即数据库文件的物理文件名。

SIZE：指定数据文件或事务日志文件的初始容量，默认单位为 MB。

MAXSIZE：指定数据文件或事务日志文件的最大容量，默认单位为 MB。如果省略或指定为 UNLIMITED，则文件的容量可以不断增加，直至占满整个磁盘空间。

FILEGROWTH：指定数据文件或事务日志文件每次增加的容量；若指定为 0，则文件不增长。

FILEGROUP：用于指定用户自定义的文件组。

DEFAULT：指定文件组为默认文件组。

【例 4-1】 创建“教学管理”数据库。将该数据库的数据文件存储在 D:\Data 下，数据文件的逻辑名称为 em，物理文件名为 em. mdf，初始大小为 5 MB，最大容量为 2048 MB，增长速度为 1 MB；该数据库的日志文件，逻辑名称为 em_log，物理文件名为 em_ log. ldf，初始大小为 2 MB，最大容量为 1024 MB，增长速度为 10%。

```
CREATE DATABASE 教学管理
ON
(NAME = em,                              /* 注意逗号分隔 */
  FILENAME = 'D:\Data\em. mdf',          /* 注意 Data 文件夹必须已经存在 */
  SIZE = 5MB,
  MAXSIZE = 2048MB,
  FILEGROWTH = 2MB )
LOG ON
(NAME = em_log,
  FILENAME = 'D:\Data\em_log. ldf',
  SIZE = 2MB,
  MAXSIZE = 1024MB,
  FILEGROWTH = 10% )
```

【例 4-2】 创建一个指定多个数据文件和日志文件的数据库。该数据库名称为 equip，有 1 个 10 MB 和 20 MB 的数据文件和 2 个 20 MB 的事务日志文件。数据文件逻辑名称为 equip1 和 equip2，物理文件名为 equip1. mdf 和 equip2. ndf。主文件是 equip1，由 PRIMARY 指定。2 个数据文件的最大尺寸都为 200 MB，增长速率分别为 5 MB 和 10%。事务日志文件的逻辑名为 equiplog1 和 equiplog2，物理文件名为 equiplog1. ldf 和 equiplog2. ldf，最大尺寸都为 100 MB，文件增长速度为 10 MB。数据库文件和日志文件的物理文件都存在 E 盘的 data 文件夹下。

```
CREATE DATABASE equip
ON PRIMARY
(NAME = equip1,
  FILENAME = 'E:\data\equip1. mdf',
  SIZE = 10MB,
  MAXSIZE = 200MB,
  FILEGROWTH = 5MB),
(NAME = equip2,
  FILENAME = 'E:\data\equip2. ndf',
  SIZE = 20MB,
  MAXSIZE = 200MB,
  FILEGROWTH = 10% )
LOG ON
(NAME = equiplog1,
  FILENAME = 'E:\data\equiplog1. ldf',
```

```
    SIZE = 20MB,
    MAXSIZE = 100MB,
    FILEGROWTH = 10),
   (NAME = equiplog2,
    FILENAME = 'E:\data\equiplog2.ldf',
    SIZE = 20MB,
    MAXSIZE = 100MB,
    FILEGROWTH = 10)
```

使用 CREATE DATABASE 命令成功创建数据库后，可用 SP_HELPDB 命令可显示出指定数据库的信息，内容包括数据库名称、数据库大小、所有者、数据库 ID、创建时间、数据库状态、更新情况、多用户、完全恢复和版本等信息。省略数据库名则显示出 SQL Server 上所有数据库的信息。

【例 4-3】 使用存储过程 SP_HELPDB，显示“教学管理”数据库的信息。

在查询分析器中运行如下命令：

```
SP_HELPDB 教学管理
```

单击“执行”按钮，显示如图 4-5 所示的运行结果。

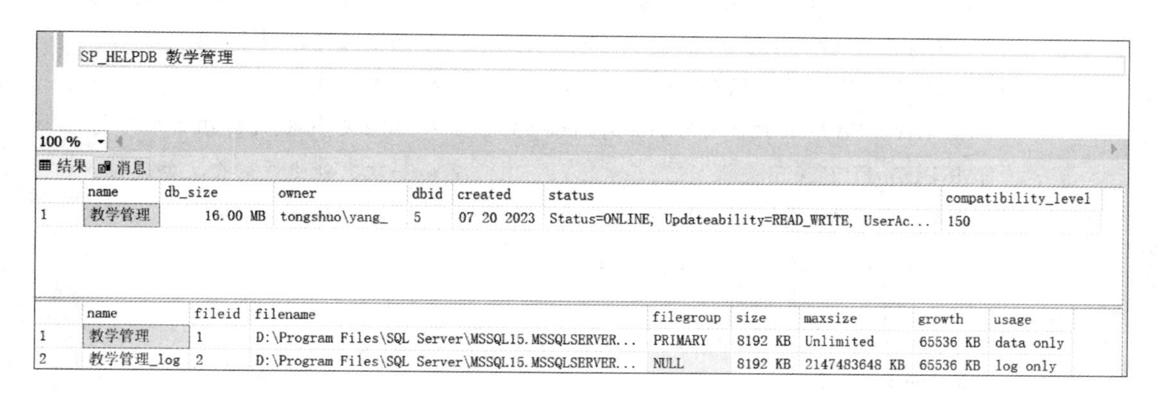

	name	db_size	owner	dbid	created	status	compatibility_level
1	教学管理	16.00 MB	tongshuo\yang_	5	07 20 2023	Status=ONLINE, Updateability=READ_WRITE, UserAc...	150

	name	fileid	filename	filegroup	size	maxsize	growth	usage
1	教学管理	1	D:\Program Files\SQL Server\MSSQL15.MSSQLSERVER...	PRIMARY	8192 KB	Unlimited	65536 KB	data only
2	教学管理_log	2	D:\Program Files\SQL Server\MSSQL15.MSSQLSERVER...	NULL	8192 KB	2147483648 KB	65536 KB	log only

图 4-5 查看数据库信息

4.2.2 数据库的打开和关闭

4.2.2.1 数据库的打开使用

在实际业务应用中，都需要首先打开数据库，然后才能操作和管理数据库及其中的数据表、数据、视图等数据库对象。

当登录 SSMS 之后，需要确定要打开的一个数据库，才能使用和操作数据库内的数据。打开数据库的 SQL 语句的格式如下：

```
USE <数据库名称>
```

其中的参数是“数据库名称”，为具体的要打开的数据库名称。

4.2.2.2 数据库的切换/关闭

数据库的切换/关闭的SQL语句的格式如下：

```
USE[ <数据库名称> ]
```

其中的参数“数据库名称”表示的是所切换的数据库，即另打开一个数据库；其中的切换关键词同样是‘USE’。切换是指在已经打开某个数据库的情况下，打开（切换到）另一个其他数据库，同时关闭原数据库的过程；若USE后面无“数据库名称”选项，则关闭当前数据库。

4.2.3 数据库的修改

数据库创建完成后，用户可以在使用过程中，根据实际需要对其定义数据库的内容进行修改。使用ALTER DATABASE语句对指定的数据库进行参数修改。

修改数据库的SQL语句的格式如下：

```
ALTER DATABASE <database_name>
  [ADD FILE <filespec>[,…n]                  /* 增加数据库文件到数据库*/
  |TO FILEGROUP <filegroup_name>             /* 增加数据或日志文件到文件组*/
  |REMOVE FILE <logical_file_name>           /* 删除文件,文件必须为空*/
  |ADD FILEGROUP <filegroup_name>            /* 增加文件组*/
  |REMOVE FILEGROUP <filegroup_name>         /* 删除文件组,文件组必须为空*/
  |MODIFY FILE <filespec>                    /* 一次只能更改一个文件属性*/
  |MODIFY NAME = <new_db_name>                   /* 数据库更名*/
  |MODIFY FILEGROUP <filegroup_name>
```

其中，

```
<filespec>::=
  (NAME = <原文件逻辑名称>
  [,NEWNAME = <新文件逻辑名称>]              /* 新的逻辑文件名*/
  [,FILENAME = {文件磁盘地址}
  [,SIZE = <size>]
  [,MAXSIZE = { <MAX_size|UNLIMITED> }]
  [,FILEGROWTH = <growth_increment>[KB|MB|GB|TB|%]]
  )
```

其余参数的用法与CREATE DATABASE语句相同，不再赘述。

【例4-4】 将数据库“教学管理”文件名更改为“课程管理”，修改名称为em.mdf的文件，其文件初始容量修改为200 MB大小，最大容量修改为1 GB。

```
ALTER DATABASE 教学管理
MODIFY NAME = 课程管理
MODIFY FILE
(NAME = em.mdf,
    SIZE = 200MB,
    MAXSIZE = 1GB )
```

需要关注的是，修改文件容量时，应该使修改后的容量大于原初始定义的容量大小，否则会出现无法保存数据的现象。一般而言，为了避免文件中信息被损坏的情况，再修改数据库时，文件容量只能增加。另外，只有具有“建立数据库权限”的用户，才能执行修改命令。

4.2.4　数据库的删除

当指定的数据库及其中的表和数据等不再使用时，应及时地进行删除，释放计算机空间资源。在 SQL Server 中，除了系统数据库之外，其他数据库都可以被删除。

需要注意的是，当数据库一旦被删除，则就不能恢复；执行数据库删除后，被删除数据库对应的数据文件（数据表、视图等）和数据都已被物理地删除。

删除数据库的 SQL 语句的格式如下：

```
DROP DATABASE <database_name>
```

【例 4-5】 删除数据库“教学管理”。

```
USE DATABASE master
DROP DATABASE 教学管理
GO
```

在上例中，“GO”表示提交一批 SQL 语句的标识，一批 SQL 语句在执行时是一个批次编译执行，而不是一句一句执行操作的。

另外，删除操作也有一定限制，一是用户只能根据自己的权限删除数据库，二是不能删除当前正在使用的数据库。因此在例 4-5 中，先利用 USE 切换到使用 master 数据库，再执行 DROP 命令，删除“教学管理”数据库。

4.3　数据表的常用操作

数据库是存放数据的物理化容器，数据表存在于数据库中，数量有一个到多个，就好像容器中的多个可存放数据的多层抽屉一样，能够将数据库中的数据分门别类地进行存储。这样的好处是，建立出一套规范的数据库系统，通过数据表定义存储在数据库中的数据结构，还可以定义约束来指定表中保存的数据类型。

4.3.1　数据表的建立

4.3.1.1　数据表建立之前的设计

数据库中的数据表主要用于存取数据，一般是可以根据实际的数据情况，建立几个相关的数据表，以便用表输入、存储和处理相关数据。在建立数据表前，需要先对其结构进行设计：表结构的列（属性）及名称、存放数据的类型、长度、小数位数、主键和外键等。

注： 数据表的表头内容可以用“列”或者“属性”来表述。

4.3.1.2　数据表建立的常用方法

在 SQL Server 2019 中，创建数据表的方法主要有两种：一种是通过 SSMS（SQL Server Management Studio）的图形化工具进行创建；另一种是使用 Transact-SQL 语句创建。

（1）SSMS 界面菜单方法。结合数据库“教学管理”实例，说明 SSMS 界面菜单建立数据表的操作方法和步骤。在对象资源管理器中，找到“教学管理”数据库，建立可以存取学生数据的表，命名为 Student。如图 4-6 所示，在菜单中找到“表”右击选择“新建”→“表”，打开“设计表结构”界面，如图 4-7 所示。此时，根据实际业务数据需求，输入列名（即属性名、字段名）、拟存放数据的类型、宽度、小数位数等，完成表结构设计。

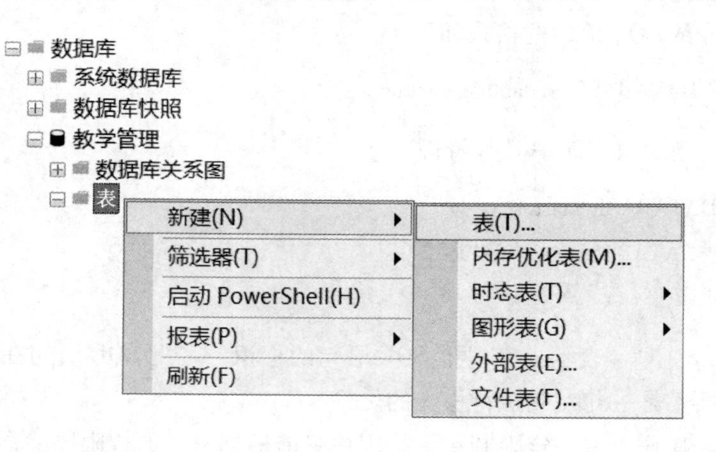

图 4-6　利用 SSMS 建立数据表

在数据表建成之后，右击字段“stuID”，在弹出的快捷菜单中选择“设置主键”，将其设置为主键，用于唯一确定指定记录且可快速查询，如图 4-8 所示；当设置主键后，“stuID”前面会出现一个小钥匙的图标。

（2）T-SQL 语句创建表的方法。使用 SQL 语句创建数据表的格式如下：

```
CREATE TABLE <table_name>
(
<column_name> <data_type> [NULL | NOT NULL] [IDENTITY] [<column_constraint>[…n]]
```

	列名	数据类型	允许 Null 值
▸	stuID	char(8)	☑
	name	varchar(10)	☑
	gender	char(2)	☑
	depID	varchar(8)	☑
	majorID	char(4)	☑
	classID	varchar(10)	☑
	enrollYear	int	☑
	supervisorID	char(8)	☑
	birthdate	date	☑

图 4-7　设计表结构的界面

	列名	数据类型	允许 Null 值
▸	stuID		☑
	name		☑
	gender		☑
	depID		☑
	majorID		☑
	classID		☑
	enrollYear		☑
	supervisorID		☑
	birthdate		☑
			☐

设置主键(Y)
插入列(M)
删除列(N)
关系(H)...
索引/键(I)...
全文检索(F)...
XML 索引(X)...
CHECK 约束(O)...
空间索引(P)...

图 4-8　设计数据表中的主键的界面

```
[ ,…n]
[ , < table_constraint > ][ ,…n]
)
```

其中参数说明如下：

table_name：指定将要创建的表的名称。

column_name：指定表中的属性名称，即列名。列名同样必须遵守标识符规则且在表中是唯一的，最多可以包含 128 个字符。

data_type：指定该列所存储数据的类型，比如数值型等。

IDENTITY：可以设置该列为自增长。

column_constraint：表示在列级上定义的完整性约束。

table_constraint：表示在表级上定义的完整性约束。

常用的完整性约束有：

1）PRIMARY KEY。主键约束，用于唯一标识表中的各行，主键约束的列值不能为 NULL，同时也不能与其他行的列值有重复，是一种非空与唯一性约束的合并。

2）FOREIGN KEY。外键约束，用于不同数据表的关联关系，通过外键字段起到表连接的作用。

3）UNIQUE。唯一性约束，约束该列只存放唯一（不重复）的属性值。

4）NOT NULL 和 NULL。分别约束该列的列值不可以为空或者可以为空。

5）DEFAULT。默认约束，指定该列的默认值。

6）CHECK。检查约束，通过约束条件表达式，设置其列值应该满足的具体要求。

【例4-6】 在“教学管理”中，用SQL语言建立3个表，其中3个数据表的关系模式如下。

学生表（学号，姓名，性别，学院号，专业号，班号，入学年份，指导教师，出生日期）；

课程表（课程编号，课程名，学时，学分，开课学期）；

成绩表（学号，课程编号，分数，课程类型，授课学期）。

注：下画线的字段为主键字段。

```
USE 教学管理
CREATE TABLE Student
(stuID          char(8)          PRIMARY KEY,
  name          varchar(10)       NOT NULL,
  gender        char(2),
  depID         varchar(8),
  majorID       char(4),
  classID       varchar(10),
  enrollYear    int,
  supervisorID  char(8),
  Birthdate     date )
CREATE TABLE Course
(courseID      varchar(10) PRIMARY KEY,
  courseName varchar(20) NOT NULL,
  creditHour int,
  credit       int,
  term         int )
CREATE TABLE ScoreReport
(stuID         char(8),
courseID       varchar(10),
score          int,
courseType     char(8),
termYear       varchar(20),
PRIMARY KEY(stuID,courseID),
```

```
FOREIGH KEY(stuID) REFERENCES student(stuID),
FOREIGH KEY(courseID) REFERENCES course(courseID))
```

运行结果如图 4-9 所示，可以看到新建的 Student、Course、ScoreReport 表，例如 · dbo. Student，其中的 dbo 表示当前使用数据库的用户角色，即数据库的所有者或管理者。

教学管理
数据库关系图
表
系统表
FileTables
外部表
图形表
dbo.Course
dbo.ScoreReport
dbo.Student

图 4-9 创建完成的 3 个数据表在资源管理器中的显示

4.3.2 数据表的修改和删除

4.3.2.1 数据表修改的操作

在数据库中建立数据表并使用之后，随着数据变化，出现业务及数据需要变更的情况，应对数据表结构进行及时修改，主要的修改包括：增加新的列，删除原某列，以及修改原某列的数据类型。

修改表的 SQL 语句格式如下：

```
ALTER TABLE <table_name>
  [ ALTER COLUMN <column_name> <new_data_type> [NULL|NOT NULL]]
  [ ADD { <column_definition> | <table_constraint>[,…n]}]
  [ DROP { [CONSTRAINT]<constraint_name> | COLUMN <column_name>}[,…n]]
```

其中，各参数说明如下：

ALTER COLUMN：用于指定要变更或者修改数据类型的列。

table_name：用于指定要修改的表名称。

column_name：用于指定要修改、添加和删除的列名称。

new_data_type：用于指定新的数据类型的名称。

NULL | NOT NULL：用于指定该列是否可以接受空值。

【例 4-7】 在“教学管理”数据库的 student 表中，用 SQL 语言将“姓名”列的数据类型修改为 varchar（20）。

```
ALTER TABLE student
ALTER COLUMN name varchar(20) NOT NULL
```

【例4-8】 在“教学管理”数据库的student表中，增加2列：address列，数据类型为varchar（20），允许为空；telephone列，数据类型为varchar（15），允许为空。

```
ALTER TABLE student
ADD
address varchar(20) NULL,
telephone varchar(15) NULL
```

【例4-9】 在student表中，删除例4-8新增的2列。

```
ALTER TABLE student
DROP COLUMN address, telephone
```

4.3.2.2 数据表删除的操作

数据表删除的SQL语句格式如下：

```
DROP TABLE <table_name>[,…n]
```

【例4-10】 在“教学管理”数据库中，先新建数据表“班级表”（class），有2个列，分别是（1）班号，varchar（10），主键；（2）班长姓名，varchar（20）。之后，再将新建的“班级表”删除。

```
USE 教学管理
CREATE TABLE class
(班号 varchar(10) PRIMARY KEY,
  班长姓名 varchar(20) )
GO
DROP TABLE class
GO
```

4.4 索引及视图

数据库中的索引是一种单独的、物理的对数据库表中的一列或多列的值进行排序的一种存储结构，它是某个表中一列或若干列值的集合和相应的指向表中物理标识这些值得数据页的逻辑指针清单。索引的作用相当于图书的目录，可以根据目录中的页码快速找到所需的内容。

数据库中的视图是一种虚拟表，其内容由“查询（SELECT）”定义。同真实的表一样，视图包含一系列带有名称的列和行数据。但是，视图并不在数据库中以存储数据值的集合形式存在。行和列的数据来自定义视图的查询所引用的表的数据，并且在引用视图时动态生成。

4.4.1 索引的概念、特点和类型

4.4.1.1 索引的概念

索引（Index）是一种逻辑指针，指向关系中的某些值，这些值是关系中一列或几列值的列表所对应的数据页。类似于图书中的目录标注了各部分内容和所对应的页码，数据库中的索引也注明了关系中各行数据及其所对应的位置。查询数据时，首先在索引中找到符合条件的索引值，再通过保存在索引中的位置信息找到关系中对应的数据行元组，从而实现快速查询。索引的概念涉及数据库中数据的物理存储顺序，因此，讨论索引是属于数据库三级模式中的内模式范畴。

4.4.1.2 索引的特点

数据库中使用索引可以提高系统的性能，主要体现在以下几方面。

（1）极大地提高数据查询的速度，这是其最重要的优点。

（2）通过创建唯一性索引，可以保证数据库中各行数据的唯一性。

（3）建立在外键上的索引可以加速多表之间的连接，有益于实现数据的参照完整性。

（4）查询涉及分组和排序时，也可显著减少分组和排序的时间。

（5）通过使用索引，可以在查询过程中使用优化隐藏器，提高系统的性能。

使用索引能够提高系统性能，但是索引为查找所带来的性能好处是有代价的。

（1）物理存储空间中除了存放数据表之外，还需要一定的额外空间来存放索引。

（2）对数据表进行插入、修改和删除操作时，相应的索引也需要动态更新维护，消耗系统资源。

在实际使用设定索引时，需要综合考虑提高性能和额外代价之间的平衡。

4.4.1.3 索引的类型

SQL Server 中包含两种最基本的索引：聚集索引（Clustered Index）、非聚集索引（Nonclustered Index）。此外，还有唯一索引、包含列索引、索引视图、全文索引、空间索引、筛选索引和 XML 索引等。

（1）聚集索引。在聚集索引中，表中的数据行的物理存储顺序和索引顺序完全相同。聚集索引对表的物理数据页按列进行排序之后，再重新存储到磁盘上。由于聚集索引对表中的数据进行了一个接一个地排序操作，因此，使用聚集索引查找数据很快。但由于聚集索引将表的所有数据完全重新排列，它所需要的空间也特别大，完全可能超出表中原数据所占空间。由于表的数据行只能以一种排序方式存储在磁盘上，所以一个表只能有一个聚集索引。为数据建立聚集索引后，就会改变数据表中的数据行存储的物理顺序。

（2）非聚集索引。非聚集索引具有与表的数据行完全分离的结构，使用非聚集索引不用将物理数据页中的数据按列重新排序。非聚集索引存储了组成非聚集索引的关键字值

和一个指针，指针指向数据页中的数据行，该行具有与索引键值相同的列值。非聚集索引不会改变数据行的物理存储顺序，因而一个表可以有多个非聚集索引。

SQL Server 中还提供了视图索引、列存储索引、XML 索引等其他索引，其相关说明见表4-1。

表 4-1 SQL Server 2019 的索引类型及其简要说明

索引类型	简要说明
聚集索引	创建索引时，索引键值的逻辑顺序决定表中对应行的物理顺序。聚集索引的底层包含该表的实际数据行，因此要求数据库具有额外的可用空间来容纳数据的排序结果和原始表或现有聚集索引数据的临时副本。一个表或视图只允许同时有一个聚集索引
非聚集索引	创建一个指定表的逻辑排序的索引。对于非聚集索引，数据行的物理排序独立于索引排序。一般来说，先创建聚集索引，后创建非聚集索引
唯一索引	唯一索引保证在索引列中的全部数据是唯一的，不能包含重复数据。如果存在唯一索引，数据库引擎会在每次插入操作添加数据时检查重复值。可生成重复键值的插入操作将被回滚，同时数据库引擎显示错误消息
分区索引	为了改善大型表的可管理性和性能，经常会对其进行分区。分区表在逻辑上是一个表，而物理上是多个表，对应的可以为已分区表建立分区索引。但是有时亦可以在未分区的表中使用分区索引，为表创建一个使用分区方案的聚集索引后，一个普通表就变成了分区表
筛选索引	筛选索引是一种经过优化的非聚集索引，适用于从表中选择少数行的查询。筛选索引使用筛选谓词对表中的部分数据进行索引。与全表索引相比，设计良好的筛选索引可以提高查询性能、降低索引维护开销、降低索引存储开销
全文索引	全文索引主要包含 3 种分析器：分词器、词干分析器和同义词分析器。生成全文索引就是把表中的文本数据进行分词和提取词干，并转换同义词，过滤掉分词中的停用词，最后把处理之后的数据存储到全文索引中。全文索引中存储分词及其位置等信息，有 SQL Server 全文引擎生成和维护。使用全文索引可以大大提高从长字符串数据中搜索复杂的词的性能
空间索引	空间索引是一种扩展索引，允许对数据库中的空间数据类型的列编制索引
XML	可以对 XML 数据类型列创建 XML 索引。按列中 XML 实例的所有标记、值和路径进行索引，从而提高查询性能
计算列上的索引	从一个或多个其他列的值或者某些确定的输入值派生的列上建立的索引
带有包含列的索引	可以将非键列（或称为包含列）添加到非聚集索引的叶级别，从而通过涵盖查询来提高查询性能。查询中所引用的所有列都作为键列或非键列包含在索引中
列存储索引	将数据按列来存储并压缩，每一列的数据存放在一起。这种将数据按列压缩存储的方式减少了查询对磁盘 I/O 开销和 CPU 开销，达到提升查询效率、降低响应时间的目的

4.4.1.4 索引与完整性约束的关系

对列定义 PRIMARY KEY 约束和 UNIQUE 约束时，会自动创建索引。

（1）PRIMARY KEY 约束和索引。如果创建表时将一个特定列标识为主键，则 SQL Server 2019 数据库引擎会自动为该列创建 PRIMARY KEY 约束，以及一个唯一性聚集索引。

（2）UNIQUE 约束和索引。在默认情况下，创建 UNIQUE 约束时，SQL Server 2019 数据库引擎会自动为该列创建一个表示唯一性的非聚集索引。

以上两点注意的是，当用户从表中删除主键约束或唯一性约束时，创建在这些约束列上的索引也会被自动删除。

（3）独立索引。使用 CREATE INDEX 语句创建独立于约束的索引。

4.4.2 索引的创建及使用

4.4.2.1 索引的创建

使用 SQL 语言，创建索引的格式如下：

```
CREATE [UNIQUE][CLUSTERED | NONCLCUSTERED]
INDEX <index_name>
ON <table_or_view_name> ( <column> [ASC | DESC] [,…n])
```

其参数说明如下：

UNIQUE：用于指定为表或视图创建唯一索引，即不允许存在索引值相同的两行。省略则表示非唯一性索引。

CLUSTERED：用于指定创建的索引为聚集索引。

NONCLUSTERED：用于指定创建的索引为非聚集索引，默认为此项。

index_name：用于指定索引的名称。索引名称在表或视图中必须唯一，但在一个数据库中可以不必唯一。索引名称必须符合标识符的规则。

ASC：用于指定具体某个索引列以升序方式排序，默认为此项。

DESC：用于指定具体某个索引列以降序方式排序。

【例 4-11】 为 Student 表的 name 列创建一个升序索引，名称定义为 is_name。

```
USE 教学管理
GO
CREATE INDEX is_name ON Student(name)
GO
```

4.4.2.2 索引的查看与使用

（1）索引的查看。查看指定表的索引信息，可通过执行系统存储过程 SP_HELPINDEX 实现。

查看索引的格式如下：

```
EXEC SP_HELPINDEX <table_ name>
```

【例 4-12】 使用系统存储过程，查看 Student 表的索引信息。

```
USE 教学管理
```

```
GO
EXEC SP_HELPINDEX 'Student'
GO
```

运行结果如图 4-10 所示，显示索引的名称、索引的类型和创建索引列等信息。

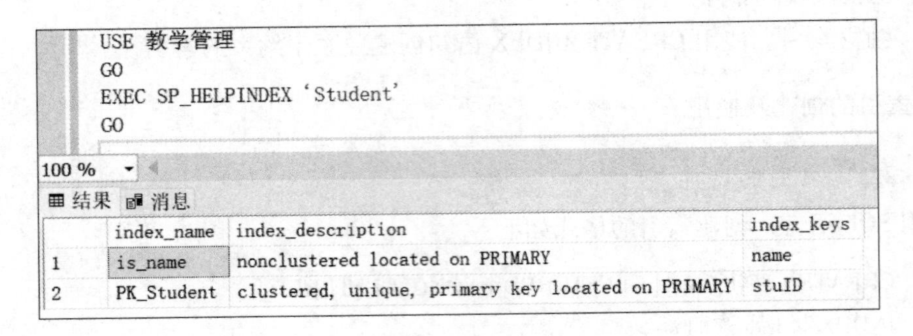
USE 教学管理
GO
EXEC SP_HELPINDEX 'Student'
GO

100 %

结果 消息

	index_name	index_description	index_keys
1	is_name	nonclustered located on PRIMARY	name
2	PK_Student	clustered, unique, primary key located on PRIMARY	stuID

图 4-10 查看索引信息的界面

(2) 索引的重命名。修改指定表的索引名称，可通过执行系统存储过程 SP_RENAME 实现。

修改索引名称的格式如下：

```
EXEC SP_RENAME'表名.原索引名','新索引名'
```

【例 4-13】 将 student 表的索引 is_name 重命名为 nameofstudent。

```
USE 教学管理
GO
EXEC SP_RENAME 'student. is_name','nameofstudent'
GO
```

上例中的 'student. is_name' 是原索引名，'nameofstudent' 是修改后的索引名。

4.4.2.3 删除索引

当一个索引不再被需要时，可以将其从数据库中删除，以回收它当前使用的磁盘空间。根据索引的创建方式，要删除的索引分为两类：一类为创建表约束时自动创建的索引。必须通过删除 PRIMARY KEY 或 UNIQUE 约束，才能删除约束使用的索引；另一类通过创建索引的方式创建的独立于约束的索引，可以通过 DROP INDEX 语句直接删除。

使用 SQL 删除索引的格式如下：

```
DROP INDEX {<表名>.<索引名>|<视图名>.<索引名>}[,…n]
```

【例 4-14】 将 student 表的索引 nameofstudent 删除。

```
USE 教学管理
```

```
GO
DROP INDEX student. nameofstudent
GO
```

4.4.3 视图的概念及作用

当数据库用户或者应用程序需要使用基本表中的不同数据时，可以为其建立外模式。外模式中的数据来自模式中的部分数据或者重构的数据。

4.4.3.1 视图的概念

视图（View）是由其他数据表或视图上的“查询（SELECT）”所定义的一种特殊表，是数据库基本表中的部分行和部分列数据的组合。它与基本表不同的是，表中的数据是物理存储的，而数据库中并不存储视图所包含的数据，这些数据仍然存在于原来的基本表中。因此，视图能够为用户提供一种多角度观察数据库中数据的机制。

以下几个方面是视图概念的多角度理解：

（1）视图是查看数据库中数据的一种机制。

（2）数据库中只存放视图的定义，不存放视图包含的数据，因此，视图是一种虚表，视图也不占用物理空间。

（3）视图中引用的表称为视图的基表。

（4）定义视图后，就可以像基本表一样被查询、更新。但是对视图的查询、更新操作最终都会转换为对基本表的操作，这些基本表即为定义视图时的原数据表。

（5）基于视图仍然可以创建视图。

4.4.3.2 视图的作用

视图可以简化或者定制用户对数据的需求，主要的作用与好处在于：

（1）方便使用数据。通过视图，可以只提取用户感兴趣的数据。这些数据可能不是直接来自一个基本表，而是来自多个基本表或者视图。当查询条件比较复杂时，通过视图可以将复杂的表连接操作、查询条件等内容对用户隐藏，用户仅需简单地对视图查询即可获得感兴趣的数据。

（2）提供数据保护。在设计数据库时，可以为不同的用户设计不同的视图，使得重要、机密的数据只提供给特定的用户视图，这样可以实现数据的安全保护功能。

（3）保持数据的逻辑独立性。视图对应的是数据库的外模式，因此使用视图来查询数据，即使数据库的逻辑结构发生变化，也只需要修改视图的定义，即可保证外模式不变。

4.4.3.3 视图的种类

根据视图的工作机制的不同，将其分为标准视图、索引视图、分区视图和系统视图。

（1）标准视图。一般情况下建立的视图都是标准视图，以组合一个或多个表中的数据，简化数据查询语句，方便用户使用感兴趣的数据等。

（2）索引视图。索引视图是一种重要的被物化了的视图，即将它们从数据库中定期地进行构造并存储。该视图直接存储了数据本身，而非一个查询，因此，可以显著提高检索性能。

（3）分区视图。分区视图是将大型表中的数据拆分成较小的成员表，并根据其中一列的数据值取值范围，在各个成员表之间对数据进行分区。每个成员表都被约束到指定的取值范围下，此时定义一个分区视图，将所有成员表组合成单个结果集，从逻辑上就可以用这个分区视图，对表进行查询管理。

（4）系统视图。系统视图存储 SQL Server 系统的部分信息，可以反映数据库实例等有关配置信息。

4.4.4　视图的基本操作

4.4.4.1　视图的创建

使用 SQL 语句创建视图的格式如下：

```
CREATE VIEW <视图名称>[(<列名>[,<列名>]…)]
AS <子查询>
[WITH CHECK OPTION]
```

其中，列名可以省略或指定。如果省略，该视图由子查询中 SELECT 语句中目标列中的全体字段构成。子查询中可以是任意的 SELECT 语句，但是不允许使用 DISTINCT 和 ORDER BY 子句。WITH CHECK OPTION 表示对视图进行 UPDATE、INSERT 和 DELETE 操作时要保证所操作的数据行满足视图定义的条件表达式。

【例 4-15】　创建视图 v_student，要求包含 Student 表中的学号、姓名和专业号。

```
USE 教学管理
GO
CREATE VIEW v_student AS
SELECT stuID,name,majorID FROM Student
```

【例 4-16】　创建视图 sc_student，要求可查询到学生的学号、课程名和分数。

```
USE 教学管理
CREATE VIEW sc_student(stuID,courseName, score) AS
SELECT Student. stuID, Course. courseName, ScoreReport. score
FROM Student, Course, ScoreReport
WHERE Student. stuID = ScoreReport. stuID AND Course. courseID = ScoreReport. courseID
WITH CHECK OPTION
```

4.4.4.2　视图的重命名、修改及删除

（1）视图的重命名。使用 SQL Server 系统的存储过程 SP_RENAME，格式如下：

```
SP_RENAME <视图原名称>,<视图新名称>
```

在实际应用中，并不建议重命名视图的操作，重命名操作可能导致依赖于该视图的代码或应用程序出现错误。

（2）视图的修改。使用 SQL 语句中的 ALTER VIEW 修改视图，其语句格式如下：

```
ALTER VIEW <视图名称>
AS <子查询>
```

子查询的含义同 CREATE VIEW 语句。

（3）视图的删除。使用 SQL 语句中的 DROP VIEW 删除视图，该操作将删除视图的定义和有关该视图的其他信息，包含视图的权限，其语句格式如下：

```
DROP VIEW <视图名称>
```

删除一个视图操作后，由该视图定义的其他视图虽然存在，但已失去其数据查询功能，因此，应使用 DROP 命令一并删除相关联的其他视图。

4.4.4.3 视图的使用

（1）数据查询。利用视图进行数据查询，是视图最常用的功能。该查询操作，像对基本表一样，使用 SQL 语句中的 SELECT 进行查询。

【例 4-17】 通过视图 v_student 查询其定义的数据内容。

```
USE 教学管理
GO
SELECT * FROM v_student
GO
```

运行结果如图 4-11 所示。

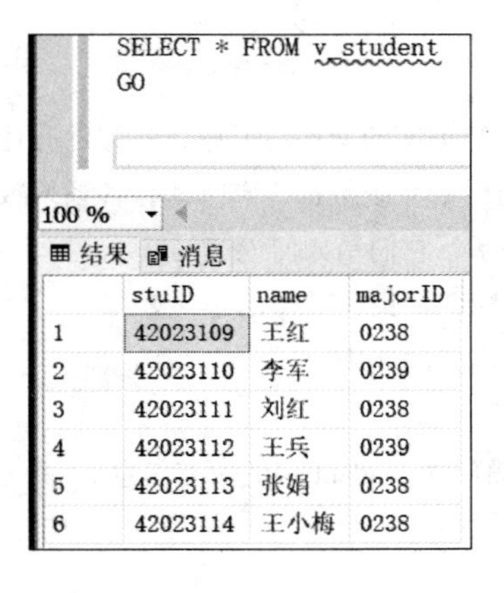

	stuID	name	majorID
1	42023109	王红	0238
2	42023110	李军	0239
3	42023111	刘红	0238
4	42023112	王兵	0239
5	42023113	张娟	0238
6	42023114	王小梅	0238

图 4-11 查询视图 v_student 的结果

（2）数据更新。由于视图是一种虚拟表，因此，对视图的更新操作实际上是对基本表的更新。对视图的更新操作的SQL语句格式与对基本表的更新操作是一样的，包括插入、修改和删除数据。

【例4-18】 利用视图v_student添加一条学生记录，学号为2023100，姓名为“张明”，专业号为0100。

```
USE 教学管理
GO
INSERT INTO v_student
VALUES('2023100','张明','0100')
GO
SELECT * FROM student WHERE stuID = '2023100'
GO
```

运行结果如图4-12所示。

```
INSERT INTO v_student
VALUES('2023100','张明','0100')
GO
SELECT * FROM Student WHERE stuID='2023100'
GO
```

100 %

结果 消息

	stuID	name	gender	depID	majorID	classID	enrollYear	supervisorID	birthdate
1	2023100	张明	NULL	NULL	0100	NULL	NULL	NULL	NULL

图4-12 利用视图v_student插入数据记录

习 题

（1）组成SQL Server 2019物理数据库的文件有哪些，各文件有什么作用？

（2）简述SQL Server 2019中自带的系统数据库有哪些，各系统数据库有什么作用？

（3）数据库与数据表有什么关系，它们是如何创建的？

（4）创建数据表时，可以考虑哪些约束，其作用是什么？

（5）简述视图的概念及其与基本表的区别。

（6）简述索引的概念和作用。

（7）创建视图view1，使该视图包含Student表的所有信息。

5 数据的操作

5.1 数 据 更 新

数据更新是数据管理中常用的功能，主要包括插入数据、修改数据和删除数据。本节主要介绍用T-SQL语句完成相应的管理功能。

5.1.1 数据插入

5.1.1.1 插入指定数据

对一个指定的数据表，使用SQL语句完成插入操作的语法格式如下：

```
INSERT INTO <数据表名称> [(<列名1>,<列名2>,…,<列名n>)]
VALUES(<列值1>,<列值2>,…,<列值n>)
[,(<列值1>,<列值2>,…,<列值n>),…]
```

需要说明的几点：

（1）若INTO之后，数据表中某些列没有给出，则插入的新记录对应的列上取空值。若INTO之后没有给出任何列名，则新记录需要在数据表中的列上，一一对应地给出相应的数据值。

（2）VALUES之后的列值顺序，需要与INTO之后指定的列名顺序一一对应。

【例5-1】 使用SQL语句，向数据库“教学管理”中的Student表，插入一条数据，数据为（‘4200210’,‘王奥’,‘男’,‘0102’,‘0239’,‘2020113’,‘2020’,‘B0601153’,‘1995-4-13’）。

```
USE 教学管理
GO
INSERT INTO Student
VALUES (‘4200210’, ‘王奥’, ‘男’, ‘0102’, ‘0239’, ‘2020113’, ‘2020’,
‘B0601153’,‘1995-4-13’)
```

运行结果如图5-1所示。

注： T-SQL语言对字母大小写不敏感，若表名‘Student’均大写或小写，不影响语句运行结果。

【例5-2】 使用SQL语句，向数据库“教学管理”中的Course表，插入一条数据，

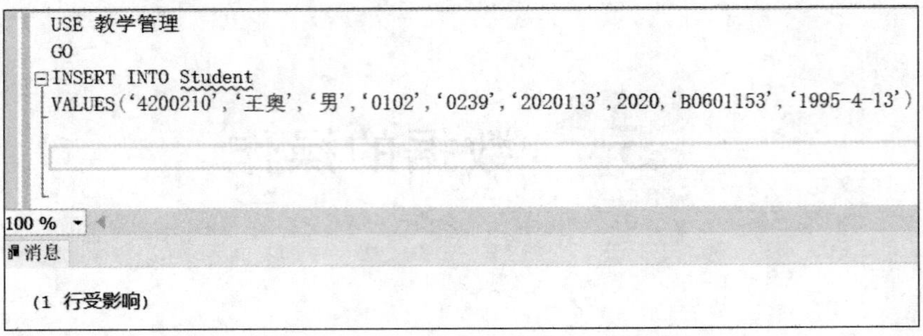

```
USE 教学管理
GO
INSERT INTO Student
VALUES('4200210','王奥','男','0102','0239','2020113',2020,'B0601153','1995-4-13')

100 %
消息

(1 行受影响)
```

图 5-1　INSERT 语句向 Student 表插入一条记录

其中课程号为“4230003”，课程名为“软件工程”。

```
USE 教学管理
GO
INSERT INTO Course(courseID, courseName)
VALUES('4230003','软件工程')
```

运行结果如图 5-2 所示。

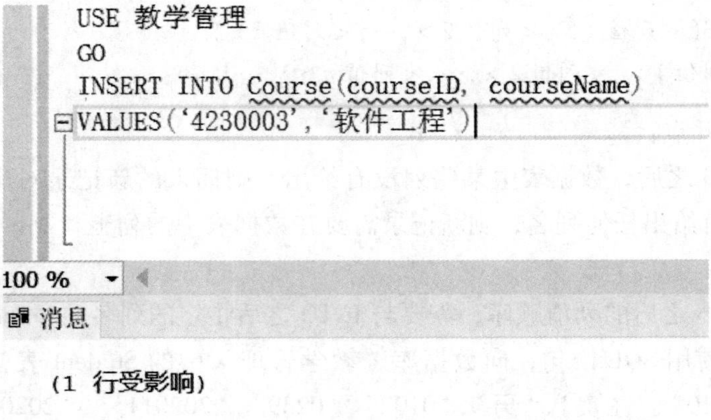

```
USE 教学管理
GO
INSERT INTO Course(courseID, courseName)
VALUES('4230003','软件工程')

100 %
消息

(1 行受影响)
```

图 5-2　INSERT 语句向 Course 插入一条记录的结果

5.1.1.2　插入成批查询结果

允许将 SELECT 语句查询得到的结果，成批地插入到指定的数据表中，其语法格式如下：

```
INSERT INTO <表名> [<列名1>,<列名2>,…,<列名n>]
<子查询>
```

其中，<子查询>为指定的 SELECT 语句给出的查询过程。

数据插入操作，需要考虑建立数据表时的完整性约束等因素。如果插入操作违反约束条件，则无法实现插入。常见的约束包括：

（1）带主键约束（PRIMARY KEY）的列不允许插入相同的和非空的数据；

（2）带唯一性约束（UNIQUE）的列不允许插入相同的数据；

（3）带检查约束（CHECK）的列不允许违反约束内容；

（4）带外键约束（FOREIGN KEY）的列不允许插入所引用表不存在的值。

5.1.2 数据修改

对数据表中存储的数据进行修改变更时，可利用 SQL 语句对有关数据进行操作，其语法格式如下：

```
UPDATE <数据表名称>
SET <列名1> = <表达式>[,<列名2> = <表达式>]…
[WHERE <条件表达式>]
```

其中，“数据表名称”指定修改数据所在的数据表；SET 之后指定需要修改的列以及修改后的值，该值用“表达式”表示；WHERE 子句用于指定修改的列在数据表中满足的条件，当省略 WHERE 时，则表示修改数据表对应列的所有记录。

【例 5-3】 使用 SQL 语句，将 Student 表中“王红”的指导老师 ID 修改为“B0601154”。

```
USE 教学管理
GO
UPDATE Student
SET supervisorID = 'B0601154'
WHERE name = '王红'
```

运行结果如图 5-3 所示。

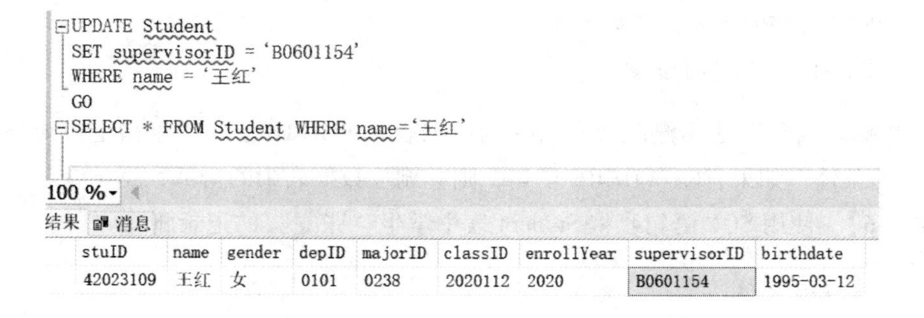

图 5-3 UPDATE 语句对数据修改的结果

【例 5-4】 使用 SQL 语句，将 ScoreReport 表中的成绩一列（score）的所有数据记录，增加 10%。

```
USE 教学管理
GO
```

```
UPDATE ScoreReport
SET score = score * 1. 1
GO
```

运行结果如图 5-4 所示。

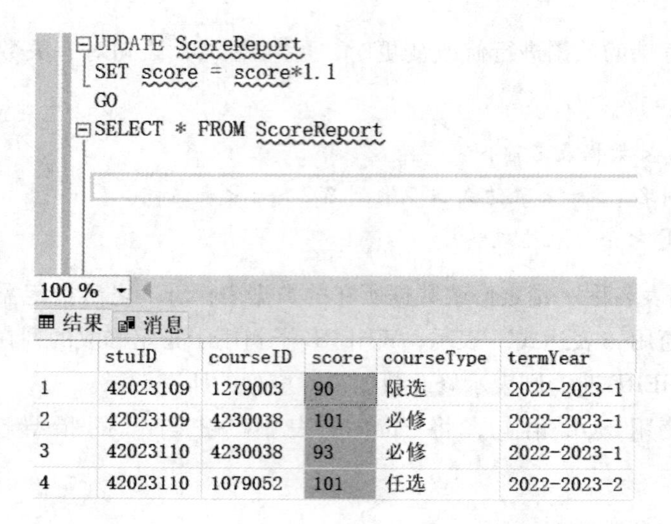

	stuID	courseID	score	courseType	termYear
1	42023109	1279003	90	限选	2022-2023-1
2	42023109	4230038	101	必修	2022-2023-1
3	42023110	4230038	93	必修	2022-2023-1
4	42023110	1079052	101	任选	2022-2023-2

图 5-4 UPDATE 语句对数据表一列记录的修改结果

5.1.3 数据删除

当已存储于数据表中的数据不需要时，可将其从数据表中删除。使用 DELETE 语句实现删除操作，其语法格式如下：

```
DELETE FROM <数据表名称>
[WHERE <条件表达式>]
```

其中，“数据表名称”表示删除数据所在的数据表；WHERE 子句用于指定将要删除的数据所满足的条件，如果省略 WHERE 子句，则会删除数据表中的全部数据记录。

【例 5-5】 使用 SQL 语句，将 Student 表中学生“张立”的记录删除。

```
USE 教学管理
GO
DELETE FROM Student
WHERE name = '张立'
GO
```

如果确有删除数据表中的所有数据的要求，在做此操作时，一定需要考虑清楚。确定之后，可以使用 TRUNCATE 语句，其语法格式如下：

```
TRUNCATE TABLE <数据表名称>
```

【例 5-6】 将 Course 表中的全部数据均删除。

```
USE 教学管理
GO
TRUNCATE TABLE Course
```

5.2 简单数据查询

在数据库应用系统中，数据表的查询是经常使用的操作，是数据库应用的核心功能之一。本节学习使用 SELECT 语句实现查询，采用“教学管理”数据库的 Student、Course 和 ScoreReport 三个数据表作为例子，讲解说明使用查询的方法。

数据查询常用的 SQL 语句的格式如下：

```
SELECT [ALL | DISTINCT] 表的列名或列表达式 [，表的列名或列表达式] …
    FROM <表名或视图名>[,表名或视图名] …
    [WHERE <条件表达式>]
    [GROUP BY 列名 [HAVING 组条件表达式]]
    [ORDER BY 列名 [ASC | DESC], …]
```

其中：

（1）ALL 表示可返回满足查询条件的全部结果的所有行，包括重复行，为默认项；DISTINCT 表示返回满足查询条件的全部结果，但删除重复的行。

（2）FROM 用来指定查询的数据表或视图，通过 SELECT 指定的列名或列表达式，明确查询结果中返回数据表对应的列。

（3）WHERE 用于“条件表达式”来指定查询条件，常用的条件见表 5-1。

表 5-1　WHERE 子句的常用查询条件

查询条件	运 算 符	作　用
比较	=，! =，<>，>，>=，! >，<，<=，! <	比较两个值的大小
范围	BETWEEN AND，NOT BETWEEN AND	判断值是否在范围内
集合	IN，NOT IN	判断值是否在集合内
空值	IS NULL，IS NOT NULL	判断是否为空值
字符匹配	LIKE，NOT LIKE	用于模糊查询
条件组合	NOT，AND，OR	构造复合查询条件

（4）GROUP BY 将查询结果，按指定的列名的值进行分组，即该列名下的值相同的

为同一组，各组作为结果集的一条查询记录。

(5) HAVING 是在 GROUP BY 子句之后使用，能够将分组后的查询结果进一步做条件筛选，即删除不满足指定的“组条件表达式”的记录。HAVING 常常搭配聚合函数使用，例如完成个数计算、求和或求平均等简单统计计算。

(6) ORDER BY 按指定的列的值，将查询结果升降次序排列并返回，ASC 升序排列为默认项，DESC 为降序排列。

5.2.1 SELECT 子句

介绍对单个数据表的查询，了解 SELECT 的基本功能和用法。

【例 5-7】 查询 student 表中的所有信息。

```
USE 教学管理
GO
SELECT * FROM student
GO
```

运行结果如图 5-5 所示。

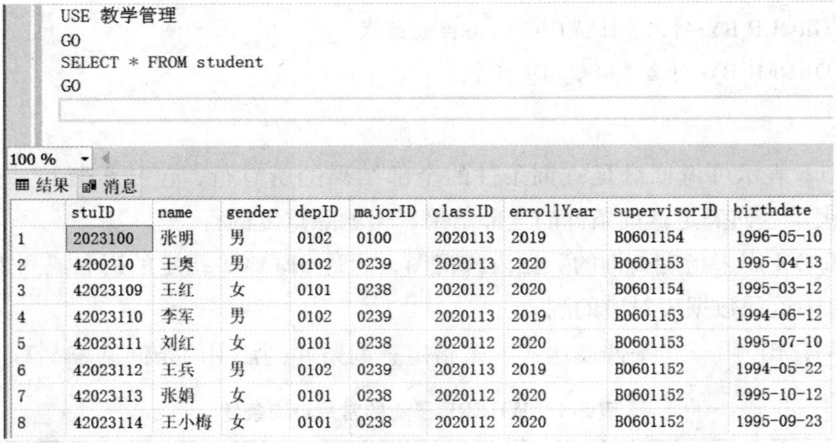

```
USE 教学管理
GO
SELECT * FROM student
GO
```

100 %

结果 消息

	stuID	name	gender	depID	majorID	classID	enrollYear	supervisorID	birthdate
1	2023100	张明	男	0102	0100	2020113	2019	B0601154	1996-05-10
2	4200210	王奥	男	0102	0239	2020113	2020	B0601153	1995-04-13
3	42023109	王红	女	0101	0238	2020112	2020	B0601154	1995-03-12
4	42023110	李军	男	0102	0239	2020113	2019	B0601153	1994-06-12
5	42023111	刘红	女	0101	0238	2020112	2020	B0601153	1995-07-10
6	42023112	王兵	男	0102	0239	2020113	2019	B0601152	1994-05-22
7	42023113	张娟	女	0101	0238	2020112	2020	B0601152	1995-10-12
8	42023114	王小梅	女	0101	0238	2020112	2020	B0601152	1995-09-23

图 5-5 student 表中的全部记录

(SELECT 之后，用 * 号，表示返回显示数据表中全部的列所满足查询条件的记录)

【例 5-8】 在 student 表中查询学生的学号，姓名，性别和出生日期。

```
USE 教学管理
GO
SELECT stuID, name, gender, Birthdate FROM student
GO
```

运行结果如图 5-6 所示。

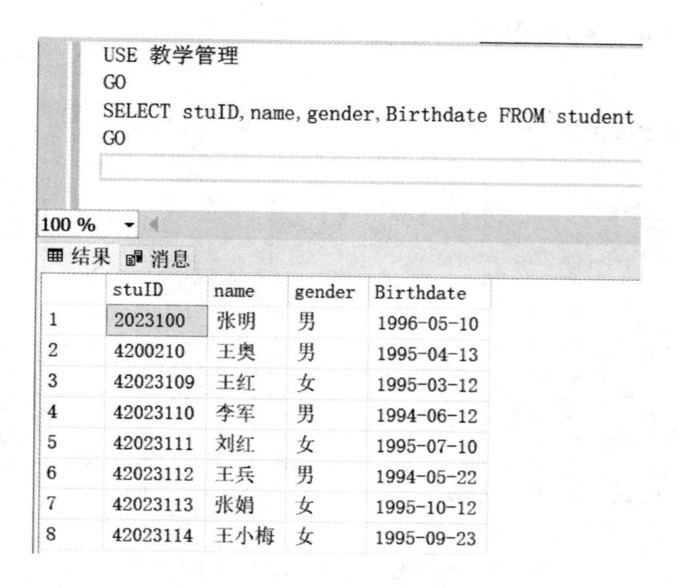

	stuID	name	gender	Birthdate
1	2023100	张明	男	1996-05-10
2	4200210	王奥	男	1995-04-13
3	42023109	王红	女	1995-03-12
4	42023110	李军	男	1994-06-12
5	42023111	刘红	女	1995-07-10
6	42023112	王兵	男	1994-05-22
7	42023113	张娟	女	1995-10-12
8	42023114	王小梅	女	1995-09-23

图 5-6　student 表中的学号，姓名，性别和出生日期的记录

【例 5-9】　在 student 表中查询出学生的指导老师。

```
USE 教学管理
GO
SELECT DISTINCT supervisorID FROM student
GO
```

运行结果如图 5-7 所示。

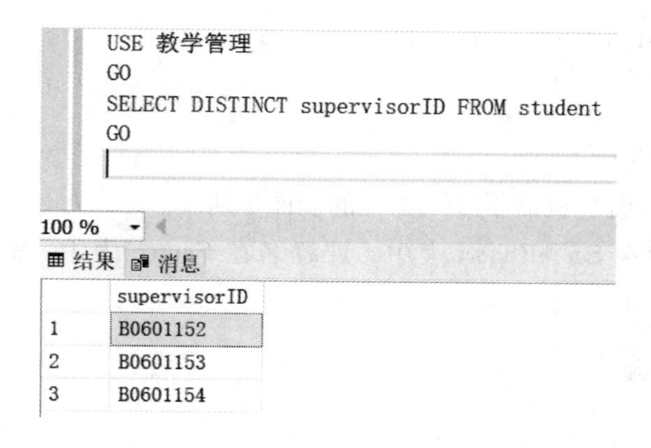

	supervisorID
1	B0601152
2	B0601153
3	B0601154

图 5-7　student 表中学生的指导教师记录

【例 5-10】　给出目前在 student 表中的前 3 个学生的信息。

```
USE 教学管理
GO
```

```
SELECT top 3 * FROM student
GO
```

运行结果如图 5-8 所示。

```
USE 教学管理
GO
SELECT top 3 * FROM student
GO
```

100 %

结果 消息

	stuID	name	gender	depID	majorID	classID	enrollYear	supervisorID	birthdate
1	2023100	张明	男	0102	0100	2020113	2019	B0601154	1996-05-10
2	4200210	王奥	男	0102	0239	2020113	2020	B0601153	1995-04-13
3	42023109	王红	女	0101	0238	2020112	2020	B0601154	1995-03-12

图 5-8　查询出 student 表中的前 3 行信息

（SELECT 子句之后的 top n，指定返回满足查询条件的结果集的前 n 行。）

5.2.2　FROM 子句

FROM 指定的是信息查询的表、视图和连接表，多个表之间用逗号隔开。

【例 5-11】 查询出所有的课程名称。

```
USE 教学管理
GO
SELECT DISTINCT courseName FROM course
GO
```

运行结果如图 5-9 所示。

【例 5-12】 查询出“机器学习”课程的授课学期。

分析：授课学期在 ScoreReport 表中，课程名在 Course 表中，需要对 ScoreReport 和 course 两张表实现查询。

```
USE 教学管理
GO
SELECT distinct ScoreReport. termYear as‘授课学期’
FROM Course, ScoreReport
WHERE Course. courseName = ‘机器学习’AND Course. courseID = ScoreReport. courseID
GO
```

运行结果如图 5-10 所示。

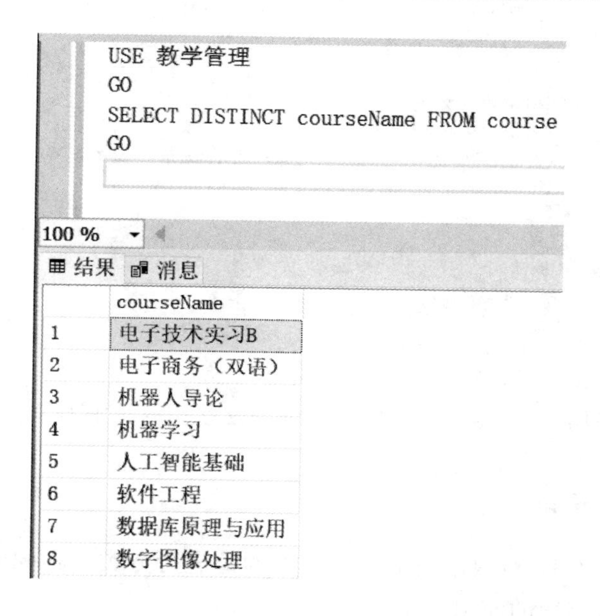

图 5-9 查询出所有的课程名称

```
USE 教学管理
GO
SELECT distinct ScoreReport.termYear as '授课学期'
FROM course,ScoreReport
WHERE course.courseName = '机器学习' AND course.courseID = ScoreReport.courseID
GO
```

	授课学期
1	2022-2023-1

图 5-10 查询出数据库中记录的“机器学习”课程的授课学期

5.2.3 WHERE 子句

WHERE 指定查询需要满足的条件，通常的数据查询都会定义一到多个限制条件。WHERE 子句的条件以逻辑表达式出现，查询结果即符合逻辑表达式为真的数据行。

【例 5-13】 在 course 表中查询出“数据库原理与应用”课程的课程编号。

```
USE 教学管理
GO
SELECT courseID
FROM course
WHERE course.courseName = '数据库原理与应用'
GO
```

运行结果如图 5-11 所示。

```
USE 教学管理
GO
SELECT courseID
FROM course
WHERE course.courseName = '数据库原理与应用'
GO
```

	courseID
1	1279003

图 5-11　查询出“数据库原理与应用”课程的课程编号

5.2.4　GROUP BY 子句

查询时用 GROUP BY 对数据表中的某一列的值进行分类，相同的值分为一组，可以配合 SELECT 与聚合函数的使用。

聚合函数指的是对一组值执行计算并返回单一的值，常用的聚合函数见表 5-2。需要注意的是，聚合函数是对一组值进行计算，因此配合 GROUP BY 使用，可以完成许多实际业务相关的查询要求。

表 5-2　常用的聚合函数

聚合函数	功　能
COUNT（*）	计数查询结果的个数
COUNT（列名）	对指定列，计数其值的个数
SUM（列名）	对指定列的值求和
AVG（列名）	对指定列的值计算平均值
MAX（列名）	对指定列的值计算最大值
MIN（列名）	对指定列的值计算最小值

【例 5-14】　查询出每一位学生的课程门数。

```
USE 教学管理
GO
SELECT stuID, COUNT(courseID) as '课程门数'
FROM ScoreReport
GROUP BY stuID
GO
```

运行结果如图 5-12 所示。

5.2.5　HAVING 子句

与 GROUP BY 子句配合，对 GROUP BY 分组后的结果进行条件筛选，通常该条件逻辑表达式包含聚合函数。

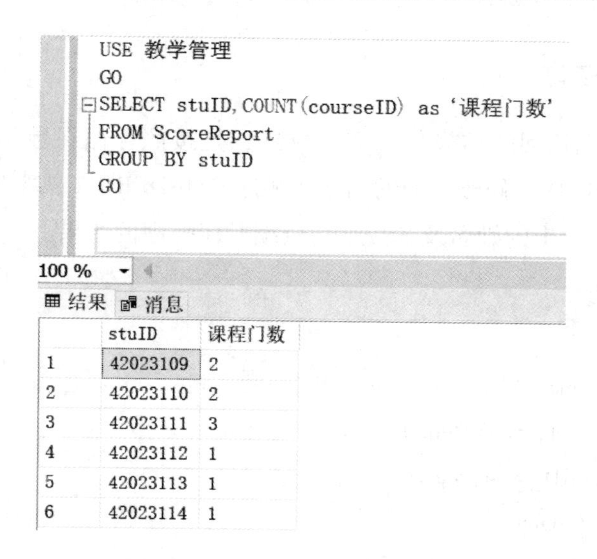

图 5-12　每一位学生的课程门数

【例 5-15】　查询出课程门数超过（包括）3 个的学生姓名。

```
USE 教学管理
GO
SELECT Student. name
FROM Student, ScoreReport
WHERE Student. stuID = ScoreReport. stuID
GROUP BY Student. name
HAVING COUNT(ScoreReport. courseID) > =3
GO
```

运行结果如图 5-13 所示。

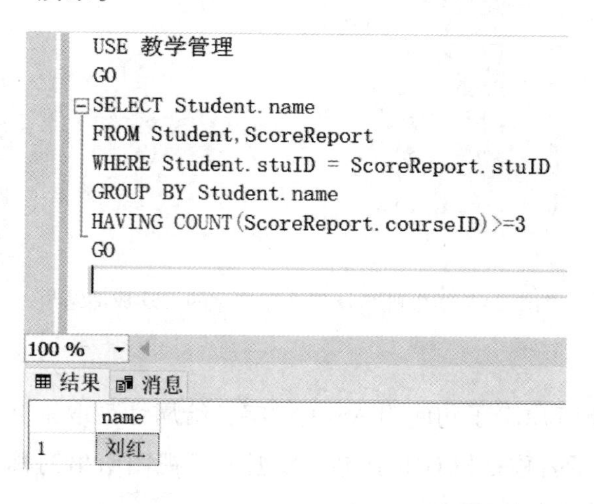

图 5-13　课程门数大于 3 门的学生姓名

5.2.6 ORDER BY 子句

使用 SELECT 查询返回的结果集的数据顺序，是按照存储在数据表的物理顺序给出的。可以使用 ORDER BY，修改返回的结果集顺序。ORDER BY 需要写在 WHERE 之后。

【例 5-16】 给出学生的姓名及其按平均成绩升序排序的结果。

```
USE 教学管理
GO
SELECT st.name, AVG(sc.score) AS '平均成绩'
FROM Student st, ScoreReport sc
WHERE st.stuID = sc.stuID
GROUP BY st.name
ORDER BY AVG(sc.score)
GO
```

运行结果如图 5-14 所示。

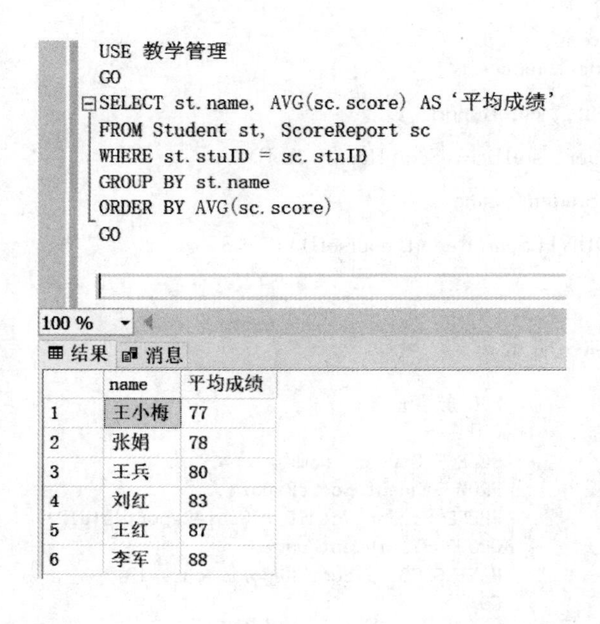

图 5-14 学生姓名及其升序排序的平均成绩结果

（在例 5-16 中，SELECT 子句使用 AS 关键字，给属性列取别名，可以将返回结果集对应列的名称显示为新名称；FROM 子句为数据表或视图给出简称，简称可以在当前的 SQL 语句中代表原数据表或视图。）

5.3 条件查询

条件查询，即 WHERE 子句中使用逻辑表达式，构成对查询结果的限制条件。条件查询分为两类，包括比较条件和谓词条件。

5.3.1 比较条件

比较条件，主要是运用比较运算符 =、<、>、<=、>=、!=、<>、!>、!< 等组成查询条件。

【例 5-17】 查询出生日期在 1995 年之后的学生的姓名。

```
USE 教学管理
GO
SELECT name, Birthdate
FROM student
WHERE Birthdate > '1995-12-31'
GO
```

运行结果如图 5-15 所示。

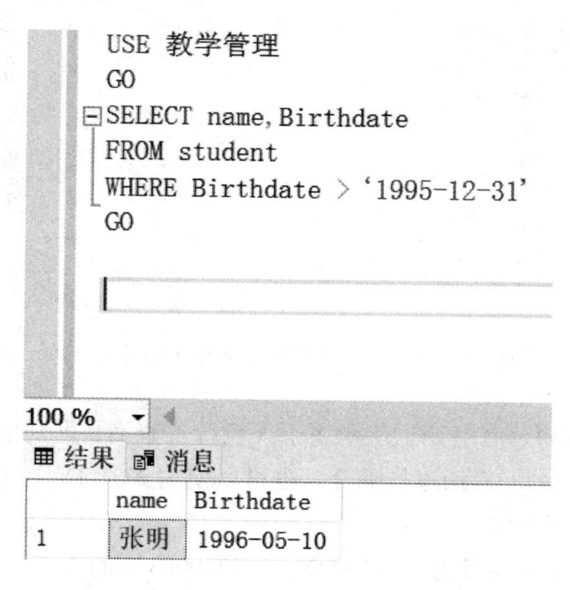

图 5-15 1995 年之后出生的学生的姓名名单

5.3.2 谓词条件

（1）使用 BETWEEN 关键词。使用 BETWEEN…AND…，可指定查询范围，筛选出表达式为真的数据记录结果；若加上 NOT，即 NOT BETWEEN，则检索不在某一范围内的信息。

SQL 语句的格式：

```
[NOT] BETWEEN A AND B
```

其中，表达式 A 的值为检索范围的下限，表达式 B 的值为检索范围的上限。

【例 5-18】 查询出生日期在 1994 年至 1995 年的学生姓名。

```
USE 教学管理
GO
SELECT name
FROM student
WHERE Birthdate BETWEEN '1994-01-01' AND '1995-12-31'
GO
```

运行结果如图 5-16 所示。

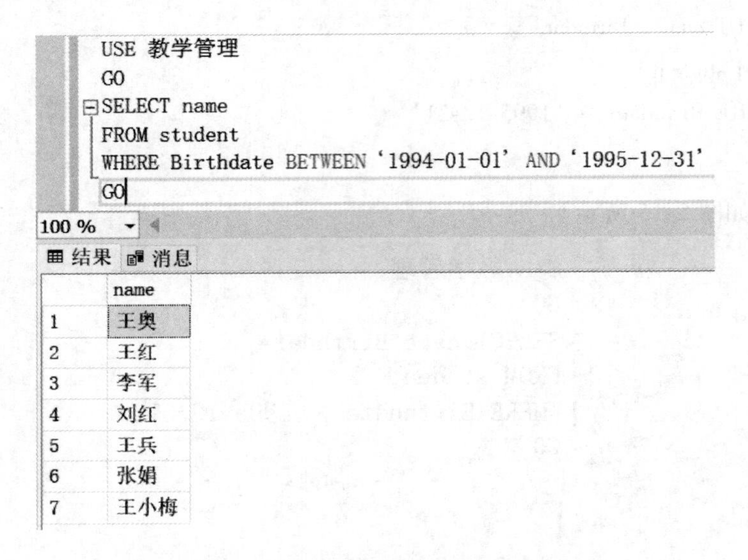

图 5-16 1994—1995 年出生的学生的姓名名单

（2）使用 IN 关键词。使用 IN，表示属于（包含）查询，即判断属性值是否属于指定的某个集合中，集合中的元素用逗号隔开；也可以使用 NOT IN，判断属性值不属于指定的某个集合。

【例 5-19】 查询课程编号为 '4230002'，'4230003' 的课程名称。

```
USE 教学管理
GO
SELECT courseName
FROM course
WHERE courseID IN ('4230002','4230003')
```

```
GO
```

运行结果如图 5-17 所示。

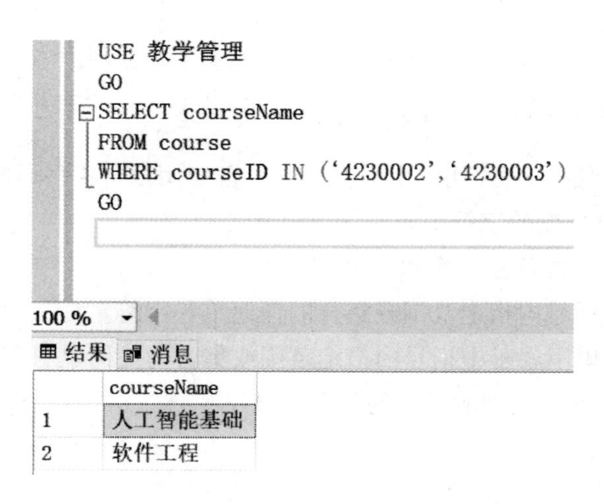

图 5-17 使用关键词 IN 的查询结果

（3）IS NULL 和 IS NOT NULL。使用 IS NULL 和 IS NOT NULL，表示空值查询，即可以判断数据记录是否为未录入的 NULL 状态，注意 NULL 不是零，也不是长度为零的字符串。

【例 5-20】 查询有课程编号，但还未录入课程学期的记录。

```
USE 教学管理
GO
SELECT * FROM course
WHERE term IS NULL
GO
```

运行结果如图 5-18 所示。

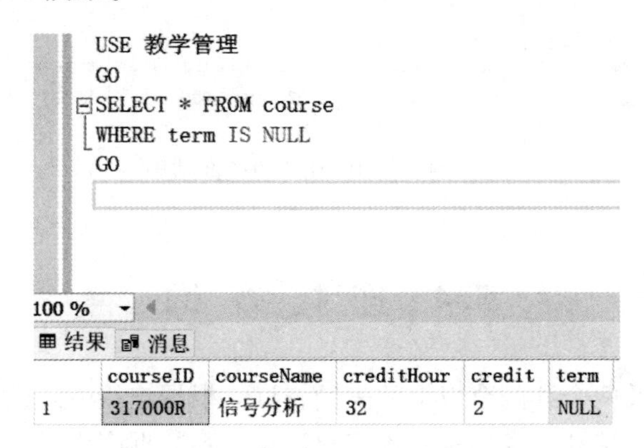

图 5-18 使用 IS NULL 的查询结果

（4）使用 LIKE 关键词。使用 LIKE，可以实现模糊查询功能。LIKE 关键词用于查询与指定的表达式模糊匹配的数据记录结果，其中的匹配方式主要是通过字符串匹配比较的方式给出的。

SQL 语句的格式：

<列名> [NOT] LIKE <字符串常数>

其中，‘字符串常数’必须用单引号括起来，且使用以下 4 种通配符。

1）%：匹配任意长度的字符串。

2）_(下画线)：匹配任意一个单一字符。

3）[ ]：匹配中括号内指定范围或集合的任何单一字符。

4）[^]：匹配结果不属于中括号内指定范围或集合的任何单一字符。

【例 5-21】 查询所有姓刘的学生的信息记录。

```
USE 教学管理
GO
SELECT *
FROM student
WHERE name LIKE ‘刘%’
GO
```

运行结果如图 5-19 所示。

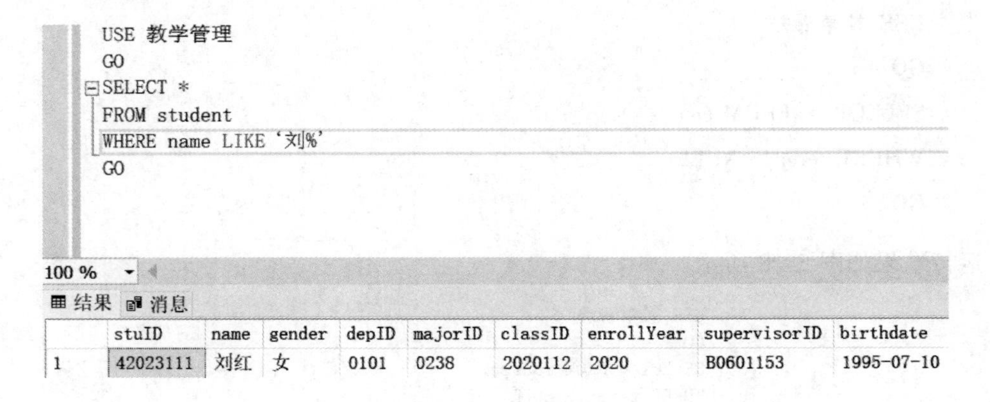

图 5-19　使用 LIKE 的查询结果

5.4 连接查询

连接查询，即涉及两个和两个以上的表的查询。根据连接方式的不同，分为四种：内连接、外连接、交叉连接和自身连接。连接查询是关系数据库中最主要和最常见的操作之一，能够实现相对复杂的查询要求和目标。

5.4.1 基本连接操作

在实际的数据库应用系统中，常常需要采用多表连接查询完成业务功能。当采用连接查询时，会涉及多个表及其列之间的引用；在连接查询操作中，有如下两种基本格式：

（1）将连接操作定义在 FROM 子句中。

```
SELECT <指定各表查询的列名>
FROM 表1 <连接类型> 表2 [ON <连接条件>]
```

（2）将连接操作定义在 WHERE 子句中。

```
SELECT <指定各表查询的列名>
FROM 表1, 表2
WHERE 表1.列名 <连接操作符> 表2.列名
```

说明：连接操作符可以是比较操作符；连接类型包括内连接、外连接等，而且连接类型仅在 FROM 子句中，WHERE 子句不能指定类型。

5.4.2 内连接

内连接，关键词为 INNER JOIN，是一种组合两个表的方法。内连接通过对两个表的相同的列的值进行比较，并将比较之后符合条件的结果组合起来，形成组合后的一个新表作为连接结果。由于比较操作的不同，内连接又分为等值连接、自然连接和不等值连接。

当内连接使用的比较操作符是“=”时，就被称为等值连接，其他的比较运算都为非等值连接。当等值连接中的连接字段相同，并要求在查询结果中删除重复列，则为自然连接。

【例 5-22】 查询每一位学生的学号、姓名、课程名、学分和成绩的记录。

分析：学生的学号和姓名记录，存放在 student 表中；课程名和学分记录，存放在 course 表中；成绩记录，存放在 ScoreReport 表中。查询涉及 3 张表，首先利用 student 表和 scoreReport 表中的共有属性 stuID，连接 student 表和 scoreReport 表；再利用 course 表和 scoreReport 表中的共有属性 courseID，连接 course 表和 scoreReport 表。具体的 Transact-SQL 语句为：

```
USE 教学管理
GO
SELECT s.stuID, s.name, c.courseName, c.credit, sr.score
FROM student s INNER JOIN scoreReport sr ON s.stuID = sr.stuID
        INNER JOIN course c ON c.courseID = sr.courseID
GO
```

运行结果如图 5-20 所示。

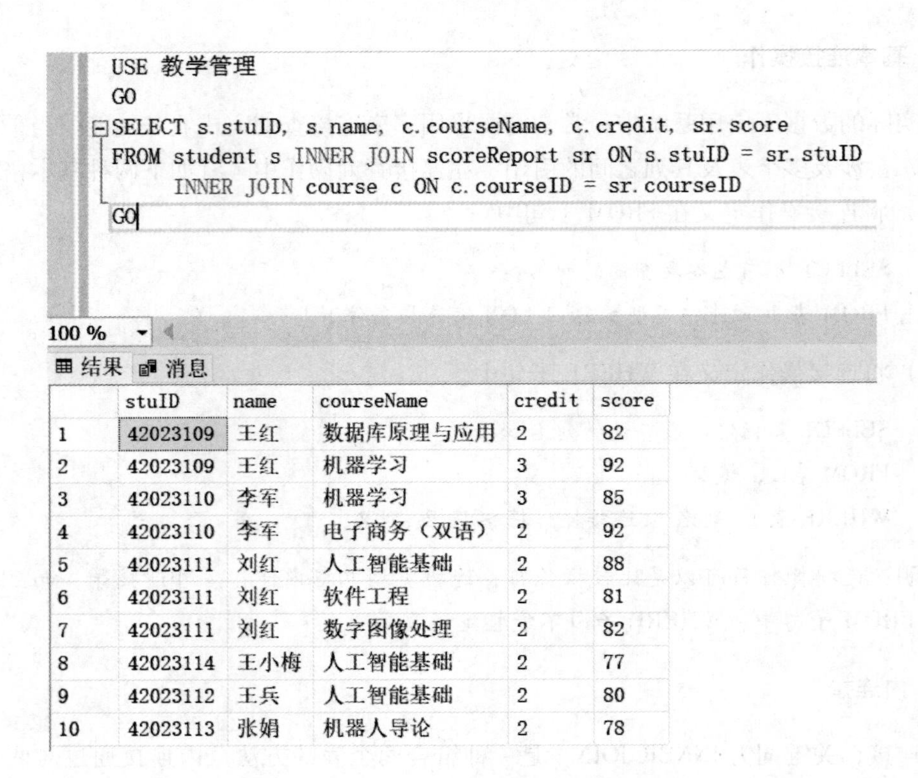

```
USE 教学管理
GO
SELECT s.stuID, s.name, c.courseName, c.credit, sr.score
FROM student s INNER JOIN scoreReport sr ON s.stuID = sr.stuID
     INNER JOIN course c ON c.courseID = sr.courseID
GO
```

	stuID	name	courseName	credit	score
1	42023109	王红	数据库原理与应用	2	82
2	42023109	王红	机器学习	3	92
3	42023110	李军	机器学习	3	85
4	42023110	李军	电子商务（双语）	2	92
5	42023111	刘红	人工智能基础	2	88
6	42023111	刘红	软件工程	2	81
7	42023111	刘红	数字图像处理	2	82
8	42023114	王小梅	人工智能基础	2	77
9	42023112	王兵	人工智能基础	2	80
10	42023113	张娟	机器人导论	2	78

图 5-20　使用内连接 INNER JOIN 的查询结果

例 5-22，也能够采用将连接操作定义在 WHERE 子句中的方式来完成，则 SQL 语句如下：

```
SELECT s.stuID, s.name, c.courseName, c.credit, sr.score
FROM student s, scoreReport sr, course c
WHERE s.stuID = sr.stuID AND sr.courseID = c.courseID
```

5.4.3　外连接

外连接，关键词为 OUTER JOIN，也是一种组合两个表的方法，但不同于内连接的是在查询结果上。内连接的查询结果中是两个表匹配的记录，而外连接的查询结果对其中一个表不加限制，即可以显示所有行。因此，根据显示所有行的表的位置，将外连接分为 3 种，即左外连接（LEFT [OUTER] JOIN），右外连接（RIGHT [OUTER] JOIN）和全外连接（FULL [OUTER] JOIN），其中的关键词 OUTER 可以省略。

5.4.3.1　*左外连接*

左外连接对出现在左边的表的查询结果，不加限制。左外连接写在 FROM 子句中，格式如下所示：

```
FROM <左表名> LEFT [OUTER] JOIN <右表名> ON <连接条件>
```

【例5-23】 查询所有课程的成绩情况，包括无成绩的课程，显示课程编号，课程名称，学号，成绩。

分析：所有课程的信息在 Course 表中，而成绩在 ScoreReport 表中，因为要显示所有课程信息，可采用左外连接方式连接两张表，其中要显示所有信息的表放在左表位置。具体的 Transact-SQL 语句为：

```
USE 教学管理
GO
SELECT c.courseID, c.courseName, sr.stuID, sr.score
FROM Course c LEFT OUTER JOIN ScoreReport sr ON sr.courseID = c.courseID
```

运行结果如图 5-21 所示。

```
USE 教学管理
GO
SELECT c.courseID, c.courseName, sr.stuID, sr.score
FROM Course c LEFT OUTER JOIN ScoreReport sr ON sr.courseID = c.courseID
```

100 %

结果 消息

	courseID	courseName	stuID	score
1	1079052	电子商务（双语）	42023110	92
2	1279003	数据库原理与应用	42023109	82
3	317000R	信号分析	NULL	NULL
4	318000R	电子技术实习B	NULL	NULL
5	4230002	人工智能基础	42023111	88
6	4230002	人工智能基础	42023114	77
7	4230002	人工智能基础	42023112	80
8	4230003	软件工程	42023111	81
9	4230021	数字图像处理	42023111	82
10	4230029	机器人导论	42023113	78
11	4230038	机器学习	42023109	92
12	4230038	机器学习	42023110	85

图 5-21 使用左外连接的查询结果

5.4.3.2 *右外连接*

与左外连接相对应，右外连接则对出现在右边的表的查询结果，不加限制。同样的，右外连接写在 FROM 子句中，格式如下：

FROM <左表名> RIGHT [OUTER] JOIN <右表名> ON <连接条件>

【例5-24】 查询所有学生的选课情况，包括未选课的学生，显示学生姓名，课程号。

分析：所有学生信息在 Student 表中，选课信息在 ScoreReport 表中，因为要显示所有学生信息，采用右外连接方式连接两张表时，将学生表放在右表位置。具体的 Transact-SQL 语句为：

```
USE 教学管理
GO
SELECT s. name, sc. courseID
FROM ScoreReport sc RIGHT OUTER JOIN Student s ON sc. stuID = s. stuID
```

运行结果如图 5-22 所示。

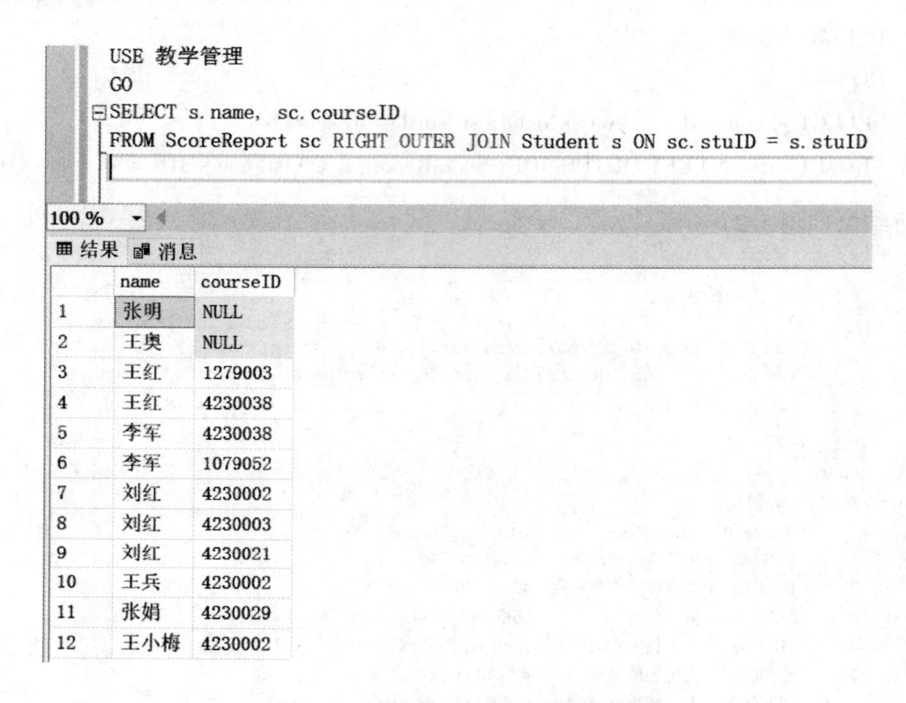

	name	courseID
1	张明	NULL
2	王奥	NULL
3	王红	1279003
4	王红	4230038
5	李军	4230038
6	李军	1079052
7	刘红	4230002
8	刘红	4230003
9	刘红	4230021
10	王兵	4230002
11	张娟	4230029
12	王小梅	4230002

图 5-22　使用右外连接的查询结果

5.4.3.3　全外连接

与左外和右外相对应，全外连接则对两张表都不加限制。全外连接也写在 FROM 子句中，格式如下：

FROM <左表名> FULL [OUTER] JOIN <右表名> ON <连接条件>

【例 5-25】　查询所有学生及其选课信息，包括未选课的学生以及未被选修的课程信息，显示学生学号，姓名，课程号，课程名称，课程成绩。

具体的 Transact-SQL 语句为：

```
USE 教学管理
GO
SELECT s. stuID, s. name, c. courseID, c. courseName, sr. score
FROM Student s FULL OUTER JOIN ScoreReport sr ON s. stuID = sr. stuID FULL OUTER
JOIN Course c ON sr. courseID = c. courseID
```

运行结果如图 5-23 所示。

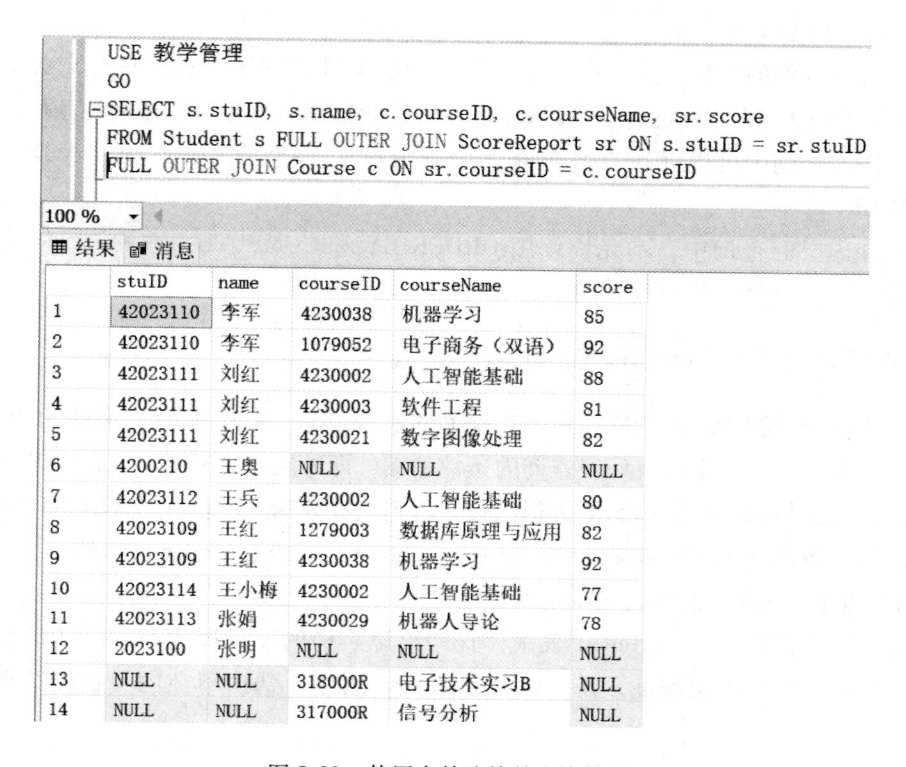

```
USE 教学管理
GO
SELECT s.stuID, s.name, c.courseID, c.courseName, sr.score
FROM Student s FULL OUTER JOIN ScoreReport sr ON s.stuID = sr.stuID
FULL OUTER JOIN Course c ON sr.courseID = c.courseID
```

100 %

结果 消息

	stuID	name	courseID	courseName	score
1	42023110	李军	4230038	机器学习	85
2	42023110	李军	1079052	电子商务（双语）	92
3	42023111	刘红	4230002	人工智能基础	88
4	42023111	刘红	4230003	软件工程	81
5	42023111	刘红	4230021	数字图像处理	82
6	4200210	王奥	NULL	NULL	NULL
7	42023112	王兵	4230002	人工智能基础	80
8	42023109	王红	1279003	数据库原理与应用	82
9	42023109	王红	4230038	机器学习	92
10	42023114	王小梅	4230002	人工智能基础	77
11	42023113	张娟	4230029	机器人导论	78
12	2023100	张明	NULL	NULL	NULL
13	NULL	NULL	318000R	电子技术实习B	NULL
14	NULL	NULL	317000R	信号分析	NULL

图 5-23　使用全外连接的查询结果

5.4.3.4　其他连接

有一种连接方式可以测试一个数据库的执行效率，即交叉连接（Cross Join）。交叉连接不加任何约束地将两张表组合起来，其实就是笛卡尔乘积的结果；已学过笛卡尔乘积，我们知道，该乘积并没有实际意义，因此，交叉连接只能用于测试目的。另外，一张表还可以与自身建立连接，即自连接。自连接能够将一个表中的不同行进行连接，使之在逻辑上是两张表的连接结果。

5.5　嵌套查询

嵌套查询是常用的查询方法，也是简单查询语句的扩展，能够创建出更为复杂的查询结果。将一个 SELECT-FROM-WHERE 语句称为一个查询块，嵌套查询则是在一个查询块的 WHERE 子句或 HAVING 子句中允许包含另一个查询块。

5.5.1　基本结构

在嵌套查询中，外层或外部的 SELECT 语句称为父查询或外层查询，而内层的 SELECT 语句称为子查询。子查询中还可以嵌套再深一层的子查询，因此，嵌套查询可以嵌套多个层级，但一般不超过 32 个层级。

嵌套查询的基本规则是：

（1）多层查询的执行顺序：执行逻辑是从内层向外层逐级进行，只有完成了内层的查询，外层的查询才可以执行；一般情况是，内层的查询结果是外层查询的条件。

（2）嵌套查询中可以使用在简单查询中学习过的关键词，比如 DISTINCT，GROUP BY，ORDER BY 等。

（3）在内层的查询中，不允许使用 ORDER BY 和 COMPUTE BY 子句，但可以使用 GROUP BY 或 HAVING 子句。

5.5.2　谓词 IN 或 NOT IN 的嵌套查询

使用谓词 IN 或 NOT IN，是一种嵌套查询的实现方法。这类嵌套查询的功能主要是：内层的查询完成，其结果构成外层查询的条件基础，即外层查询通过 IN 或 NOT IN，将一个列名或表达式与内层的查询结果进行比较，若列值或表达式的值在或不在内层查询的结果集中，返回条件值 TRUE 或 FALSE，从而进一步决定哪些记录作为最终的结果集。

【例 5-26】　查询没有录入成绩的课程信息。

分析：成绩信息在 ScoreReport 表中，查询出该表中的课程即为有成绩的课程，将其作为内层查询；然后外层查询，是在课程表 Course 表中，选出不在内层查询结果集中的课程记录。

```
USE 教学管理
GO
SELECT * FROM Course WHERE courseID NOT IN
(SELECT DISTINCE courseID FROM ScoreReport)
```

运行结果如图 5-24 所示。

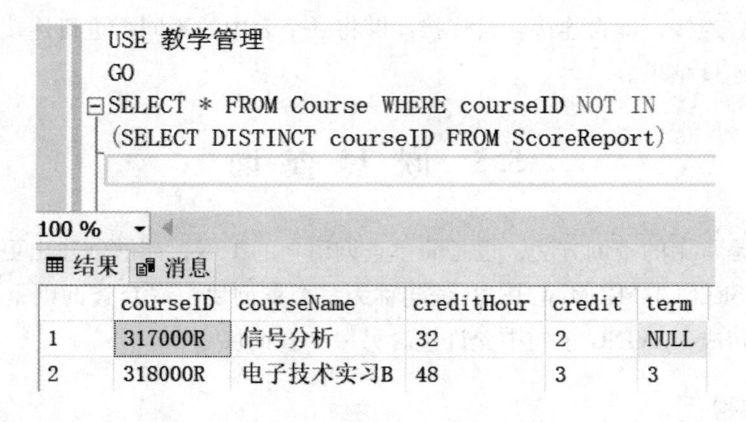

图 5-24　使用谓词的嵌套查询结果

【例 5-27】　查询选修了课程号为‘4230038’和‘1079052’课程的学生学号和姓名。

分析：由于条件是同一列，不能使用 courseID = ‘4230038’ AND courseID = ‘1079052’，因为这种条件没有一条记录是满足的，但可采用嵌套方式实现题目要求。

```
USE 教学管理
GO
SELECT stuID FROM ScoreReport WHERE courseID = ‘4230038’ AND stuID IN
(SELECT stuID FROM ScoreReport WHERE courseID = ‘1079052’)
```

运行结果如图 5-25 所示。

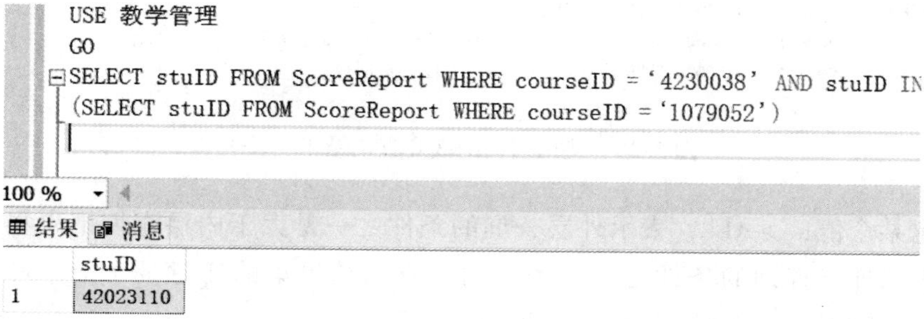

```
USE 教学管理
GO
SELECT stuID FROM ScoreReport WHERE courseID =‘4230038’ AND stuID IN
(SELECT stuID FROM ScoreReport WHERE courseID =‘1079052’)
```

100 %

结果 消息

	stuID
1	42023110

图 5-25 使用谓词的嵌套查询结果

5.5.3 比较运算符的嵌套查询

当内层查询的返回结果为某单一值类型时，可采用比较运算完成嵌套查询。其中，比较运算符包括 =、! =、 < >、 >、 > =、 <、 < =、! >、! < 等。这类嵌套查询的功能主要是内层的查询完成，得到某个单一值；外层查询通过比较运算符将一个列名或表达式与单一值进行比较，根据比较结果，返回条件值 TRUE 或 FALSE，从而进一步决定哪些记录作为最终的结果集。

【例 5-28】 查询成绩低于平均分的学生成绩。

分析：平均分是一个查询结果，外层嵌套一个比较运算符即可查询小于平均分的结果。

```
USE 教学管理
GO
SELECT * FROM ScoreReport WHERE score < (SELECT AVG(score) FROM ScoreReport)
```

运行结果如图 5-26 所示。

5.5.4 谓词 ANY 或 ALL 的嵌套查询

谓词 ANY 或 ALL 必须与比较运算符联合使用，比如 = ALL，表示外层查询的条件之一是等于内层查询结果集的所有值； = ANY，表示外层查询的条件之一是等于内层查询结

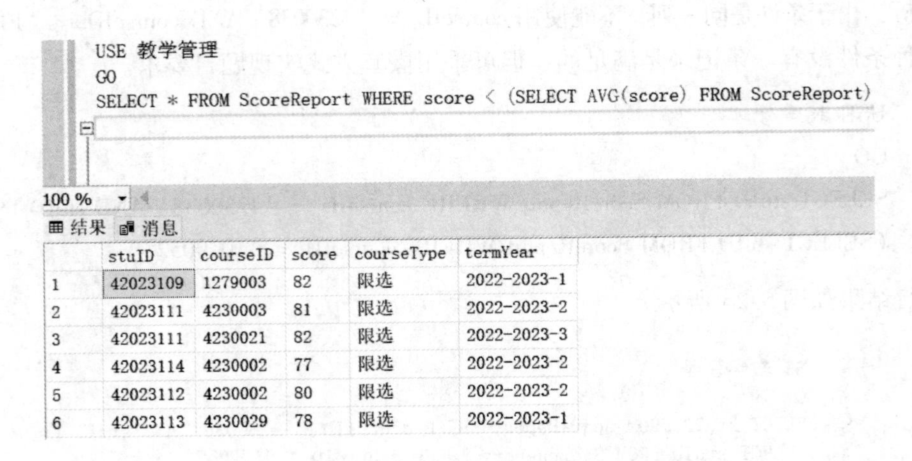

	stuID	courseID	score	courseType	termYear
1	42023109	1279003	82	限选	2022-2023-1
2	42023111	4230003	81	限选	2022-2023-2
3	42023111	4230021	82	限选	2022-2023-3
4	42023114	4230002	77	限选	2022-2023-2
5	42023112	4230002	80	限选	2022-2023-2
6	42023113	4230029	78	限选	2022-2023-1

图 5-26　使用谓词的嵌套查询结果（一）

果集的任意某个值；>ALL，表示外层查询的条件之一是大于内层查询结果集的所有值；>ANY，表示外层查询的条件之一是大于内层查询结果集的任意某个值。使用 ANY 或 ALL 必须与比较运算符连用，可实现多种语义关系。

【例 5-29】　查询没有录入成绩的课程信息。

分析：首先可查询出录入成绩的课程结果集，再使用! = ALL，即可查询没有录入的结果。

```
USE 教学管理
GO
SELECT * FROM course WHERE courseID ! = ALL (SELECT DISTINCT courseID
FROM ScoreReport)
```

运行结果如图 5-27 所示。

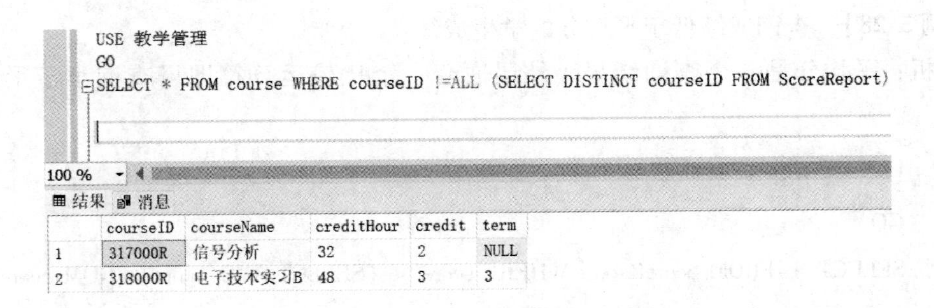

	courseID	courseName	creditHour	credit	term
1	317000R	信号分析	32	2	NULL
2	318000R	电子技术实习B	48	3	3

图 5-27　使用谓词的嵌套查询结果（二）

（已学习过使用聚集函数的方式查询，如 MIN、MAX 等，使用 ANY 或 ALL 可以用包含聚集函数的查询来替换，请读者自行思考。另外，需要指出，＝ANY 与 IN 运算符是等价的，! = ALL 与 NOT IN 运算符是等价的。）

5.5.5 谓词 EXISTS 或 NOT EXISTS 的嵌套查询

谓词 EXISTS 或 NOT EXISTS 也可以形成嵌套查询，构造一种条件判断。在查询时，内层的返回数据集用来测试是否存在相关数据记录。这类嵌套查询的功能主要是：先对内层做查询，外层查询根据内层查询的结果进行不同的处理，若子查询返回结果集为非空，则外层查询的条件是 TRUE，否则是 FALSE。

【例 5-30】 查询课程成绩大于 90 分的学生信息。

```
USE 教学管理
GO
SELECT * FROM Student WHERE EXISTS
(SELECT * FROM ScoreReport WHERE ScoreReport.stuID = Student.stuID AND
ScoreReport.score > 90)
```

运行结果如图 5-28 所示。

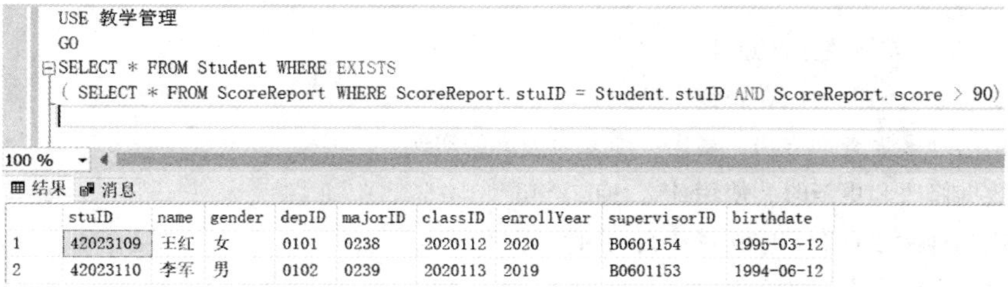

```
USE 教学管理
GO
SELECT * FROM Student WHERE EXISTS
( SELECT * FROM ScoreReport WHERE ScoreReport.stuID = Student.stuID AND ScoreReport.score > 90)
```

100 %

结果 消息

	stuID	name	gender	depID	majorID	classID	enrollYear	supervisorID	birthdate
1	42023109	王红	女	0101	0238	2020112	2020	B0601154	1995-03-12
2	42023110	李军	男	0102	0239	2020113	2019	B0601153	1994-06-12

图 5-28 使用谓词的嵌套查询结果（三）

【例 5-31】 查询既没有选修‘4230038’课程也没有选修‘1079052’课程的学生姓名。

```
USE 教学管理
GO
SELECT name FROM Student s WHERE NOT EXISTS
(SELECT * FROM ScoreReport sr WHERE sr.stuID = s.stuID AND sr.courseID =
'4230038')
AND
NOT EXISTS
(SELECT * FROM ScoreReport sr WHERE sr.stuID = s.stuID AND sr.courseID =
'1079052')
```

运行结果如图 5-29 所示。

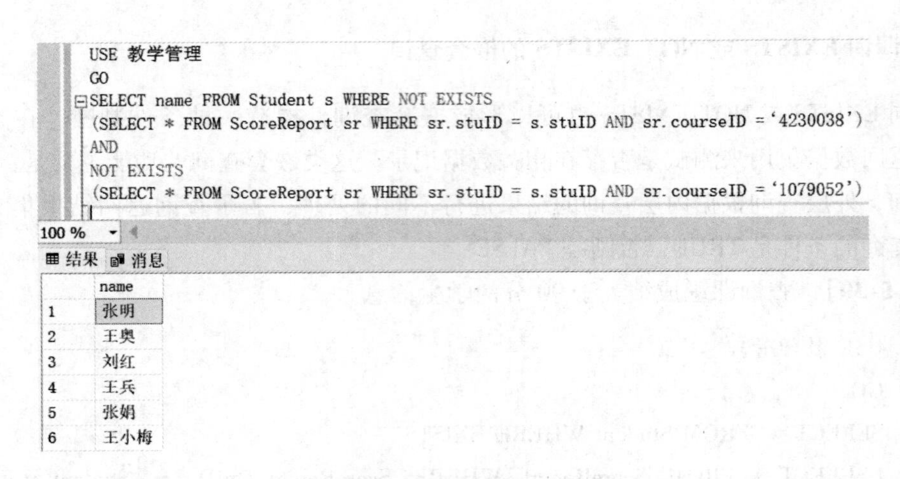

图 5-29　使用谓词的嵌套查询结果（四）

习　题

（1）SELECT 语句格式应注意什么问题?

（2）有哪些聚合函数可以在查询中适用?

（3）使用两种多表查询方法，举出一个多表查询的实例。

（4）在数据修改和更新时，使用什么 SQL 语句?

（5）有哪几种嵌套查询，应注意什么问题?

（6）举出一个嵌套查询的实例。

（7）完整性约束在数据查询和更新时的作用是什么?

6 存储过程、触发器及用户自定义函数

在实际应用中，通过编写 T-SQL 语句来完成对数据库的各种操作比通过 SSMS 图形界面进行操作更加灵活。那么，对数据表经常实施的一些操作，我们就希望将其程序代码封装成一个逻辑对象，保存在数据库上，需要时可以随时调用。SQL Server 2019 提供了这种数据库对象，也就是存储过程、触发器和用户自定义函数。

6.1 存 储 过 程

在很多情况下，开发者会多次重复编写一些 Transact-SQL 代码，如果每次都编写相同功能的代码，比较烦琐、而且重复逐条地执行语句将降低系统运行效率。因此，将一些需要多次执行的完成特定功能的语句编写成程序段，需要时由数据库服务器通过子程序来调用，会大大提高系统的运行效率。

6.1.1 存储过程概述

6.1.1.1 存储过程的概念

存储过程是一组经系统编译过的 T-SQL 语句的集合，该语句集合可以实现某种特定的功能。存储过程作为一种数据库对象存储在 SQL Server 服务器上，在需要时，用户可以随时调用，大大提高了数据库的操作速度和应用效率。存储过程在第一次执行时进行语法检查和编译，执行后它的执行计划就驻留在高速缓存中，可用于后续调用。存储过程可以有输入参数和输出参数、可以有返回值，还可以嵌套调用。用户可以像使用函数一样重复调用这些存储过程，实现其所定义的操作。

6.1.1.2 存储过程的特点

（1）执行速度快：存储过程在创建时，系统会检查其语法的正确性，进行预编译和优化。第一次执行后，存储过程会驻留内存，以后可以直接调用，因此执行速度很快。而执行批处理或 T-SQL 语句时，系统会检查语法、进行编译和优化后再执行。若需执行大量的 T-SQL 语句或重复执行某段语句集合时，使用存储过程比直接使用 T-SQL 语句执行得更快。

（2）降低网络流量：存储过程是若干条 T-SQL 语句的集合，用户只需调用其名称即可执行它，因此可以减少在服务器和客户端之间传递语句的数量，从而降低了网络流量。

（3）模块化编程：存储过程在被创建后，可以被多次调用，完成某些例行操作。所

有的客户端都可以使用相同的存储过程来确保数据访问和修改的一致性。

（4）提供安全机制：存储过程本身具有加密的功能。另外，如果不希望用户直接访问数据表，可以将用户对表的所有操作封装成一个存储过程，然后授权用户执行该存储过程，这样就可以保证表中数据的安全性。

6.1.1.3 存储过程的类型

SQL Server 2019 中有多种类型的存储过程，可以分为三种类型：系统存储过程、自定义存储过程和扩展存储过程。

（1）系统存储过程。系统存储过程是指 SQL Server 2019 系统创建的存储过程，存储在 Master 数据库中，由前缀“sp_”标识。其功能主要是从系统表中查询信息，如数据库对象、数据库信息等，从而完成有关数据库表的管理任务或其他系统管理任务。

用户可以在其他数据库中任意调用系统存储过程。例如，前面的章节中我们曾使用过 sp_helpdb 来显示数据库的相关信息，sp_helptext 显示索引、视图等数据库对象的文本，sp_depends 列举所引用或依赖的数据库对象，sp_rename 可以给一些数据库对象改名等。

（2）自定义存储过程。用户自定义存储过程又称本地存储过程，是由用户为完成某一特定功能而创建的并保存在用户数据库中的存储过程。可以分为两类：Transact-SQL 和 CLR。

Transact-SQL 存储过程是指保存的 Transact-SQL 语句集合，可以接受和返回用户提供的参数。存储过程也可能从数据库向客户端应用程序返回数据。本章后续内容所述存储过程，如无特别说明均指 Transact-SQL 存储过程。

CLR 存储过程是指对 Microsoft. NET Framework 公共语言运行时（CLR）方法的引用，可以接受和返回用户提供的参数。它们在 . NET Framework 程序集中是作为类的公共静态方法实现的。

（3）扩展存储过程。扩展存储过程是在 SQL Server 环境外编写、能被 SQL Server 示例动态加载和执行的动态链接库（Dynamic Link Libraries，DLL）。名称以“xp_”为前缀，可使用 SQL Server 扩展存储过程 API 完成编程，执行方法与一般存储过程相同。

6.1.2 存储过程的创建

用 T-SQL 语句创建存储过程，语法结构如下：

```
CREATE PROC[DURE] proc_name[@parameter data_type[= default] [OUTPUT]]
[ ,…n]
AS sql_statement[…n]
```

其中：

（1）proc_name：新建存储过程的名称，必须符合标识符规则，不能超过 128 个字符。

（2）@parameter：存储过程中的参数。在 CREATE PROCEDURE 语句中可以声明一个或多个参数。除非定义了参数的默认值，否则用户必须在调用存储过程时为每个声明的参数提供值。参数名称以字符@开头，必须符合有关标识符的规则。每个过程的参数仅用于该过程本身；其他过程中可以使用相同的参数名称。

（3）data_type：输入参数的数据类型，可以是任何 SQL Server 定义的数据类型。

（4）default：指定输入参数的默认值。当执行存储过程时，如果不向指定了默认值的参数传递参数值，那么这些参数就使用其默认值。默认值必须是常量或 NULL。

（5）output：表明参数是输出参数，此选项的值可以返回给调用过程。

（6）sql_statement：包含在过程中的一个或多个 T-SQL 语句。

【例 6-1】 创建存储过程 proc_student，查询学生姓名及其所在学院名称。

```
USE 教学管理
GO
CREATE PROC proc_student
AS
SELECT Student.name, Department.depName
FROM Student, Department
WHERE Student.depID = Department.depID
```

6.1.3 执行存储过程

执行存储过程可以使用 EXECUTE 语句，语法格式如下：

```
[EXEC[UTE]] [@整型变量 =] proc_name[[@parameter =] value |@variable ]
[OUTPUT]|[DEFAULT]][,…n]
```

其中：

（1）@整型变量：为一个可选的整型局部变量，用于保存存储过程的返回状态。使用 EXECUTE 语句之前，这个变量必须在批处理、存储过程或函数中声明过。

（2）proc_name：调用的存储过程名。

（3）@parameter：是在创建存储过程时定义的过程参数。

（4）value：存储过程中参数的值，调用者向存储过程所传递的参数由参量值提供，或者使用 DEFAULT 关键字指定的默认值。调用存储过程时，如果没有指定参数名称，参数值必须按 CREATE PROCEDURE 语句中定义的顺序依次给出。

（5）@variable：用来保存参数或返回参数的变量。

（6）OUTPUT：指定存储过程必须返回一个参数。

（7）DEFAULT：根据过程的定义，提供参数的默认值。

【例 6-2】 执行例 6-1 创建的存储过程 proc_student。

```
EXEC proc_student
```

执行结果如图 6-1 所示。

	name	depName
1	王红	自动化学院
2	李军	计算机与通信学院
3	刘红	自动化学院
4	王兵	计算机与通信学院
5	张娟	自动化学院
6	王小梅	自动化学院

图 6-1 存储过程 proc_student 的执行结果

6.1.4 带参数的存储过程

存储过程可以通过参数来与调用它的程序通信。在程序调用存储过程时，可以通过输入参数将数据传给存储过程，存储过程可以通过输出参数和返回值将数据返回给调用它的程序。

参数用于在存储过程以及应用程序之间交换数据，存储过程可以使用两种类型的参数：输入参数和输出参数。

6.1.4.1 输入参数

输入参数允许用户将数据值传递到存储过程或函数，使用输入参数可以用同一存储过程多次查找数据库。

【例 6-3】 例 6-1 中创建的存储过程 proc_ student 只能对表进行特定的查询。若要使这个存储过程更加通用化、灵活且能够查询某学生所在学院名称，那么就可以在这个存储过程中将学生的学号作为输入参数来实现。即创建一个带有输入参数的存储过程 proc_srudent_stuID，查询某一学号的学生姓名及所在学院名称。

```
CREATE PROC proc_student_stuID (@ stuID char(8))
AS
SELECT Student. name, Department. depName
FROM Student, Department
WHERE Student. depID = Department. depID and Student. stuID = @ stuID
```

执行带有输入参数的存储过程时，SQL Server 提供了如下两种传递参数的方式：

（1）按位置传递。这种方式是在执行存储过程的语句中，直接给出参数的值。当有多个参数时，给出的参数顺序与创建存储过程的语句中的参数顺序一致，即参数传递的顺序就是参数定义的顺序。

（2）通过参数名传递。这种方式是在执行存储过程的语句中，使用“参数名 = 参数值”的形式给出参数值。通过参数名传递参数的好处是，参数可以以任意顺序给出。

【例 6-4】 执行存储过程 proc_student_stuID，查询学号为“42023109”的学生姓名和所在学院名称。

```
DECLARE @ stuID char(8)
EXEC proc_student_stuID  '42023109'
或
EXEC proc_student_stuID @ stuID  =  '42023109'
```

6.1.4.2 输出参数

输出参数允许存储过程将数据值传递给用户，通过定义输出参数，可以从存储过程中返回一个或多个值。定义输出参数需要在参数定义的数据类型后使用关键字 OUTPUT（或 OUT）。使用输出参数，在执行存储过程 EXECUTE 语句中也要指定关键字 OUTPUT。如果忽略 OUTPUT 关键字，存储过程仍会执行但不返回值。

【例 6-5】 创建存储过程 proc_student_score，查询某一学号的学生所选课程的平均成绩。输入参数为@ stuID，将其默认值设置为“42023109”输出姓名和平均分。

```
CREATE PROC proc_student_score ( @ stuID char( 8 )  =  '42023109', @ name varchar
(10) output, @ AVG_score int output)
AS
SELECT @ name  =  Student. name, @ AVG_score  =  avg( score)
FROM Student INNER JOIN ScoreReport ON Student. stuID  =  ScoreReport. stuID
WHERE Student. stuID  =  @ stuID
GROUP BY Student. name
```

【例 6-6】 执行存储过程 proc_student_stuID，查询学号为“42023109”的学生姓名和所选课程的平均成绩。

```
DECLARE @ name varchar(10), @ AVG_score int
EXEC proc_student_score default, @ name out, @ AVG_score out
SELECT  @ name 姓名, @ AVG_score 平均分
```

执行存储过程 proc_student_stuID，查询学号为“42023110”的学生姓名和所选课程的平均成绩，其 T-SQL 语句如下。

```
DECLARE @ name varchar(10), @ AVG_score int
EXEC proc_student_score  '42023110', @ name out, @ AVG_score out
SELECT  @ name 姓名, @ AVG_score 平均分
```

【例 6-7】 针对课程 Course 表，创建一个名称为 proc_courseinsert 的存储过程，功能是向 course 表中插入一条记录。

```
CREATE PROC proc_courseinsert (@ courseID varchar(10) ,@ courseName varchar(20) ,
```

```
@ creditHour int, @ credit int, @ term int)
AS
INSERT INTO course VALUES (@ courseID, @ courseName, @ creditHour, @ credit, @ term )
```

使用按位置传递参数的方法执行该存储过程的语句如下：

```
EXEC proc_courseinsert '2230038','自控原理', 80, 5, 4
```

使用按参数名传递参数的方法执行该存储过程的语句如下：

```
EXEC proc_courseinsert @ courseID = '2230038', @ courseName = '自控原理', @
creditHour = 80, @ credit = 5, @ term = 4
```

6.1.5 管理存储过程

6.1.5.1 查看存储过程

（1）使用系统存储过程 sp_helptext 查看存储过程的文本内容，语法格式为：

```
EXEC sp_helptext 存储过程名
```

（2）使用系统存储过程 sp_depends 查看存储过程的引用表信息，语法格式为：

```
EXEC sp_depends 存储过程名
```

（3）使用系统存储过程 sp_help 查看存储过程的参数，语法格式为：

```
EXEC sp_help 存储过程名
```

（4）使用系统存储过程 sp_stored_procedures 查看存储过程列表，语法格式为：

```
EXEC sp_stored_procedures
```

（5）使用系统存储过程 sp_rename 重新命名存储过程，语法格式为：

```
EXEC sp_rename 存储过程原名,存储过程新名
```

也可以用 SSMS 图形界面查看存储过程，步骤如下：

登录 SQL Server 2019 服务器之后，在 SSMS 中打开对象资源管理器窗口，依次打开“数据库”→数据库名(如“教学管理”)→“可编程性”→“存储过程”，右击要修改的存储过程，在弹出的快捷菜单中选择 “重命名” 菜单命令，即可对存储过程重新命名。

6.1.5.2 修改存储过程

使用 ALTER PROCEDURE 语句修改存储过程，语法格式如下：

```
ALTER PROC[EDURE] proc_name[@ parameter data_type[ = default ] [OUTPUT]]
[,…n]
AS sql_statement[…n]
```

其中：各参数含义与 CREATE PROCEDURE 命令相同。用 ALTER PROCEDURE 语句

更改的存储过程，其权限和启动属性都是保持不变的；修改存储过程时，SQL Server 会覆盖以前定义的存储过程。

【例 6-8】 修改例 6-5 中的存储过程，proc_student_score，查询某一课程的课程名和平均成绩。

```
ALTER PROC proc_student_score(@courseID varchar(10),@coursename varchar(20) output,@AVG_score int output)
AS
SELECT @coursename = coursename, @AVG_score = avg(score)
FROM Course INNER JOIN ScoreReport ON Course.courseID = ScoreReport.courseID
WHERE Course.courseID = @courseID
GROUP BY coursename
```

6.1.5.3 删除存储过程

使用 DROP PROCEDURE 语句从当前数据库中删除一个或多个用户定义的存储过程，语法格式如下：

```
DROP PROC[EDURE][所有者.]存储过程名[,…n]
```

6.1.6 使用 SSMS 创建和管理存储过程

6.1.6.1 创建存储过程

创建存储过程的操作步骤如下：执行"开始"→"所有程序"→"Microsoft SQL Server Tools 18"→"Microsoft SQL Server Management Studio 18"，点击打开并连接到服务器后，在 SSMS 对象资源管理器窗口，依次打开"数据库"→数据库名（如"教学管理"）→"可编程性"，在"可编程性"窗口，右击"存储过程"菜单命令，在弹出菜单中选择"新建存储过程"项，然后出现"创建存储过程命令模板"，如图 6-2 所示。

在创建存储过程的代码模板中显示了 CREATE PROCEDURE 语句模板，可以修改要创建的存储过程的名称，然后在存储过程中的 BEGIN END 代码块中添加需要的 SQL 语句，完成之后，单击"执行"按钮即可创建一个存储过程。

6.1.6.2 修改存储过程

登录 SQL Server 2019 服务器之后，在 SSMS 中打开"对象资源管理器"窗口，依次打开"数据库"→数据库名（如"教学管理"）→"可编程性"→"存储过程"，右击要修改的存储过程，在弹出的快捷菜单中选择"修改"菜单命令，打开存储过程的修改窗口，用户即可再次修改存储过程的 SQL 语句，如图 6-3 所示，修改完成之后，单击"执行"命令。

6.1.6.3 删除存储过程

在 SSMS 中打开"对象资源管理器"窗口，右击要删除的存储过程，在弹出的快捷菜单中选择"删除"菜单命令，即可删除存储过程。

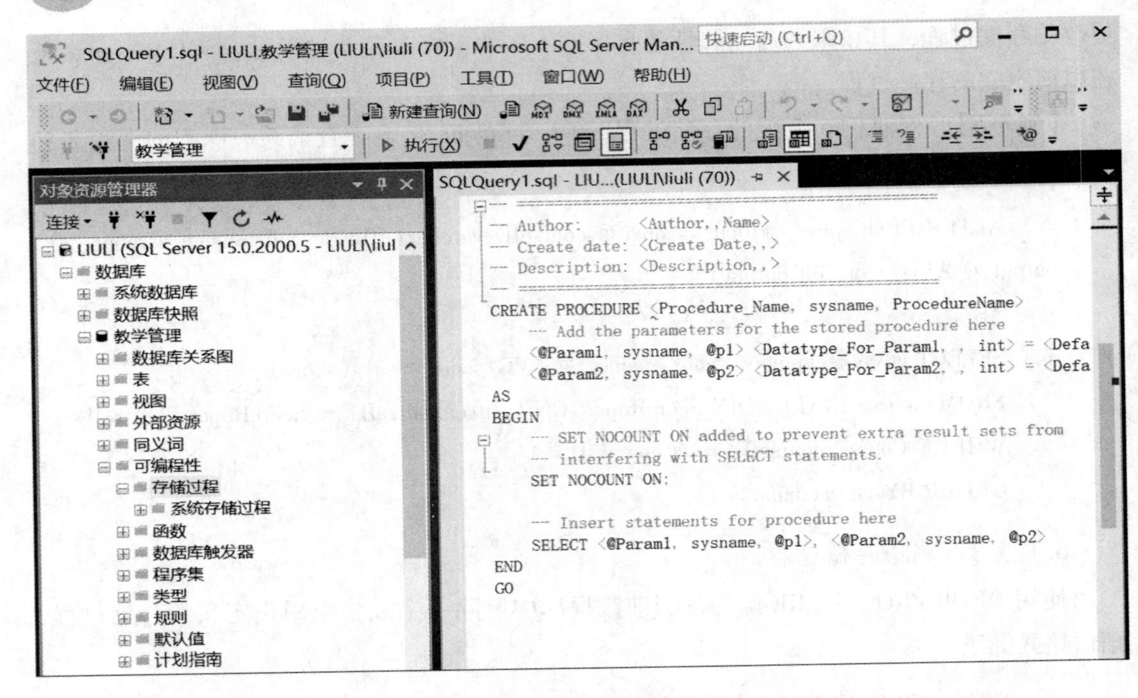

图 6-2 SSMS 创建存储过程界面

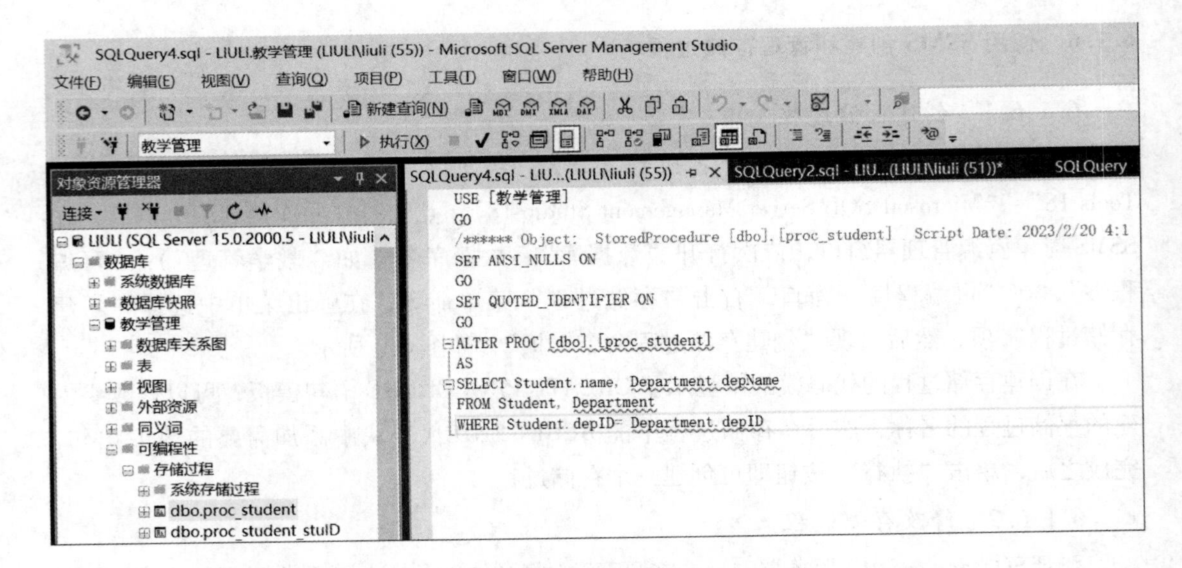

图 6-3 SSMS 中修改存储过程界面

6.2 触 发 器

Microsoft SQL Server 提供一些机制来强制使用业务规则和数据完整性。当满足一定条件时，触发器便可触发完成所定义的任务，是除了约束、默认值、规则外，用来维护数据完整性的另一种手段。

6.2.1 触发器概述

6.2.1.1 触发器的概念

触发器是一种特殊类型的存储过程，与存储过程不同，触发器主要通过事件触发来执行，而存储过程可以通过直接调用存储过程名来执行。

触发器与数据表的操作紧密相关，即当向某一个数据表中插入（INSERT）、修改（UPDATE）或者删除（DELETE）记录时，SQL Server 就会自动执行触发器所定义的 SQL 语句，从而确保对数据的处理必须符合由这些 SQL 语句所定义的规则，可以实现维护数据完整性与一致性的功能。

触发器的执行是自动的，不能像存储过程那样被直接调用，也不传递或接收参数。默认情况下，触发器只有在触发语句指定的 INSERT、UPDATE 和 DELETE 操作都成功执行后才触发执行。如果对数据表进行了约束、规则、默认值等定义时，需要在这些数据库对象成功完成后再执行触发器。

触发器的优点是能够用来加强业务规则和数据完整性。例如，数据库中多个数据表都有关联时，可以实现多表的级联修改。比如，在教学管理数据库中的 Student 表上，为学号 stuID 建立一个删除触发器，当某一学生记录被删除时，成绩表 ScoreReport 中的匹配行都应被删除，即删除该学生的选课成绩信息。

6.2.1.2 触发器的类型

SQL Server 包括两种类型的触发器：数据操作语言触发器（DML 触发器）和数据定义语言触发器（DDL 触发器）。

（1）DML 触发器。当数据库中发生数据操作事件时将调用 DML 触发器。DML 事件包括在指定表或视图中插入数据 INSERT 语句、更新数据 UPDATE 语句或删除数据 DELETE 语句。

（2）DDL 触发器。当服务器或数据库中发生数据定义语言（DDL）事件时将调用 DDL 触发器，使用 DDL 触发器可以防止对数据库架构进行某些未授权的更改。

6.2.2 创建 DML 触发器

6.2.2.1 DML 触发器概述

DML 触发器是当数据库服务器中发生数据操作语言（DML）事件时将触发 DML 触发器。SQL Server 中 DML 触发器有三种：INSERT 触发器、DELETE 触发器和 UPDATE 触发器。当 INSERT、DELETE、UPDATE 发生时分别使用一个触发器。

DML 触发器执行时，将临时生成两个逻辑表，即 inserted 表和 deleted 表。这两个临时表由系统管理，存储在内存中，不允许用户直接对其进行修改。

（1）INSERT 触发器工作原理：执行 INSERT 语句时，插入到表中的新记录也同时被插入到临时表 inserted 中。

（2）DELETE 触发器工作原理：执行 DELETE 语句时，删除的记录将被插入到 deleted 表中。

（3）UPDATE 触发器工作原理：执行 UPDATE 语句时，系统首先删除原有的记录，并将原有记录行插入到 deleted 表中，而新插入的记录也同时插入到 inserted 表中。

当触发器结束时，临时性的 inserted 及 deleted 数据表会自动消失。

在执行 INSERT、DELETE、UPDATE 三种数据操作 Deleted 表和 Inserted 表记录的变化情况见表 6-1。

表 6-1　Inserted 表、Deleted 表在执行触发器时记录变化情况

T-SQL 语句	Inserted 表	Deleted 表
INSERT	新增加的记录	—
DELETE	—	删除的记录
UPDATE	增加的新记录	已删除的旧记录

6.2.2.2　创建 DML 触发器

创建触发器的语法格式如下：

```
CREATE TRIGGER trigger_name
ON  {table |view}
{FOR | AFTER | INSTEAD OF}{[DELETE][,][INSERT][,][UPDATE]}
AS {sql_statement [ · n]}
```

其中：

（1）trigger_name：创建的触发器名称。

（2）ON 子句：指定在其上执行触发器的表或视图，也称为触发器表或触发器视图。

（3）{FOR | AFTER | INSTEAD OF}{[DELETE][,][INSERT][,][UPDATE]} 子句指定在表上执行哪些操作时激活触发器。

AFTER：用于指定触发器只有在触发 SQL 语句中指定的所有操作都已成功执行后才触发。所有的引用级联操作和约束检查也必须成功完成后，才能执行此触发器。如果仅指定 FOR 关键字，则 AFTER 是默认设置。注意该类型触发器仅能在表上创建，而不能在视图上定义。

INSTEAD OF：用于规定执行的是触发器而不是执行触发 SQL 语句，从而用触发器替代触发语句的操作。

{[DELETE][,][INSERT][,][UPDATE]}：用于指定在表或视图上执行哪些数据修改语句时，将激活触发器，如果指定的选项多于一个，需要用逗号分隔。

（4）AS SQL 语句：指定触发器要执行的操作。

【例 6-9】 创建一个触发器，当教学管理数据库的 Student 表中插入新数据成功后，利用触发器产生提示信息“成功插入一条记录”。

```
--创建触发器
    CREATE TRIGGER tr_student ON student
    FOR INSERT --或 AFTER INSERT
    AS
      DECLARE @err int
      SELECT @err = @@error
      IF(@err=0)
      BEGIN
      PRINT '成功插入一条记录'
      END
    RETURN
```

--测试触发器

在新建查询窗口中输入如下语句：

```
Insert into student values('42023114','王小梅','女','0101','0238','2020112',
'2020','B0601152','1995-09-23')
```

会显示“成功插入一条记录”。

【例 6-10】 对教学管理数据库的 Student 表和成绩 ScoreReport 表，要求当删除 Student 表中的记录时，激活触发器 tr_Delete，在 ScoreReport 表中也删除相匹配的学生课程成绩记录。

```
--创建触发器
    CREATE TRIGGER tr_Delete ON Student
    AFTER DELETE
    AS
    DECLARE @delcount INT
    DECLARE @stuID CHAR(8)
    SELECT @delcount = COUNT(*) FROM deleted
    IF @delcount>0
      BEGIN
      --从临时表 deleted 中获取要删除的学生号
      SELECT @stuID = stuID FROM deleted
      --从 ScoreReport 表中删除该学生的课程成绩记录
      DELETE FROM ScoreReport WHERE stuID = @stuID
      END
--测试触发器
```

在查询窗口输入如下语句：

```
INSERT into ScoreReport values('42023116','1079052','76','任选','2022-2023-2')
DELETE FROM Student WHERE stuID ='42023116'
```

当学号为“42023116”的学生被删除时，其相匹配的课程成绩也被从 ScoreReport 表中删除。

【例 6-11】 在例 6-10 中如果 Student 表和成绩 ScoreReport 表之间具有参照完整性约束，删除 Student 表中的记录时，就要求必须先删除子表（即 ScoreReport 表）的相关记录，再删除主表（即 Student 表）中的记录。

可以在 Student 表上建立一个 INSTEAD OF 触发器，将 Student 表上的删除操作替代为依次删除 ScoreReport 表和 Student 中的相应记录。

```
CREATE TRIGGER tr_Delete1 ON Student
INSTEAD OF DELETE
AS
--删除 ScoreReport 表中的相应记录
DELETE FROM ScoreReport where stuID in(select stuID from deleted)
--删除 Student 表中的相应记录
DELETE FROM Student where stuID in(select stuID from deleted)
```

6.2.3 创建 DDL 触发器

DDL 触发器是当服务器或者数据库中发生数据定义语言（DDL），例如 CREATE、ALTER 和 DROP 事件时将被触发。DDL 触发器用于以下情况：防止对数据库架构进行某些更改；记录数据库架构中的更改或者事件；希望数据库中发生某种情况以响应数据库架构中的更改。

```
CREATE TRIGGER trigger_name
ON {ALL SERVER| DATABASE}
{ {FOR | AFTER | {event_type}}
AS sql_statement }
```

除以下参数外，其余参数的说明同 DML 触发器的创建。

（1）DATABASE：表示将 DDL 触发器的作用域应用于当前数据库。如果指定了此参数，则只要当前数据库中出现 event_type 事件就会激发该触发器。

（2）ALL SERVER：将 DDL 触发器的作用域应用于当前服务器。如果指定了此参数，则只要当前服务器中的任何位置上出现 event_type 事件，就会激发该触发器。

（3）event_type：指定激发 DDL 触发器的 T-SQL 的数据定义语言（如 CREATE，ALTER 等）的相关事件的名称。

【例 6-12】 对教学管理数据库创建 DDL 触发器，禁止对数据库中的表进行删除和修改操作。

```
USE 教学管理
GO
CREATE TRIGGER DenyDelete   ON   DATABASE
FOR DROP_TABLE, ALTER_TABLE
AS
PRINT  '用户没有权限执行删除操作!'
ROLLBACK
```

当对教学管理数据库的表做删除操作时，例如执行一条 DROP 语句触发 DenyDelete 触发器：DROP TABLE department，触发该 DDL 触发器的结果如图 6-4 所示。

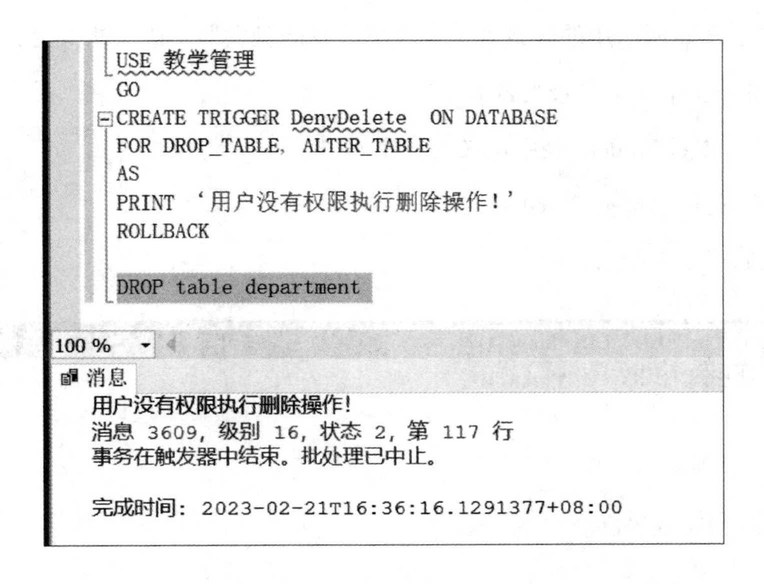

图 6-4 DDL 触发器执行结果

说明：DML 触发器创建成功后，可以在“对象资源管理器”中选择相应的“数据库”(如教学管理数据库)、在数据库中的某一“表”节点下找到对应的触发器；DDL 触发器创建成功后，可以在“对象资源管理器”→“数据库”→“可编程性”→“数据库触发器”节点下找到对应的触发器。

6.2.4 管理触发器

对触发器的管理包括查看、修改、删除和禁用操作。可以在 SSMS 中的“对象资源管理器中找到相应的触发器，点击右键弹出的对话框中选择查看、修改、删除或禁用触发器。也可以用如下的 T-SQL 语句管理触发器。

6.2.4.1　查看触发器

触发器是特殊的存储过程，因此适用于存储过程的查看命令也适用于触发器。可以使用 sp_helptext、sp_help 和 sp_depends 等系统存储过程来查看触发器的有关信息。

（1）使用系统存储过程 sp_helptrigger 返回指定表中定义的触发器。语法格式为：

```
EXEC sp_helptrigger '表名' [,'触发器操作类型']
```

如果不指定触发器类型，将列出所有的触发器。

（2）查看触发器的定义文本。语法格式为：

```
EXEC sp_helptext '触发器名称'
```

（3）查看触发器的所有者和创建日期。语法格式为：

```
EXEC sp_help '触发器名称'
```

（4）查看触发器所引用的表或者指定表所涉及的触发器。语法格式为：

```
EXEC sp_depends  '触发器名称'
```

【例 6-13】　查看 Student 表中定义的触发器。

```
EXEC sp_helptrigger 'student'
```

执行结果如图 6-5 所示。

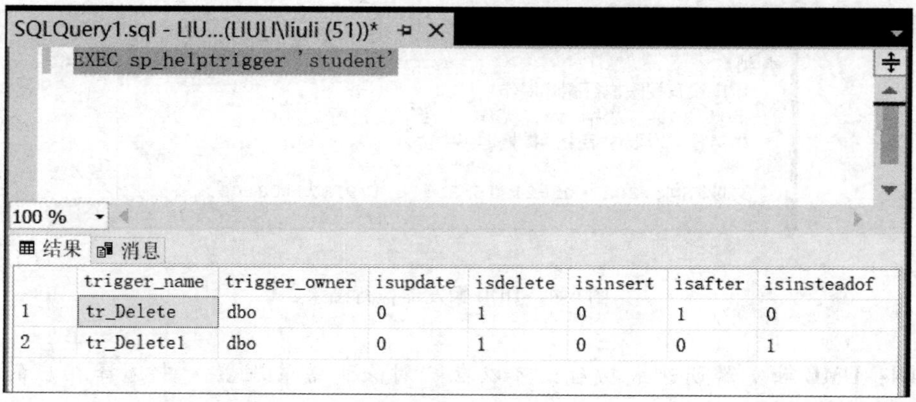

SQLQuery1.sql - LIU...(LIULI\liuli (51))*

```
EXEC sp_helptrigger 'student'
```

100 %

结果　消息

	trigger_name	trigger_owner	isupdate	isdelete	isinsert	isafter	isinsteadof
1	tr_Delete	dbo	0	1	0	1	0
2	tr_Delete1	dbo	0	1	0	0	1

图 6-5　查看 Student 表定义的触发器

【例 6-14】　查看例 6-10 中创建的触发器 tr_Delete 的定义文本。

```
EXEC sp_helptext 'tr_Delete'
```

执行结果如图 6-6 所示。

6.2.4.2　修改触发器

```
ALTER TRIGGER trigger_name
```

	Text
1	CREATE TRIGGER tr_Delete ON Student
2	AFTER DELETE
3	AS
4	DECLARE @delcount INT
5	DECLARE @stuID CHAR(8)
6	SELECT @delcount=COUNT(*) FROM deleted
7	IF @delcount>0
8	BEGIN
9	--从临时表 deleted 中获取要删除的读者编号
10	SELECT @stuID =stuID FROM deleted
11	--从ScoreReport表中删除该学生的课程成绩记录
12	DELETE FROM ScoreReport WHERE stuID =@stuID
13	END

图 6-6　查看触发器 tr_Delete 的定义

```
ON  {table | view}
{FOR | AFTER | INSTEAD OF}{[DELETE][,][INSERT][,][UPDATE]}
AS {sql_statement [ · n]}
```

修改触发器语句 ALTER TRIGGER 中各参数的含义与创建触发器 CREATE TRIGGER 时相同。

【例 6-15】 修改触发器 tr_Delete1，当执行添加、更新或删除 Student 表的数据时，激活该触发器，显示 deleted 和 inserted 临时表中的数据。

```
ALTER TRIGGER tr_Delete1
ON Student FOR INSERT, UPDATE, DELETE
AS
  SELECT * FROM inserted
  SELECT * FROM deleted
```

6.2.4.3　删除触发器

当不再需要某个触发器时，可以删除它。触发器删除时，触发器所在表中的数据不会因此改变。当某个表被删除时，该表上的所有触发器也会自动被删除。语法格式为：

```
DROP TRIGGER  触发器名称[,…n]
```

6.2.4.4　禁用触发器

用户可以禁用、启用一个指定的触发器或一个表的所有触发器。当触发器被禁用后，该触发器定义仍存在于数据表上，只是不再执行触发器动作，直到触发器被重新启用才恢复。

（1）禁用对表的DML触发器。禁用和启用触发器的语法格式如下：

```
DISABLE | ENABLE TRIGGER ALL|触发器名称[,…n]ON 表名
```

其中：ENABLE|DISABLE 表示为启用或禁用触发器。默认值为ENABLE，触发器在创建之后就处于启用状态。禁用触发器后，在数据表上执行INSERT、UPDATE、DELETE时，触发器中的操作都不执行。ALL表示启用或禁用表中的所有触发器。

【例6-16】 禁用在数据库中Student表创建的触发器tr_delete1。

```
USE 教学管理
GO
DISABLE TRIGGER tr_delete1 ON Student
```

（2）禁用对数据库的DDL触发器。

```
DISABLE | ENABLE TRIGGER ALL|触发器名称[,…n] ON DATABASE
```

【例6-17】 禁用在例6-12教学管理数据库中创建的DDL触发器DenyDelete。

```
USE 教学管理
GO
DISABLE TRIGGER DenyDelete ON DATABASE
```

6.3 用户自定义函数

SQL Server不仅提供了系统函数，而且允许用户创建自定义函数。用户自定义函数是由一条或多条T-SQL语句组成的子程序，保存在数据库内，具有输入参数和返回值，可以频繁调用。SQL Server支持三种类型的用户自定义函数：标量函数、内嵌表值函数、多语句表值函数。

6.3.1 标量函数

标量函数类似于系统内置函数。函数的输入参数可以是所有标量数据类型，输出参数的类型可以是除了text、ntext、image、timestamp以外的任何数据类型，函数主体在BEGIN-END语句块中定义。

6.3.1.1 创建标量函数

创建标量函数的语句格式如下：

```
CREATE FUNCTION 函数名([@参数名 [AS] 参数数据类型 [ =default] [ ,…n ] ] )
RETURNS 返回值数据类型
[ AS ]
BEGIN
```

```
    --函数体
RETURN 函数返回值
END
```

【例 6-18】 创建名为 Fn_student_score 的自定义函数，用于计算某一学号的学生所选课程的平均成绩。

```
CREATE FUNCTION Fn_student_score( @ stuID char(8) )
RETURNS INT
AS
BEGIN
DECLARE @ AVG_score INT
SELECT  @ AVG_score = avg( score)
FROM ScoreReport
WHERE stuID = @ stuID
GROUP BY stuID
RETURN (@ AVG_score)
END
```

6.3.1.2 使用标量函数

使用标量函数时要指出函数所有者，即为函数加上所有者权限作为前缀。其语法格式：

```
[数据库名.]owner_name. 函数名([参数名][,…n])
```

【例 6-19】 使用例 6-18 中定义的函数查询学号为“42023110”的学生选课的平均成绩。

```
SELECT dbo. Fn_student_score ('42023110') AS '平均成绩'
```

也可以使用 EXECUTE 语句调用函数执行，但不如直接使用函数语句简单，使用 EXECUTE 方式调用时，函数所有者可省略。例 6-19 中若用 EXECUTE 语句调用函数，需将输出参数的值传给@ score 变量，然后再显示@ score 变量的值，代码如下：

```
DECLARE @ score int
EXEC @ score = Fn_student_score '42023110'
SELECT @ score AS '平均成绩'
```

6.3.2 内嵌表值函数

内嵌表值型函数的返回值是一个表，也就是一个结果集。这个结果集是由位于 RETURN 子句中的 SELECT 语句查询得到的。内嵌表值型函数没有由 BEGIN-END 语句括起来的函数体。由于视图不支持在 WHERE 子句中使用参数，所以内嵌表值型函数的功能相当于一个参数化的视图。

6.3.2.1 创建内嵌表值函数

使用 CREATE FUNCTION 创建内嵌表值函数，语法格式如下：

```
CREATE FUNCTION 函数名(@参数名[AS]参数类型[ =default][ ,…n ] )
RETURNS TABLE
[ AS ]
RETURN (SELECT 语句)  --定义返回值的单个 SELECT 语句
```

6.3.2.2 使用内嵌表值函数

使用内嵌表值函数时要指出函数所有者，即在函数名之前加上所有者权限。

```
语法格式:[数据库名.]所有者名称. 函数名([参数名][,…])
```

【例 6-20】 在教学管理数据库中创建名为 Fn_Course 的自定义函数，返回某一学号的学生所选课程的名称和成绩。

```
--创建函数
USE 教学管理
GO
CREATE FUNCTION Fn_Course(@stuID char(8))
RETURNS TABLE
AS
RETURN (SELECT ScoreReport.stuID,Coursename, score
FROM ScoreReport,Course
WHERE ScoreReport.courseID = Course.courseID and ScoreReport.stuID = @stuID)
--使用函数
```

可在 SELECT、UPDATE 或 DELETE 语句的 FROM 子句中调用表值函数。调用时，只需直接给出函数名即可。

在查询窗口运行以下语句来调用 Fn_Course 函数，可以查询学号为“42023110”的学生的选课和成绩情况。

```
SELECT * FROM dbo.Fn_Course('42023110')
```

结果如图 6-7 所示。

6.3.3 多语句表值函数

多语句表值函数的返回值是一个表。内嵌表值函数和多语句表值函数都返回表，二者不同之处在于：内嵌表值函数没有函数主体，返回的表是单个 SELECT 语句的结果集；而多语句表值函数在 BEGIN-END 块中定义的函数主体包含 T-SQL 语句，这些语句可生成记

	stuID	Coursename	score
1	42023110	机器学习	85
2	42023110	电子商务（双语）	92

图 6-7 使用 Fn_Course 函数的运行结果

录，并将记录插入至表中，最后返回表。由于视图只能包含单条 SELECT 语句，而多语句表值函数可包含多条 T-SQL 语句，可以进行多次查询，对数据进行多次筛选与合并，比内嵌表值函数和视图的功能更强。

使用 CREATE FUNCTION 创建内嵌表值函数的语法格式如下：

```
CREATE FUNCTION [所有者名称.] 函数名([@参数名[AS]参数数据类型[=default] [,…n]])
RETURNS @返回参数 TABLE (表结构定义)
  [AS]
BEGIN
    函数体
    RETURN
END
```

其中：

(1) TABLE：用来指定表值函数的返回值为一个表。在多语句表值函数中，@返回参数是 TABLE 变量，用于存储和汇总插入到返回表中的行。

(2) 表结构定义：用来定义表的各列、列级约束或表级约束。

(3) 函数体：指定一系列定义函数值的 T-SQL 语句，这些语句将填充 TABLE 变量。

【例 6-21】 在教学管理数据库中创建名为 Fn_Student 的自定义函数，根据某一课程名称，返回一个数据表，数据表的内容为选修该课程的学生信息。

```
--创建函数
CREATE FUNCTION Fn_Student (@courseName  varchar(20))
RETURNS  @Fn_Student  TABLE
(学生编号 char(8)  PRIMARY KEY NOT  NULL,
姓名 varchar(10)  NOT  NULL,
课程编号 varchar(10)  NOT  NULL,
课程名称 varchar(20)  NOT NULL,
成绩 int  NOT NULL
)
```

```
AS
BEGIN
  INSERT @ Fn_Student
  SELECT Student. stuID, Student. Name, Course. courseID, Course. courseName, score
  FROM Student INNER JOIN ScoreReport ON Student. stuID = ScoreReport. stuID
      INNER JOIN Course ON Course. courseID = ScoreReport. courseID
  WHERE Course. courseName = @ courseName
  RETURN
END
--使用函数
```

在查询窗口中运行以下语句来使用 Fn_ Student 函数，执行结果如图 6-8 所示。

```
SELECT * FROM dbo. Fn_Student('机器学习')
```

	学生编号	姓名	课程编号	课程名称	成绩
1	42023109	王红	4230038	机器学习	92
2	42023110	李军	4230038	机器学习	85

图 6-8 多语句表值函数 Fn_Student 的执行结果

6.3.4 修改和删除用户自定义函数

可以用 ALTER FUNCTION 语句修改用户自定义函数，其语法格式与 CREATE FUNCTION 语句相同。修改后的函数覆盖原来同名的函数。

删除用户自定义函数使用 DROP FUNCTION 语句，语法格式如下：

```
DROP FUNCTION[所有者名称]. 用户自定义函数名
```

说明：不能用 ALTER FUNCTION 修改函数类型，比如将标量函数更改为表值函数，或将内联表值函数更改为多语句表值函数。

6.3.5 使用 SSMS 创建和管理用户定义函数

除了直接用 T-SQL 语句创建用户定义函数外，还可以在 SSMS 中快速创建和管理用户自定义的函数，步骤如下。

在“对象资源管理器”中，依次打开“数据库”→数据库名（如“教学管理”）→“可编程性”→“函数”窗口，可以看到“表值函数”“标量值函数”“聚合函数”和“系统函数”四项，如图 6-9 所示。如果要创建标量函数，则右击“标量值函数”，在快捷菜单中选择“新建标量值函数”，会出现一个创建函数的窗口，此时会自动给出标量函数的语法框架，用户只要在此基础上进行代码的完善即可。

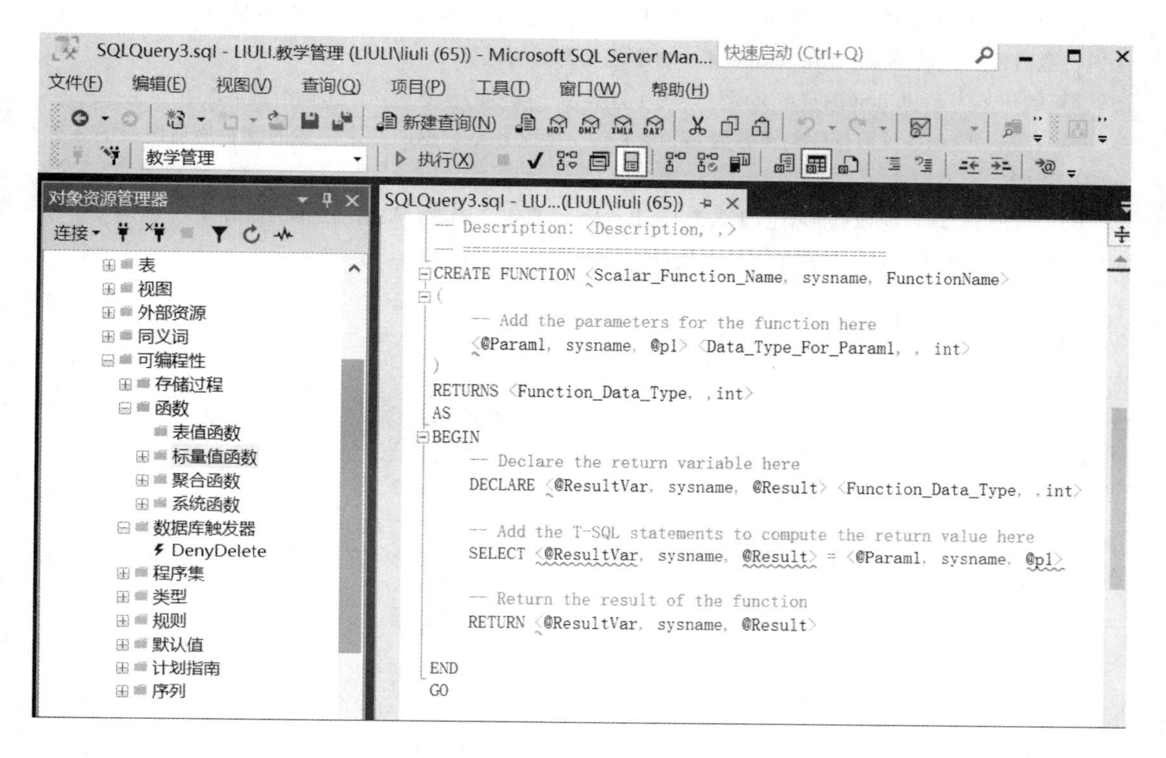

图 6-9　SSMS 中创建用户定义函数

修改或删除用户自定义函数，在相应类型函数下找到所定义的函数名，点击右键可见修改或删除选项，进行操作。

习　　题

（1）什么是存储过程，如何使用资源管理器和 T-SQL 语言创建存储过程？

（2）存储过程中如何输入参数和输出参数？

（3）什么是触发器，SQL Server 有几种类型触发器？

（4）举例说明触发器如何保证数据的一致性与正确性？

（5）SQL Server 支持哪些类型的用户定义函数，它们各有什么特点？

（6）编程题。以下题目用到的图书管理系统数据库的表结构为：

图书表 Book（BookNo，BookName，Author，PubDate，Price），属性为图书编号、图书名、作者、出版日期、价格；读者表 Reader（ReaderNo，ReaderName，ReaderBirth），属性为读者编号、姓名、出生日期；借阅表 Borrow（ReaderNo，BookNo，BorDate，RetDate），属性为读者编号、图书编号、借阅日期、归还日期。

1）在图书管理系统数据库中创建并执行存储过程 proc_reader，查询读者姓名及其出生日期。

2）创建一个带有输入和输出参数的存储过程 proc_booknumber，查询某一编号的读者所借图书的册数。

3）在图书管理系统数据库的 Reader 表和 Borrow 表之间具有参照关系，要求当删除 Reader 表中的记录时，激活触发器 tr_Delete，在 Borrow 表中也删除相匹配的记录行。

4）创建名为 Fn_Count 的自定义函数，用于计算某一编号的读者所借图书的册数。

5）在图书管理系统数据库创建名为 Fn_Book 的自定义函数，返回指定编号的读者所借图书的名称和归还日期。

6）在图书管理系统数据库中创建名为 Fn_Reader 的自定义函数，根据指定的图书名称，返回一个数据表，数据表的内容为借阅该图书的读者信息。

7 数据库的安全性管理

数据库系统在工作生活中的应用越来越广泛，安全性对于任何一个数据库管理系统来说都是至关重要的。本章将详细介绍 SQL Server 2019 的安全机制、身份验证方式、登录账户的管理、用户、角色，以及用户权限的配置等内容。

7.1 数据库安全概述

对于一个数据库而言，数据库系统的安全性保护措施是否有效是 DBMS 主要的性能指标之一。SQL Server 2019 使用身份认证、数据库用户权限设定等措施来保护数据库中数据的安全性。

7.1.1 数据库安全保护措施

从数据库用户的角度来看，DBMS 提供的数据库安全性保护措施通常包括用户身份认证、存取权限控制、视图机制以及审计的方法。

7.1.1.1 用户身份认证

用户身份认证是 DBMS 系统提供的最外层安全保护措施。由于数据库是由 DBMS 统一管理的共享数据集合，因此，一个用户如果要访问某个数据库，必须首先登录到 DBMS，系统鉴别其是否为合法用户。其方法是由 DBMS 提供一定的方式让用户提供用户名来标识自己的身份，系统内部记录着所有合法用户的用户名和口令，每次用户要求进入系统时，系统都要求用户输入自己的用户名和口令，并将其与系统内部记录的合法用户名和口令进行核对，只有通过鉴定的合法用户才能登录到 DBMS。

DBMS 提供了一定的工具和命令，让 DBA 创建和定义合法用户，并对每个合法用户赋予一定的角色，例如，可以创建数据库的角色，可以管理注册安全的角色等。

7.1.1.2 存取权限控制

存取权限控制是 DBMS 提供的内部安全性保护措施。当一个用户登录到 DBMS 后，该用户可以使用数据库中哪些数据库对象，对可以使用的对象能够执行什么类型的操作等问题，就是存取权限控制问题。

由于数据库是一个面向企业或部门所有应用的共享数据集合，当用户被允许使用数据库后，不同的用户对数据库中数据的操作范围一般是不同的，对数据的操作权限也不同。例如，在一个高校的信息管理系统中，财务部门无权访问人事部门的有关数据，同样人事部门一般也无权访问财务部门的数据。此外，财务部门的数据只有财务部门的人能够修改，而其他相关部门只能查询其有关数据，无权修改这些数据。

因此，一般商品化 DBMS 都提供了一定工具和命令来定义每个用户的存取权限（称为授权），以防止各种非法修改和使用，确保数据的安全性。用户权限由两个要素组成：

数据库对象和操作类型。数据库对象权限规定了用户使用数据库中对象的范围；操作类型权限规定了用户在可使用数据库对象上能执行的操作。对于一个通过验证登录到 DBMS 的合法用户，系统只允许其使用有权使用的对象，执行其存取权限内的操作。也就是说，即使一个用户被允许使用数据库中的某个对象，如表、视图等，该用户也只能对该对象执行授权的操作。

7.1.1.3　视图机制

在关系数据库系统中，可以为不同的用户定义不同的视图，把数据库对象限制在一定范围内，也就是说，通过视图机制把要保密的数据对无权存取这些数据的用户隐藏起来，从而自动地对数据提供一定程度的安全保护。当然，视图机制最主要的功能是保证应用程序的数据独立性，其安全保护功能远不能达到实际应用的要求。在一个实际的数据库应用系统中，通常是视图机制与授权机制配合使用，首先用视图机制屏蔽掉一些保密数据，然后在视图上面再进一步定义其存取权限。

7.1.1.4　审计

前面所介绍的数据库安全性保护措施是预防性措施，防止非法用户进入 DBMS 并从数据库系统中窃取或破坏保密的数据。

跟踪审计是一种事后监视的安全性保护措施，能够跟踪数据库的访问活动，以发现数据库的非法访问，达到安全防范的目的。DBMS 的跟踪程序可对某些保密数据进行跟踪监测，并记录有关这些数据的访问活动。当发现潜在的不安全事件时（如重复的、相似的查询等），DBMS 就会发出警报信息或根据跟踪记录信息进行事后分析和调查。

7.1.2　SQL Server 的安全体系结构

SQL Server 2019 的安全性管理建立在身份验证和访问许可两种机制上。身份验证是验证用户是否具有连接到 SQL Server 数据库服务器的权限。访问许可包括用户对数据库的访问权和对数据库中的数据或对象的操作权。

SQL Server 2019 提供以下四层安全控制：

（1）操作系统的安全。Windows 网络管理员负责建立用户组，设置账号并注册，同时决定不同的用户对不同系统资源的访问级别。用户只有拥有了一个有效的 Windows 系统登录账号才能对网络系统资源进行访问。

（2）SQL Server 的运行安全。SQL Server 通过登录账号设置来保证其运行的安全。用户只有登录成功，才能与 SQL Server 建立一次连接。

（3）SQL Server 数据库的安全。SQL Server 数据库都有自己的用户和角色，该数据库只能由它的用户或角色访问，其他用户无权访问。数据库系统可以通过创建和管理特定数据库的用户和角色来保证数据库不被非法用户访问。

（4）SQL Server 数据库对象的安全。SQL Server 可以对数据库对象权限进行管理，保证合法用户即使进入了数据库也不能有超越权限的数据存取操作，即合法用户必须在自己的权限范围内进行数据操作。

7.1.3　SQL Server 的身份验证模式

身份验证是确定登录 SQL Server 的用户的登录账户和密码是否正确，以此来验证其是否具有连接 SQL Server 的权限。SQL Server 2019 提供了两种身份验证模式：Windows 身份验证模式和混合身份验证模式。

7.1.3.1　Windows 身份验证模式

Windows 身份验证模式允许 Windows 用户连接到 SQL Server。该模式使用 Windows 操作系统的安全机制验证用户身份，只要用户能够通过 Windows 用户账户验证，即可连接到 SQL Server。用户登录 Windows 后，再登录到 SQL Server 时，只需选择 Windows 身份验证模式即可，不需要再提供 SQL Server 登录账户和密码，从而实现 SQL Server 服务器与 Windows 登录的安全集成。

7.1.3.2　混合身份验证模式

混合身份验证模式表示 SQL Server 接受 Windows 授权用户和 SQL 授权用户。在该模式下，Windows 身份验证和 SQL Server 验证两种模式都可用。如果在混合模式下选择使用 SQL 授权用户登录 SQL Server，则用户必须提供 SQL Server 登录账户和密码，SQL Server 验证登录账户的存在性和密码的匹配性。该登录账户独立于操作系统的登录账户，从而可以在一定程度上避免操作系统层上对数据库的非法访问。

7.1.3.3　身份验证模式的设置

在 SSMS“对象资源管理器”窗口，右击当前服务器名称，在弹出的快捷菜单中，选择“属性”命令，打开“服务器属性”对话框，在左侧的选项卡列表框中，选择“安全性”选项卡，展开安全性选项内容，如图 7-1 所示，在此选项卡中即可设置身份验证模式。

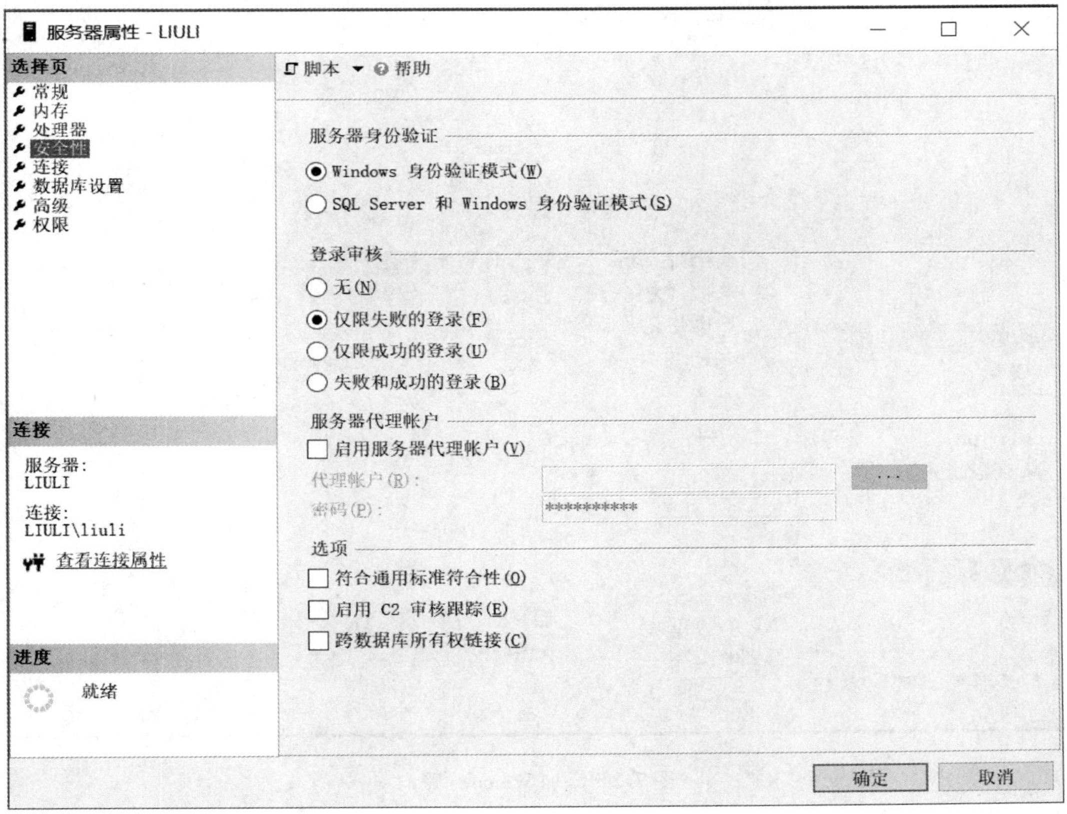

图 7-1　身份验证模式的设置

7.2　登录账户管理

7.2.1　创建登录账户

SQL Server 2019 中有两类登录账户。一类是用于 SQL Server 身份验证的登录账户；另一类是登录到 SQL Server 的 Windows 系统的用户或用户组账户。创建登录账户的方法有两种：一种是从 Windows 用户或组中创建登录账户，然后将 Windows 账户添加到 SQL Server 中；一种是创建新的 SQL Server 登录账户。创建登录账户的步骤如下。

进入 SSMS 打开“对象资源管理器”窗口，选择要访问的服务器（先建立连接），展开“安全性”节点，右键单击“登录”项，在弹出菜单中选择“新建登录”项，打开“SQL Server 登录属性”对话框，如图 7-2 所示。

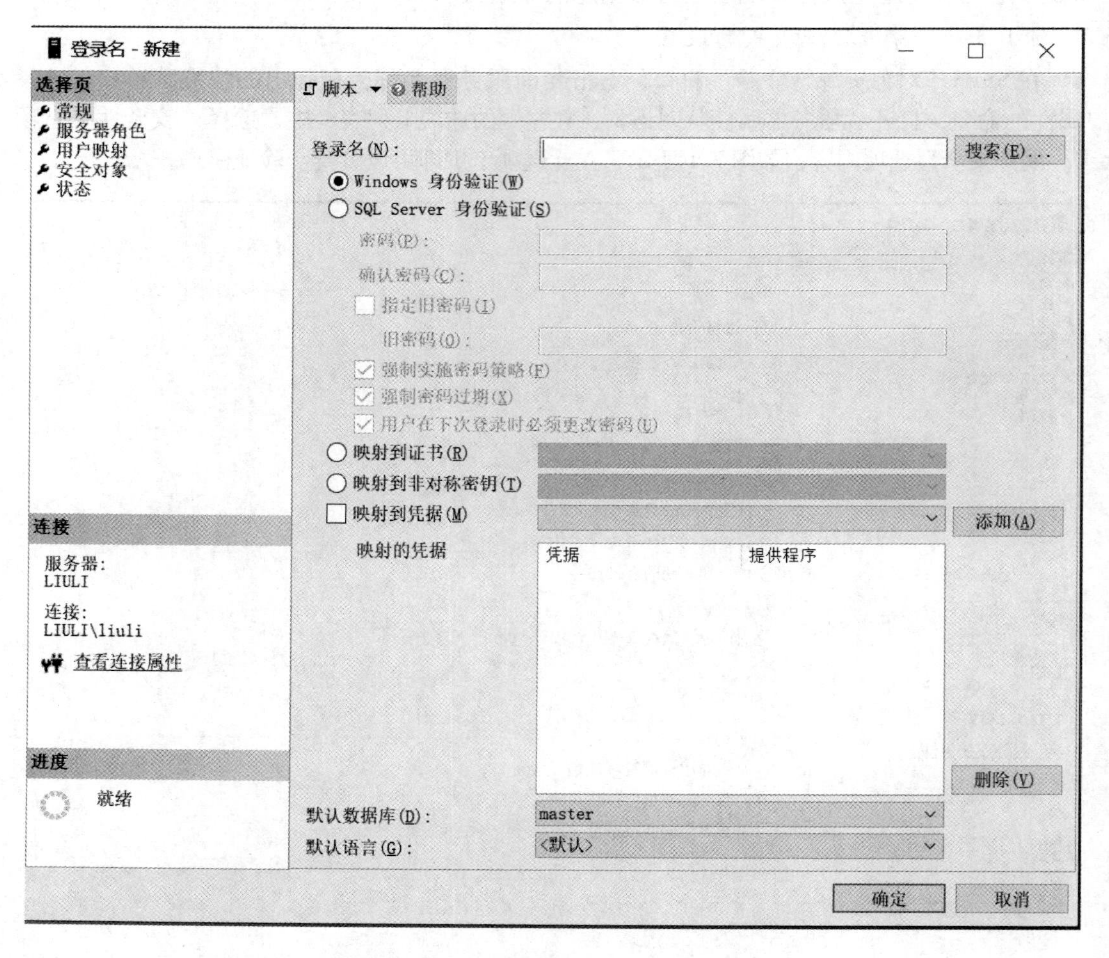

图 7-2　添加 Windows 账户

（1）在“选择页”中的“常规”项中，在右侧“登录名”栏如果选择“Windows 身份验证”按钮，则要把 Windows 账户添加到 SQL Server 中，单击“登录名”输入框旁的“搜索”按钮，出现“选择用户或组”对话框。将已存在的 Windows 账户添加到 SQL Server 中即可。

（2）如果用户使用 SQL Server 身份验证连接 SQL Server 服务，则在“登录名”栏中，输入 SQL Server 登录的名称，例如“Test”，并选择“SQL Server 身份验证”按钮，在“密码”框中输入密码，在“确认密码”对话框输入确认新密码，强制实施密码策略，取消强制密码过期，指定该登录账户默认数据库（例如“教学管理”数据库），如图 7-3 所示，单击“确定”完成操作。

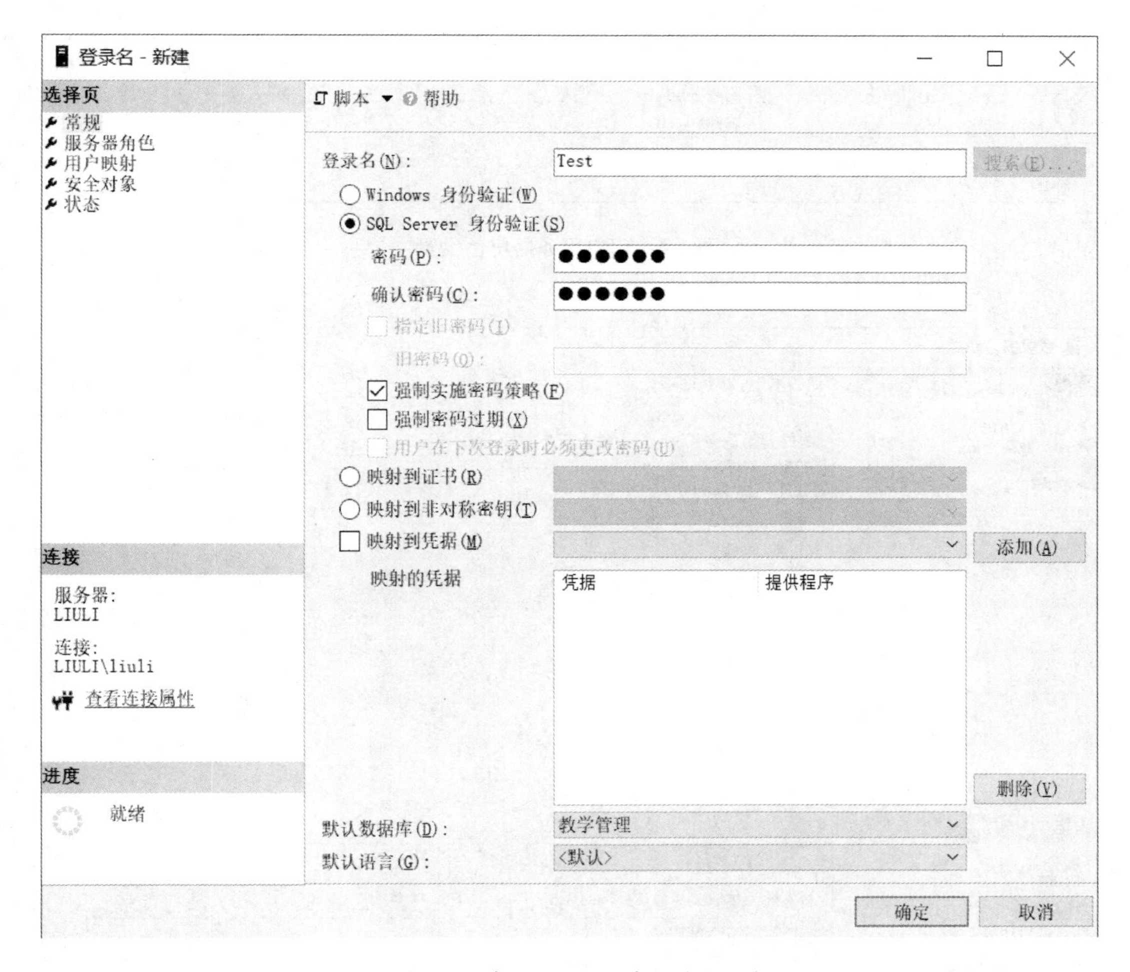

图 7-3　新建 SQL Server 身份认证用户

（3）选择“选择页”中的“服务器角色”项，出现服务器角色设定页面，可以为此登录名设置服务器角色，如图 7-4 所示，服务器角色类型及含义见 7.4 节表 7-1。

（4）点击“选择页”中的“用户映射”项，可以为新建的登录账户添加一个映射到此登录名的用户（自动映射的用户名和登录名相同，如“Test”），并添加数据库角色，赋予该用户获得数据库相应角色对应的数据库权限，如图 7-5 所示。单击“确定”按钮完成 SQL Server 登录账户的创建。

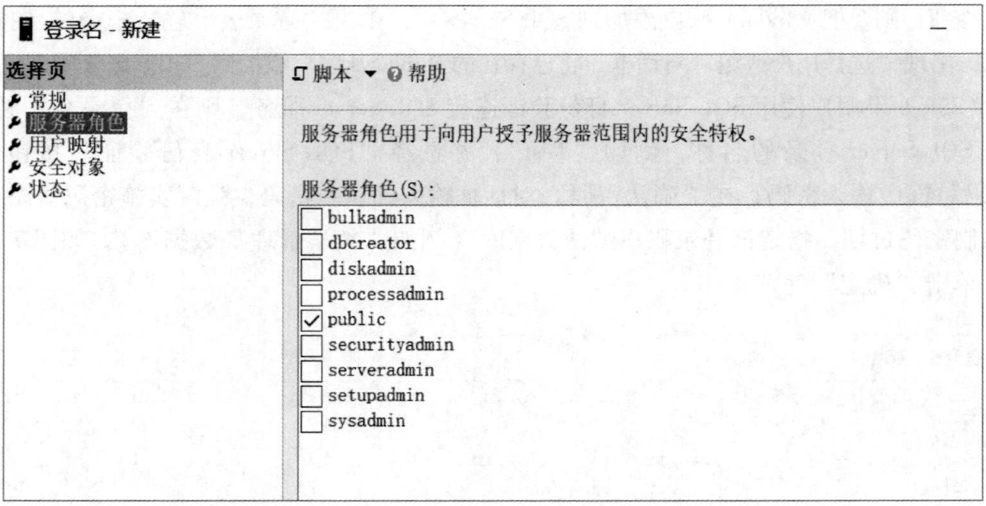

登录名 - 新建

选择页

常规
服务器角色
用户映射
安全对象
状态

脚本 帮助

服务器角色用于向用户授予服务器范围内的安全特权。

服务器角色(S):

- [ ] bulkadmin
- [ ] dbcreator
- [ ] diskadmin
- [ ] processadmin
- [x] public
- [ ] securityadmin
- [ ] serveradmin
- [ ] setupadmin
- [ ] sysadmin

图 7-4　用户服务器角色设置

登录名 - 新建

选择页

常规
服务器角色
用户映射
安全对象
状态

脚本 帮助

映射到此登录名的用户(D):

映射	数据库	用户	默认架构
☑	master	Test	
☐	model		
☐	msdb		
☐	tempdb		
☑	教学管理	Test	

☑ 已为 master 启用 Guest 帐户

数据库角色成员身份(R): master

- [ ] db_accessadmin
- [ ] db_backupoperator
- [ ] db_datareader
- [ ] db_datawriter
- [ ] db_ddladmin
- [ ] db_denydatareader
- [ ] db_denydatawriter
- [x] db_owner
- [ ] db_securityadmin
- [x] public

连接

服务器:
LIULI

连接:
LIULI\liuli

查看连接属性

进度

就绪

确定 取消

图 7-5　用户数据库角色设置

也可以使用系统存储过程 sp_addlongin 创建登录账户，sp_addlogin 语法格式如下：

```
sp_addlogin [ @ loginame = ] ' login'
[ , [ @ passwd = ] ' password' ]
[ , [ @ defdb = ] ' database' ]
```

【例 7-1】 使用系统存储过程 sp_addlongin 创建登录，新登录名为“Test1”，密码为“123”，默认数据库为“教学管理”。

```
EXEC sp_addlogin 'Test1','123','教学管理'
```

7.2.2 修改或删除登录账户

7.2.2.1 修改登录账户

修改登录账户的存储过程包括修改密码 sp_password，修改默认数据库 sp_defaultdb。

sp_password 语法格式为：

```
sp_password [ [ @ old = ] 'old_password' ,] [ @ new = ] 'new_password' [ , [ @ loginame
= ] 'login' ]
```

sp_defaultdb 的语法格式为：

```
sp_defaultdb [ @ logname = ] ' login', [ @ defdb = ] 'databases'
```

【例 7-2】 将登录名为“Test1”的密码改为“111”，默认数据库改为“pubs”。

```
EXEC sp_password '123','111', 'test1'
EXEC sp_defaultdb 'test1', 'master'
```

7.2.2.2 删除登录账户

（1）通过 SSMS“对象资源管理器”窗口删除登录账户。打开 SSMS“对象资源管理器”窗口，选择指定服务器，打开“安全性”文件夹，单击“登录”，在详细列表中鼠标右键单击要删除的登录账户，确定删除。

（2）使用 T-SQL 语句删除登录账户。用存储过程 sp_revokelogin 删除 Windows 用户或组，其语法格式为：

```
sp_revokelogin [ @ loginame = ]'login'
```

其中，[@ loginame =] 'login' 为 Windows 用户或组的名称。

用存储过程 sp_droplogin 删除 SQL Server 登录账户，其语法格式为：

```
sp_droplogin [ @ loginame = ] ' login'
```

【例 7-3】 使用系统存储过程 sp_droplogin 删除 SQL Server 登录账户“Test1”。

```
EXEC sp_droplogin 'Test1'
```

7.3 数据库用户的管理

通过身份认证只表示用户能够连接 SQL Server 的服务器，如果用户要访问 SQL Server 中的数据，还必须获取访问数据库的权限。

登录账户只有成为某一数据库用户（或数据库角色）后才能访问该数据库，同时数据库用户必须是登录账户。在 SQL Server 的数据库中，对象的全部权限均由用户账户控制。

每个数据库的用户信息都存放在系统表 sysusers 中，通过查看该表可以看到当前数据库所有用户的情况。创建数据库的用户称为数据库所有者（dbo），dbo 具有该数据库的所有权限。在每一个 SQL Server 数据库中，至少有一个名称为“dbo”的用户。系统管理员 sa 是他所管理系统的所有数据库的 dbo 用户。

7.3.1 创建数据库用户

创建数据库用户有两种方法。一种方法是在创建登录账户时，指定其作为数据库用户的身份，另一种方法是单独创建数据库用户。

7.3.1.1 创建登录账户的同时指定其访问的数据库

创建登录账户时指定登录账户作为数据库用户的身份。例如，在图 7-5 新建登录账户对话框中，点击“选择页”中的“用户映射”项，可以为新建的登录账户添加一个映射到此登录名的用户（自动映射的用户名和登录名相同，如“Test”），并添加数据库角色，指定此登录可以访问的数据库（如“master”和“教学管理”），赋予该用户获得数据库相应角色对应的数据库权限，登录用户“Test”就成为数据库“master”和“教学管理”的用户。

7.3.1.2 单独创建数据库用户

单独创建数据库用户方法适于在创建登录账户时没有指定数据库访问用户的情况。

（1）使用 SSMS“对象资源管理器”创建数据库用户。在“对象资源管理器”中，点击要建立连接的服务器，选定需要增加用户的数据库（例如“教学管理”），然后展开“安全性”节点，右击“用户”文件夹，在弹出的快捷菜单中选择“新建用户”命令。会出现新建用户界面，在“用户名”的文本框中键入用户名（用户名与登录名可以不同），单击“登录名”右侧的按钮，打开“选择登录名”对话框，然后单击“浏览”按钮，打开“查找对象”对话框，选择上一节创建的 SQL Server 登录账户“Test”为登录名，如图 7-6 所示。在此窗口中，继续选择默认架构和数据库角色（本例选择 dbo 架构以及 db_owner 角色），如图 7-7 所示，单击“确定”按钮，创建用户结束。创建成功后，刷新“用户”，可以在用户列表中看到新建的用户，并且可以使用该用户关联的登录名“Test”进行登录，就可以访问“教学管理”数据库的所有内容。

图 7-6　创建数据库用户—选择登录名

（2）使用系统存储过程创建数据库用户。SQL Server 使用系统存储过程 sp_grantdbaccess 为数据库添加用户，其语法格式如下：

```
sp_grantdbaccess [@loginame =] 'login', [@name_in_db =] 'name_in_db'
```

【例 7-4】 使用系统存储过程在“教学管理”数据库中增加用户“Test”。

```
Use 教学管理
Go
EXEC sp_grantdbaccess 'Test'
```

注：在数据库中增加用户，该用户必须已经是登录账户。

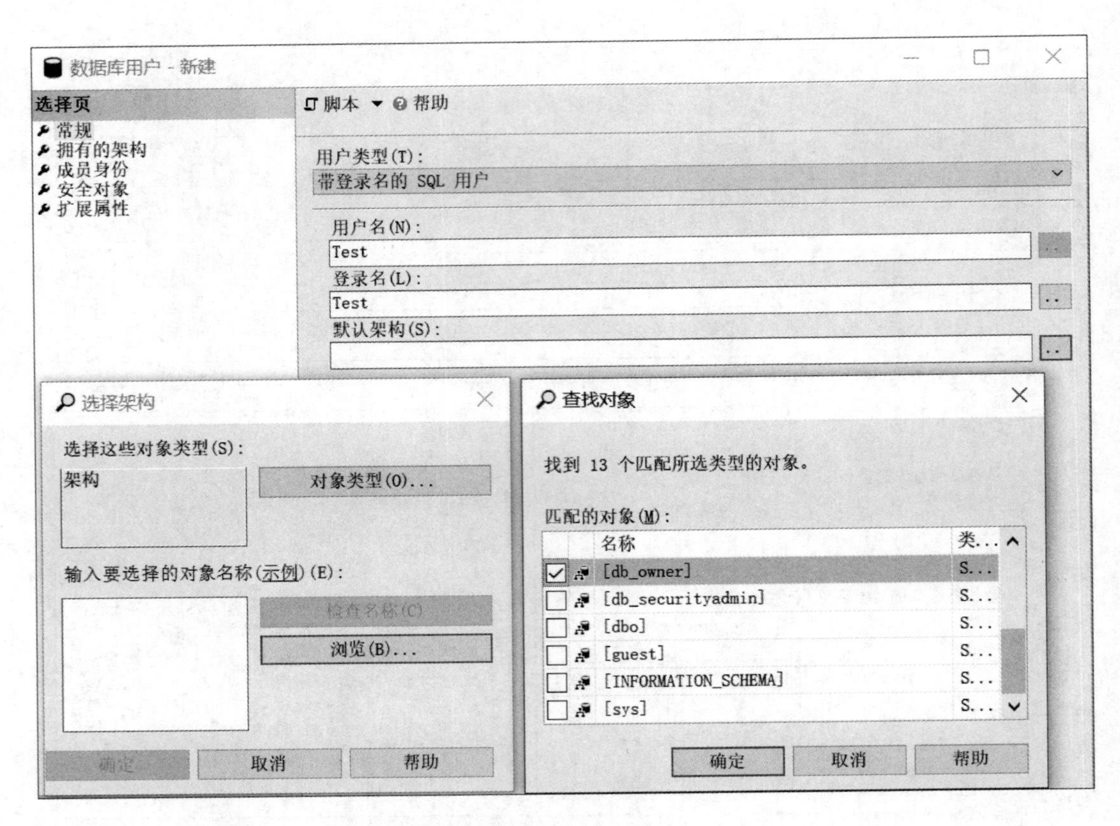

图 7-7 创建数据库用户—指定数据库角色

7.3.2 修改或删除用户

7.3.2.1 使用 SSMS 中“对象资源管理器”创建数据库用户

进入 SSMS“对象资源管理器”，打开指定数据库，单击“用户”文件夹，在出现的显示用户名的窗口中，右击需要操作的用户，选择“属性”命令，出现该用户的角色和权限窗口，如图 7-8 所示，可对该用户已设定的权限和角色进行重新修改；选择“删除”便可删除该数据库用户。

7.3.2.2 使用系统存储过程删除数据库用户

sp_revokedbaccess 用于删除数据库用户，其语法格式为：

```
sp_revokedbaccess [@name_in_db = ]'name'
```

【例 7-5】 使用系统存储过程删除“教学管理”数据库中的用户“Test”。

```
USE 教学管理
Go
EXEC sp_revokedbaccess 'Test'
```

图 7-8　修改数据库用户

7.4　数据库角色的管理

在 SQL Server 2019 中可以把某些用户设置成某一角色，这些用户称为该角色的成员。当对该角色进行权限设置时，其成员自动继承该角色的权限。这样，只要对角色进行权限管理就可以实现对属于该角色的所有成员的权限管理。

7.4.1　SQL Server 角色的类型

SQL Server 中有两种角色，即服务器角色和数据库角色。数据库角色又分为固定数据库角色和用户定义数据库角色。

7.4.1.1　服务器角色

服务器角色是对服务器级用户即登录账户而言的，是指在登录时授予该登录账户对当前服务器范围内的权限。这类角色可以在服务器上进行相应的管理操作，服务器角色独立于各个数据库，具有固定的权限。固定服务器角色的信息存储在“Master”数据库的Sysxlogins系统表中。SQL Server提供了九种固定服务器角色，见表7-1。

表7-1 固定服务器角色

角 色	描 述
sysadmin	系统管理员，可以在SQL Server服务器中执行任何操作
serveradmin	服务器管理员，具有对服务器设置和关闭的权限
setupadmin	可管理扩展的系统存储过程
securityadmin	安全管理员，管理服务器的登录
processadmin	进程管理员，管理在SQL Server服务器中运行的进程
dbcreator	数据库创建者，可创建、更改和删除数据库
diskadmin	管理系统磁盘文件
bulkadmin	可执行大容量插入操作
public	SQL Server中每个数据库用户都属于public数据库角色。当未对某个用户授予时，该用户将继承授予该安全对象的public角色的权限

7.4.1.2 固定数据库角色

固定数据库角色是指角色所具有的管理、访问数据库权限已被SQL Server定义，并且SQL Server管理者不能对其所具有的权限进行任何修改。固定数据库角色的信息存储在Sysusers系统表中。SQL Server提供了十种固定数据库角色，见表7-2。

表7-2 固定数据库角色

角 色	描 述
public	维护默认的许可，每个数据库用户都是public角色成员
db_owner	数据库的所有者，执行数据库中的任何操作
db_accessadmin	数据库访问权限管理者，可以增加或删除数据库用户、组和角色
db_addladmin	增加、修改或删除数据库对象
db_securityadmin	管理角色和数据库角色成员、对象所有权、语句执行权限、数据库访问权限
db_backupoperator	执行备份和恢复数据库权限
db_datareader	能对数据库中任何表执行SELECT操作
db_datawriter	增加、修改和删除数据库中任何表中的数据
db_denydatareader	不能读取数据库中任何表的内容
db_denydatawriter	不能对任何表进行增、删、修改操作

7.4.1.3 用户定义数据库角色

当某些数据库用户需要被设置为相同的权限，但是这些权限不同于固定数据库角色所具有的权限时，就可以定义新的数据库角色来满足这一要求，从而使这些用户能够在数据库中实现某一特定功能。

用户定义数据库角色的优点是：SQL Server 数据库角色可以包含 Windows 用户组或用户；同一数据库的用户可以具有多个不同的用户定义角色，这种角色的组合是自由的，而不仅仅是 public 与其他一种角色的结合；角色可以进行嵌套，从而在数据库中实现不同级别的安全性。

7.4.2 固定服务器角色管理

不能对固定服务器角色进行添加、删除或修改等操作，可以将登录账户添加为固定服务器角色的成员。固定服务器角色的任何成员都可以将其他的登录账户增加到该服务器角色中。

7.4.2.1 在 SSMS“对象资源管理器”中添加固定服务器角色成员

打开 SSMS，在“对象资源管理器”中，登录服务器后，展开“安全性”文件夹，单击“服务器角色”文件夹，可以看到所有服务器角色的列表，如图 7-9 所示。

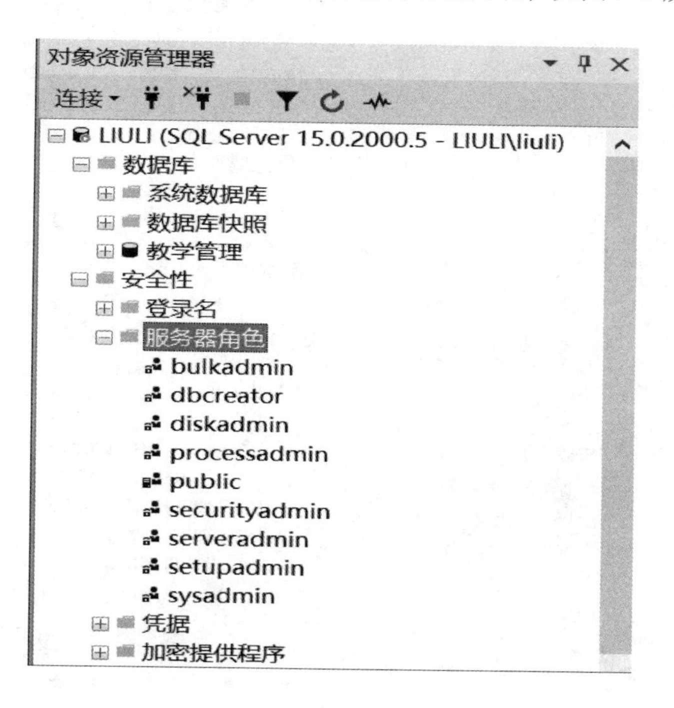

图 7-9 固定服务器角色

选择拟添加登录名的服务器角色，鼠标右键单击，在弹出的菜单中选择“属性”选项，出现“服务器角色属性”对话框，如图 7-10 所示为 dbcreator 服务器角色的属性。然后单击“添加”按钮，打开“选择登录名”窗口，单击“浏览”按钮，打开“查找对象”对话框，如图 7-11 所示，选择拟添加的登录名（如“Test”），单击确定，之后在“服务器角色属性”的角色成员中出现“Test”，单击“确定”按钮，这样“Test”登录账户就作为该角色的成员。

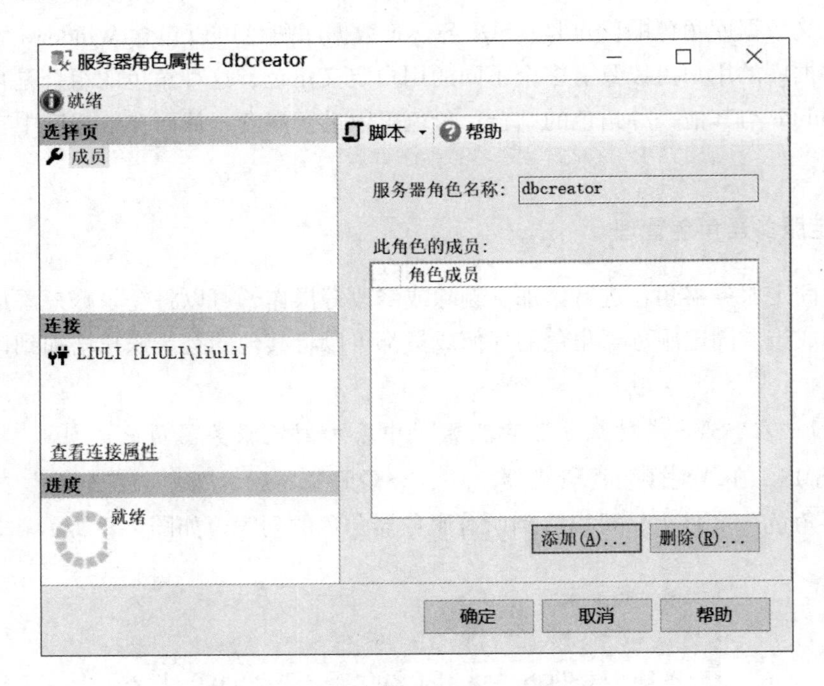

图 7-10　服务器角色属性

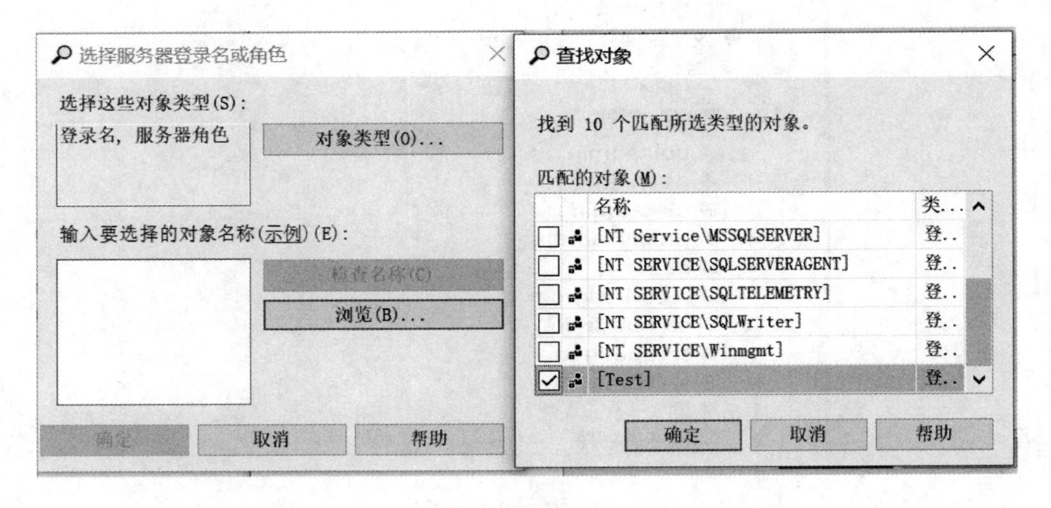

图 7-11　添加服务器角色成员

在“服务器角色属性”对话框中，可以添加某些登录账户作为该角色的成员，可以将某一登录账户从该角色的成员中删除。也可以在创建登录账户时，或者通过修改登录账户的属性来完成固定服务器角色成员的添加，详细过程见7.2节。

7.4.2.2 用存储过程添加、删除和查看固定服务器角色成员

（1）添加固定服务器角色成员。sp_addsrvrolemember 用于添加固定服务器角色成员，其语法格式为：

```
sp_addsrvrolemember [@loginname = ] 'login', [@rolename = ] 'role'
```

【例7-6】 将登录账户“Test”添加为固定服务器角色 dbcreator 的成员。

```
EXEC sp_addsrvrolemember 'Test','dbcreator'
```

（2）删除固定服务器角色成员。sp_dropsrvrolemember 用于删除固定服务器角色成员，其语法格式为：

```
sp_dropsrvrolemember [@loginname = ] 'login', [@rolename = ] 'role'
```

【例7-7】 使用系统存储过程从固定服务器角色 dbcreator 中删除登录账户“Test”。

```
EXEC sp_dropsrvrolemember 'Test','dbcreator'
```

（3）查看固定服务器角色信息。使用 sp_helpsrvrole、sp_helpsrvrolemember 可查看固定服务器角色及其成员的信息。查看固定服务器角色 sp_helpsrvrole 的语法格式为：

```
sp_helpsrvrole [[@srvrolename = ] 'role']
```

[@srvrolename =] 'role' 为固定服务器角色名称。

查看固定服务器角色成员 sp_helpsrvrolemember 的语法格式为：

```
sp_helpsrvrolemember [[@srvrolename = ] 'role']
```

7.4.3 数据库角色管理

在一个服务器上可以创建多个数据库。数据库角色对应于每个数据库。数据库的角色分为固定数据库角色和用户定义的数据库角色。固定数据库角色是在数据库级别定义的，并且存在于每个数据库中。db_owner 和 db_securityadmin 数据库角色的成员可以管理固定数据库角色成员身份。但是，只有 db_owner 数据库角色的成员能够向 db_owner 固定数据库角色中添加成员。SQL Server 允许用户自己定义数据库角色，称为用户定义的数据库角色。

7.4.3.1 固定数据库角色管理

（1）在 SSMS“对象资源管理器”中添加固定数据库角色成员。打开 SSMS，在“对象资源管理器”中，登录服务器后，依次展开“数据库”→打开指定的数据库（例如“教学管理”）→“安全性”→“角色”→“数据库角色”，可以看到所有固定数据库角色的列表，如图7-12所示。

选择拟添加用户的数据库角色（例如 db_owner），鼠标右键单击，在弹出的菜单中选

择“属性”选项，出现“数据库角色属性”对话框，如图7-13所示为db_owner数据库角色的属性。然后单击“添加”按钮，打开“选择数据库用户或角色”窗口，单击“浏览”按钮，打开“查找对象”对话框，如图7-14所示，选择拟添加的登录名（如“Test”），单击确定，之后在“数据库角色属性”的角色成员中出现“Test”，单击“确定”按钮，这样“Test”用户就成为该角色的成员了。

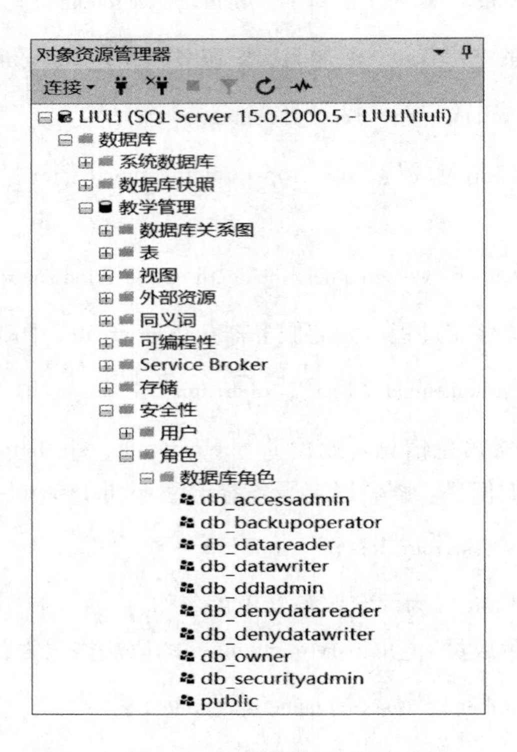

图7-12　固定数据库角色

（2）用系统存储过程管理数据库角色成员。

1）添加数据库角色成员。使用系统存储过程sp_addrolemember向数据库角色中添加成员，其语法格式为：

```
sp_addrolemember [@rolename =] 'role', [@membername =] 'security_account'
```

【例7-8】　向数据库“教学管理”添加用户“Test”，并指定其为db_owner角色成员。

```
USE 教学管理
EXEC sp_addrolemember 'db_owner', 'Test'
```

2）删除数据库角色成员。使用sp_droprolemember删除当前数据库角色中的成员，其语法格式为：

```
sp_droprolemember [@rolename =] 'role', [@membername =] 'security_account'
```

数据库角色属性 - db_owner

选择页
常规
扩展属性

脚本 ▾ 帮助

角色名称(N): db_owner
所有者(O): dbo
此角色拥有的架构(S):
拥有的架构
sys
db_owner
db_backupoperator
db_ddladmin
db_denydatareader

此角色的成员(M):
角色成员
dbo

连接
服务器:
LIULI
连接:
LIULI\liuli
查看连接属性

进度
就绪

添加(D)... 删除(E)
确定 取消

图 7-13 数据库角色属性

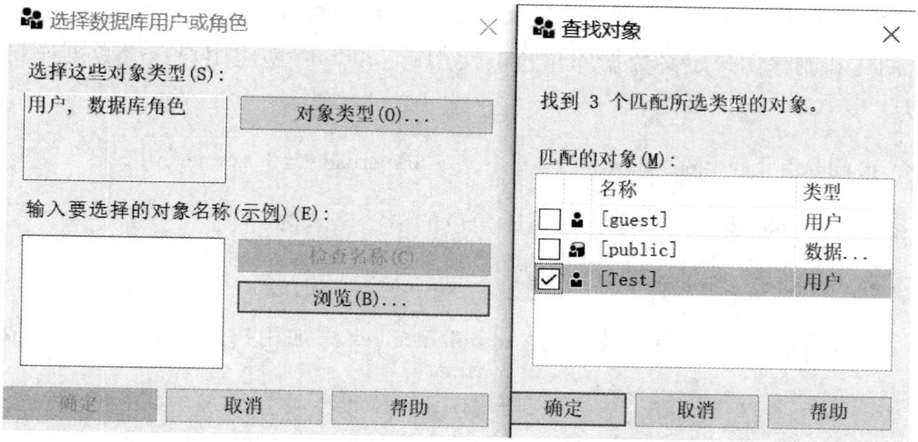

选择数据库用户或角色
选择这些对象类型(S):
用户，数据库角色
对象类型(O)...
输入要选择的对象名称(示例)(E):
检查名称(C)
浏览(B)...
确定 取消 帮助

查找对象
找到 3 个匹配所选类型的对象。
匹配的对象(M):

		名称	类型
☐		[guest]	用户
☐		[public]	数据...
☑		[Test]	用户

确定 取消 帮助

图 7-14 添加数据库角色成员

【例 7-9】 删除数据库角色 db_owner 中的用户“Test”。

```
EXEC sp_droprolemember ‘db_owner’, ‘Test’
```

3）查看数据库角色及其成员信息。查看数据库角色及其成员的信息可以使用系统存储过程 sp_helpdbfixedrole，sp_helprole 和 sp_helpuser。

sp_helpdbfixedrole 的语法格式为：

```
sp_helpdbfixedrole [ [@ rolename = ] ‘role’ ]
```

sp_helprole 的语法格式为：

```
sp_helprole [ [ @ rolename = ] ‘role’ ]
```

sp_helpuser 的语法格式为：

```
sp_helpuser [ [ @ name_in_db = ] ‘security_account’ ]
```

7.4.3.2 用户定义数据库角色管理

在许多情况下，固定数据库角色不能满足要求，需要用户自定义数据库新角色。

（1）在 SSMS“对象资源管理器”中创建用户定义数据库角色。可以使用 SSMS 图形界面工具来创建新角色，完成如下步骤：创建新的数据库角色、分配权限给创建的角色、在这个角色中添加成员用户。具体操作如下。

在 SSMS“对象资源管理器”中，依次展开指定的数据库（例如“教学管理”）→“安全性”→“角色”，右键单击“数据库角色”，在弹出的菜单中选择“新建数据库角色”命令，则出现新建数据库角色对话框如图 7-15 所示，在“常规”页面中，添加角色名称（例如“role01”）和所有者（如“dbo”），选择所拥有的架构（如“db_owner”），也可以单击“添加”按钮为新角色添加用户（如“Test”）。

对用户定义的数据库角色，可以设置或修改其权限，详见 7.5 节。

（2）使用系统存储过程实现用户定义数据库角色的管理。

1）创建和删除用户定义数据库角色。使用 sp_addrole 创建用户定义数据库角色的语法格式为：

```
sp_addrole [@ rolename = ] ‘role’ [ , [@ ownername = ] ‘owner’ ]
```

使用 sp_droprole 删除用户定义数据库角色的语法格式为：

```
sp_droprole [@ rolename = ] ‘role’
```

2）添加和删除角色成员。使用 sp_addrolemember 添加用户定义数据库角色成员的语法格式为：

```
sp_addrolemember [@ rolename = ] ‘role’, [@ membername = ] ‘security_account’
```

使用 sp_droprolemember 删除当前数据库角色中的成员，其语法格式为：

sp_droprolemember [@ rolename =] ‘role’, [@ membername =] ‘security_account’

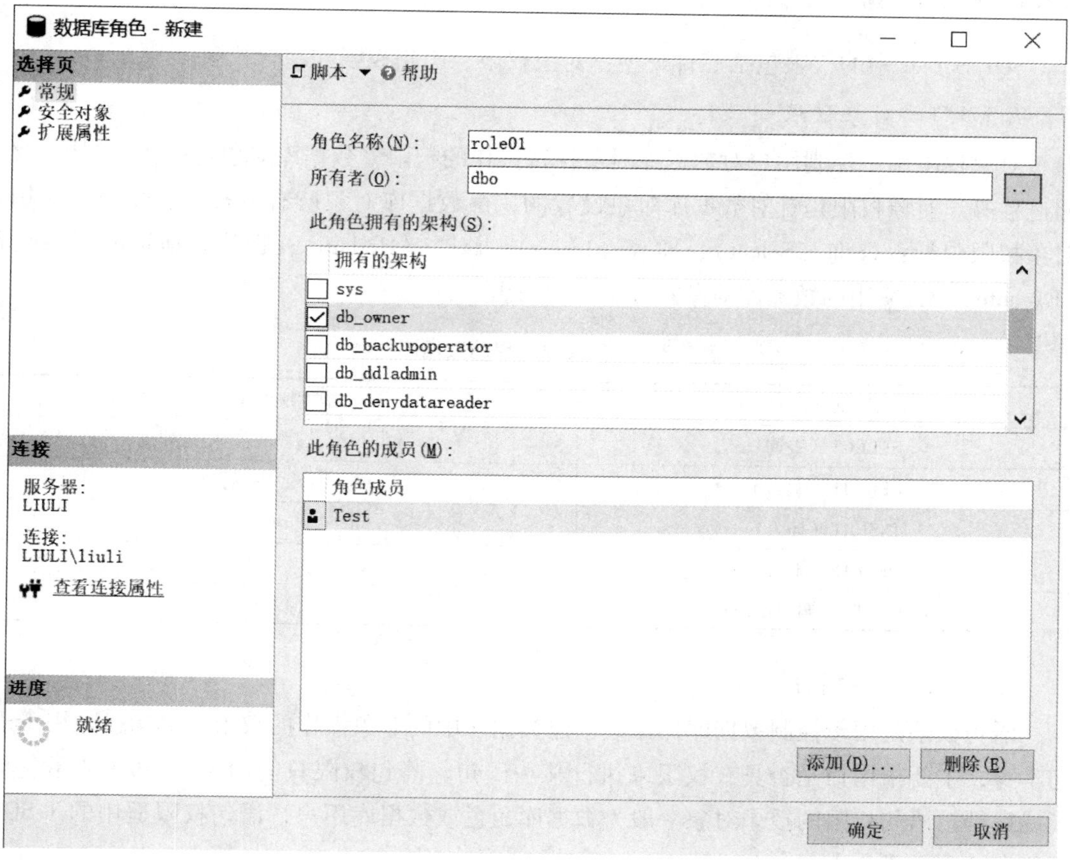

图 7-15 新建用户定义数据库角色

【例 7-10】 使用系统存储过程创建名为“role02”的用户，定义数据库角色到“教学管理”数据库中，并将用户“Test”添加为“role02”角色的成员。

```
Use 教学管理
EXEC sp_addrole ‘role02’
EXEC sp_addrolemember ‘role02’,‘Test’
```

7.5 权 限 管 理

SQL Server 使用权限来加强系统的安全性，权限是指用户对数据库中对象的使用及操作的权利。权限用来控制用户如何访问数据库对象，一个用户可以直接分配到权限，也可以作为一个角色中的成员来间接得到权限。一个用户还可以同时属于具有不同权限的多个角色，这些不同的权限提供了对同一数据库对象的不同的访问级别。权限的管理包括授予权限、拒绝访问、收回权限。

7.5.1 权限的种类

SQL Server 中的权限包括三种类型：对象权限、语句权限和隐含权限。

7.5.1.1 对象权限

对象权限用于控制用户对数据库对象执行操作的权限，数据库对象包括表、视图、存储过程等。对象权限是针对数据库对象设置的，由数据库对象所有者授予、禁止或撤销。对象权限包括：查询（Select）、插入（Insert）、修改（Update）、删除（Delete）和执行（Execute），其适用的数据库对象在表 7-3 中列出。

表 7-3 对象权限适用的数据库对象

对 象 权 限	数据库对象
SELECT（查询）	表、视图、表和视图中的列
UPDATE（修改）	表、视图、表的列
INSERT（插入）	表、视图
DELETE（删除）	表、视图
EXECUTE（调用过程）	存储过程

7.5.1.2 语句权限

语句权限是用于控制数据库操作或创建数据库中的对象操作的权限。语句权限用于语句本身，主要指用户是否具有权限来执行某一语句。语句权限只能由 sa 或 dbo 授予、禁止或撤销。语句权限的授予对象一般为数据库角色或数据库用户。语句权限适用的 T-SQL 语句和功能见表 7-4。

表 7-4 语句权限及其作用

T-SQL 语句	权 限 说 明
CREATE DATABASE	创建数据库，只能由 sa 授予
CREATE DEFAULT	创建默认对象
CREATE PROCEDURE	创建存储过程
CREATE RULE	创建规则
CREATE TABLE	创建表
CREATE VIEW	创建视图
BACKUP DATABASE	备份数据库
BACKUP LOG	备份日志文件

7.5.1.3 隐含权限

隐含权限是指系统预定义而不需要授权就有的权限，包括固定服务器角色、固定数据库角色和数据库对象所有者所拥有的权限。

例如，固定服务器角色 sysadmin 拥有在服务器范围内完成任何操作的全部权限，其成员自动继承这个固定角色的全部权限。数据库对象所有者可以对所拥有的对象执行一切活动，也可以控制其他用户使用其所拥有的对象的权限。

7.5.2 对象权限的管理

对象权限的管理可以通过两种方法实现：一种是通过对象管理它的用户及操作权限，另一种是通过用户管理对应的数据库对象及操作权限。

7.5.2.1 通过对象授予、撤销或禁止对象权限

如果一次要为多个用户（角色）授予、撤销或禁止对某一个数据库对象的权限时，采用通过对象的方法实现。

在 SQL Server 的 SSMS 中，实现对象权限管理的操作步骤如下：

（1）在“对象资源管理器”中，打开“数据库”，展开要操作的数据库（如“教学管理”），选择授予权限的对象（如 Student 表），单击鼠标右键。

（2）在弹出的菜单中，选择“属性”，出现“表属性”窗口，选择“权限”选项，设置对象权限，如图 7-16 所示。

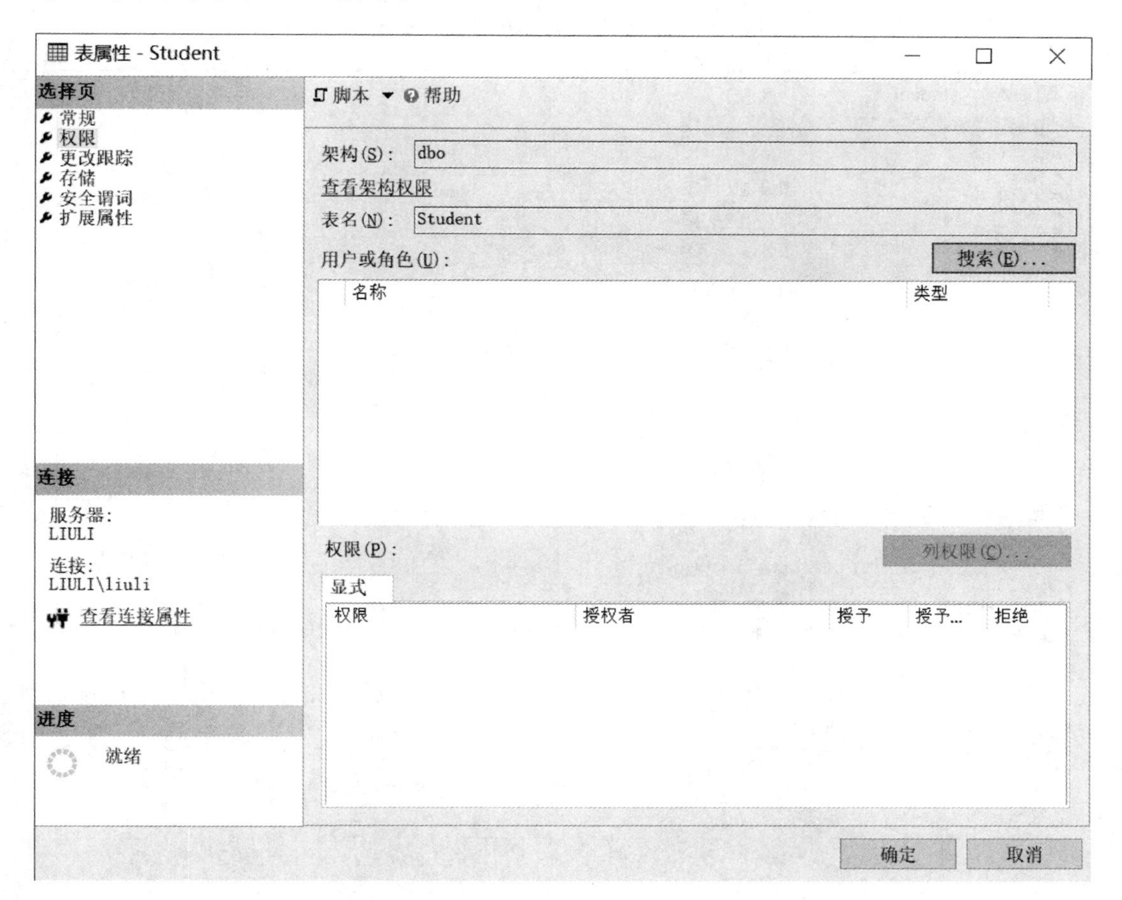

图 7-16 对象权限

（3）单击用户或角色右侧“搜索”按钮，打开“选择用户或角色”窗口，单击“浏览”按钮，打开“查找对象”对话框，如图 7-17 所示，选择拟授予对象权限的用户（如“Test”）或角色（如“role02”），单击“确定”按钮，之后在“表属性”的用户或角色中出现“Test”和“role02”，如图 7-18 所示。

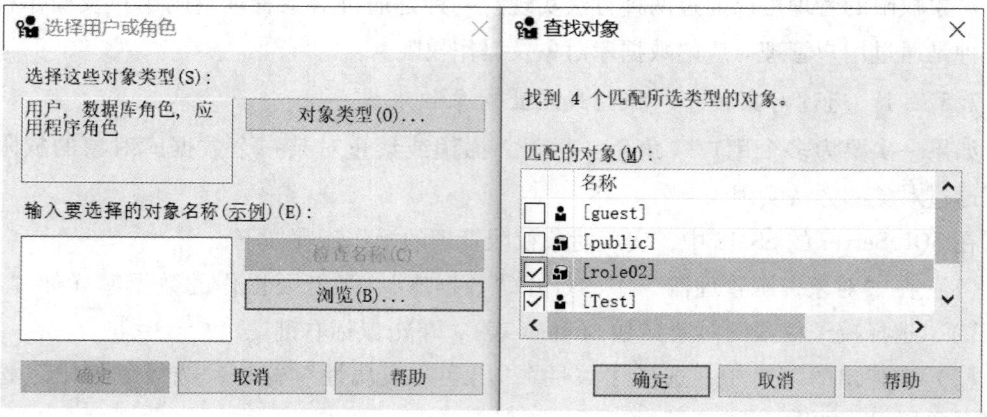

图 7-17　选择管理对象权限的用户或角色

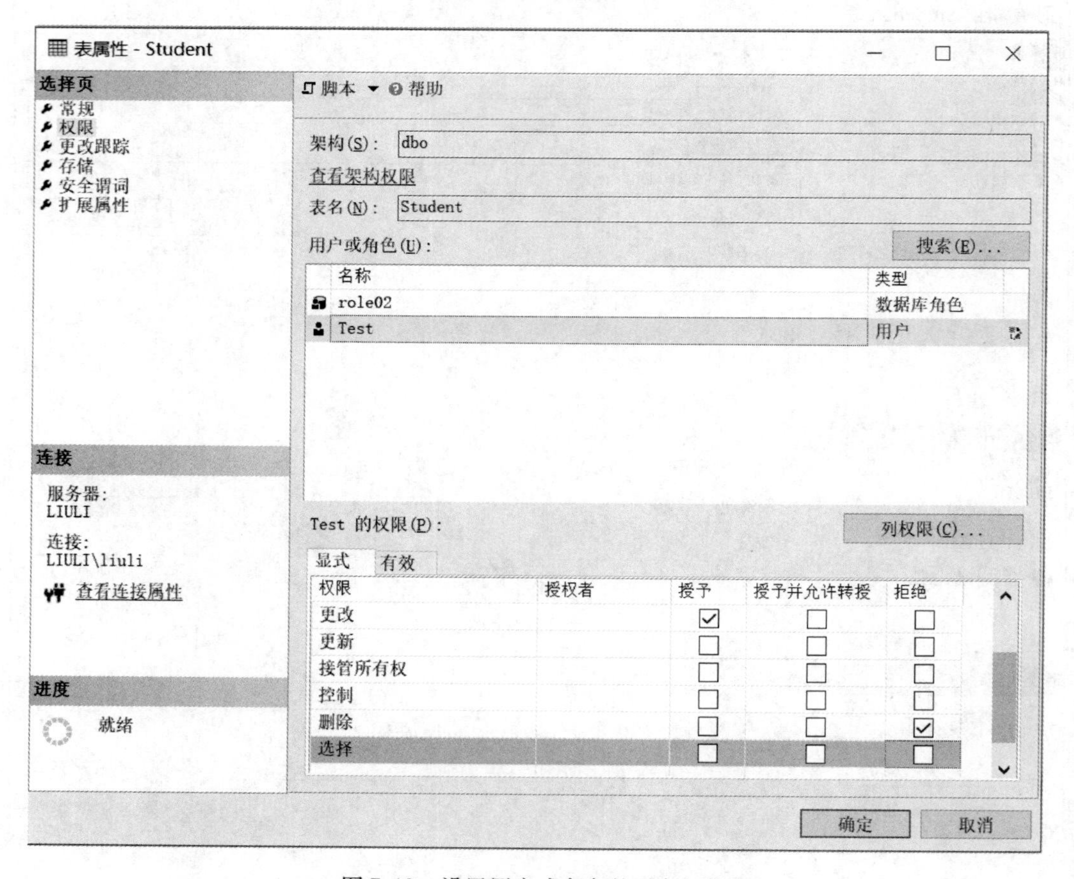

图 7-18　设置用户或角色的对象权限

（4）在“表属性”窗口，可分别对数据库用户和角色赋予对象权限（即对某一对象操作权限，如 Student 表）。在相应的对象权限中，选择“授予”“授予并允许转授”（具有授予权限）或“拒绝”。例如，选择用户“Test”，授予其“更改”权限，拒绝“删除”权限，如图 7-18 所示，完成后单击“确定”按钮。

7.5.2.2 通过用户或角色授予、撤销或禁止对象权限

如果要为一个用户或角色同时授予、撤销或者禁止多个数据库对象的使用权限，则可以通过用户或角色的方法进行。

在 SSMS 中，通过用户或角色权限管理的操作步骤如下：

（1）打开 SSMS，在“对象资源管理器”中，登录服务器后，依次展开“数据库”→打开指定的数据库（例如“教学管理”）→“安全性”→“用户”（或“角色”），在窗口中用鼠标右键点击要设置对象权限的用户（或“角色”），以给“Test”用户设置对象权限为例，右击“Test”，在弹出菜单中选择“属性”命令后，出现数据库用户属性窗口。

（2）在“选择页”中选择“安全对象”选项，打开“安全对象”页面，如图 7-19 所示，在此页面中，可以设置编辑“Test”的权限。

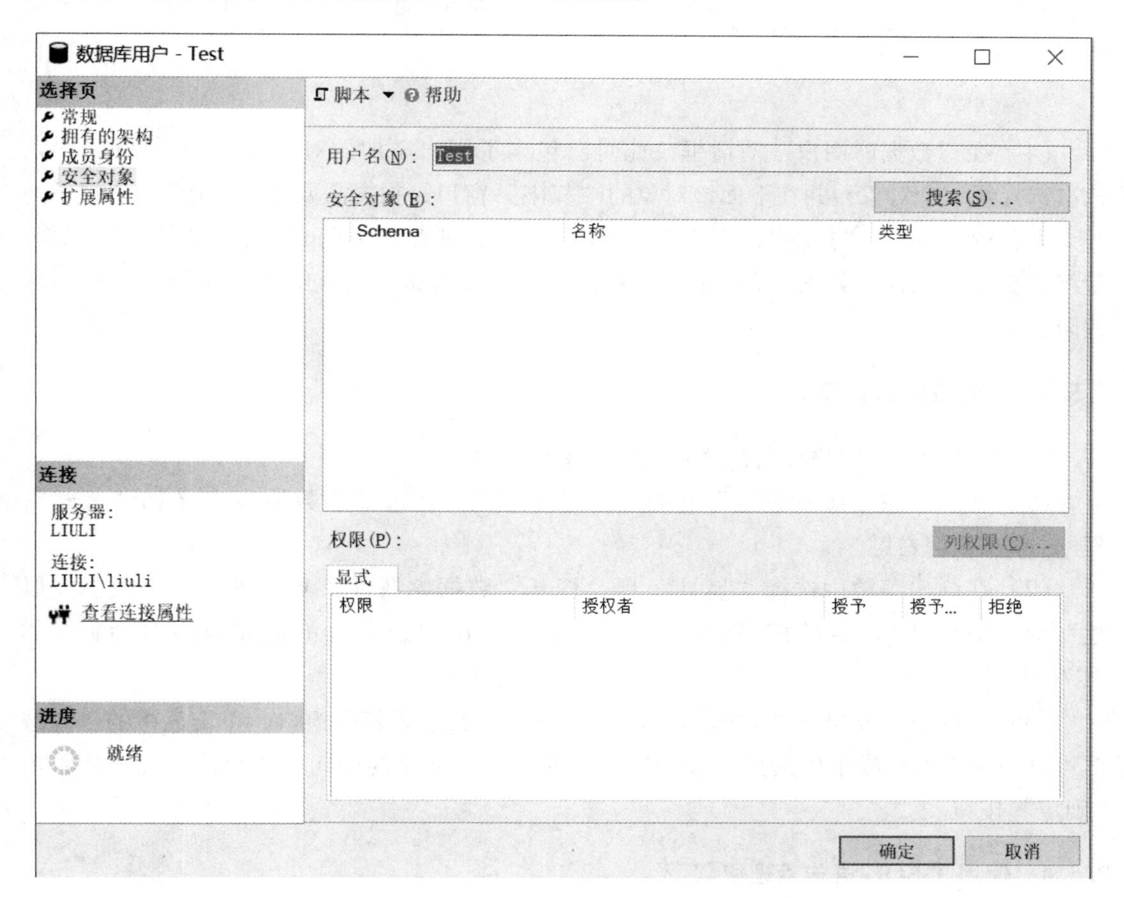

图 7-19 数据库用户对象权限设置

（3）单击“搜索”按钮，出现“添加对象”对话框，选择要添加的对象类别，单击“确定”按钮，出现“选择对象”对话框，从中单击“对象类型”按钮，例如选择“表”，单击“浏览”，选择数据库中的某个表，例如“Student”，如图7-20所示。依次选择需要添加权限的对象类型前的复选框，单击“确定”按钮。

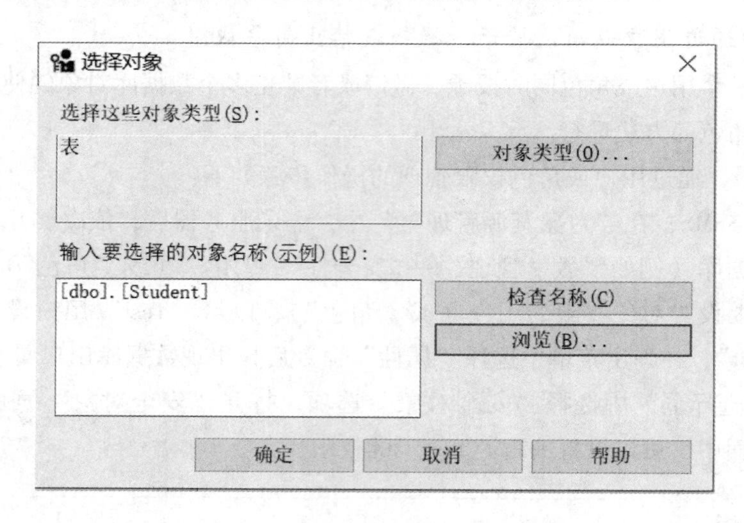

图7-20　用户添加对象

（4）在“数据库用户”对话框，此时已包含了用户添加的对象（例如“Student”），依次选择每一个对象，并在下面该对象的“权限”窗口，根据需要选择“授予”“授予与并允许转授”，以及“拒绝”，例如允许用户“Test”对表“Student”进行“插入”操作，拒绝“更改”操作，如图7-21所示。单击“确定”按钮，完成给用户添加数据库对象权限。

7.5.3　语句权限的管理

在SSMS中授予用户或角色语句权限操作步骤如下：

（1）在“对象资源管理器”中展开“数据库”，在选择的数据库上（如“教学管理”）单击鼠标右键。

（2）在弹出菜单中选择“属性”项，打开“数据库属性”对话框。在“数据库属性”对话框中选择“权限”选项卡，出现数据库用户及角色的语句权限对话框，如图7-22所示。

（3）选择用户或角色（如选择“Test”用户），在下方权限窗口，单击表中的各复选框可分别为各用户或角色选择“授予”“拒绝”等数据库的语句操作权限。完成后单击“确定”按钮。

7.5.4　使用T-SQL语句管理权限

使用T-SQL语句管理权限还可以在查询分析器中通过T-SQL语句实现安全性管理。

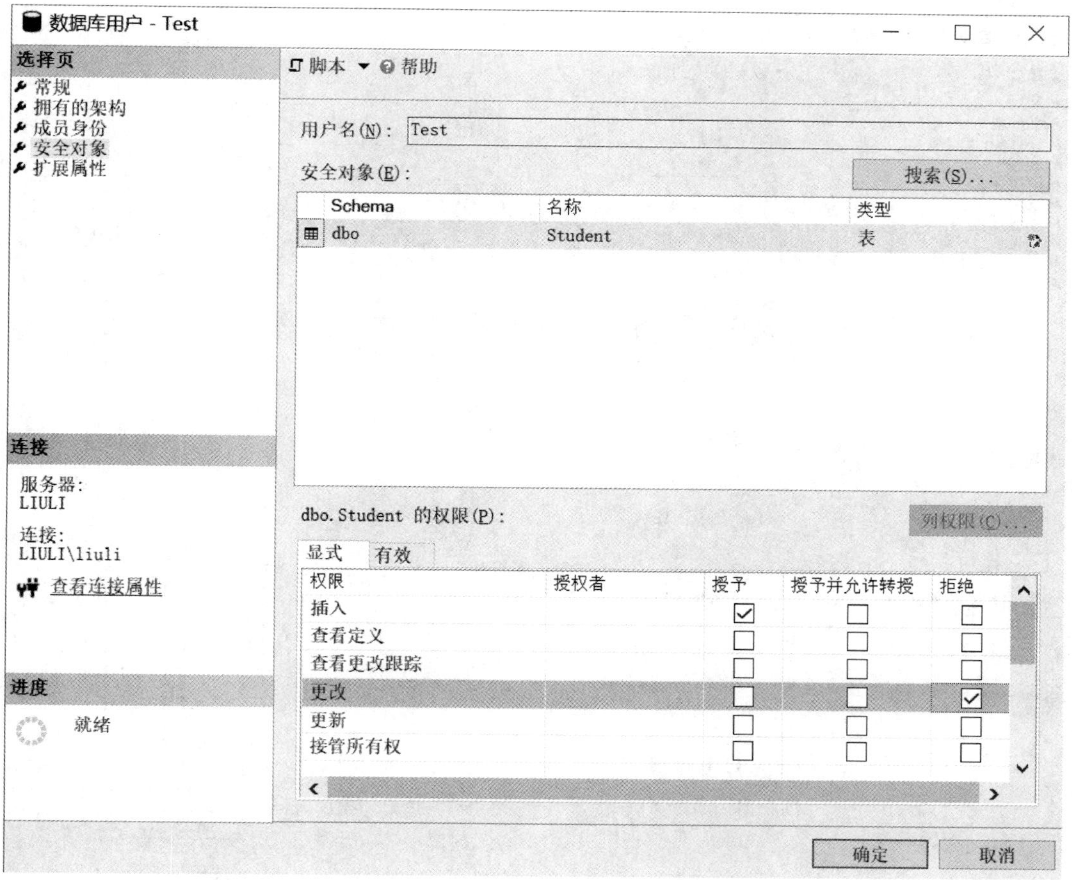

图 7-21 添加对象权限

7.5.4.1 授予权限语句 GRANT

（1）GRANT 语句授予对象权限的语法格式为：

```
GRANT
  ALL [PRIVILEGES] | permission [, … n]
  [(column [, … n])] ON table | view
  | ON table | view [ (column [, … n])]
  | ON stored_procedure extended_procedure
  | ON user_defined_function
TO security_account [ , … n ]
[WITH GRANT OPTION]
[AS group | role ]
```

【例 7-11】 用 GRANT 语句授予角色“role02”对教学管理数据库表 Course 的 select

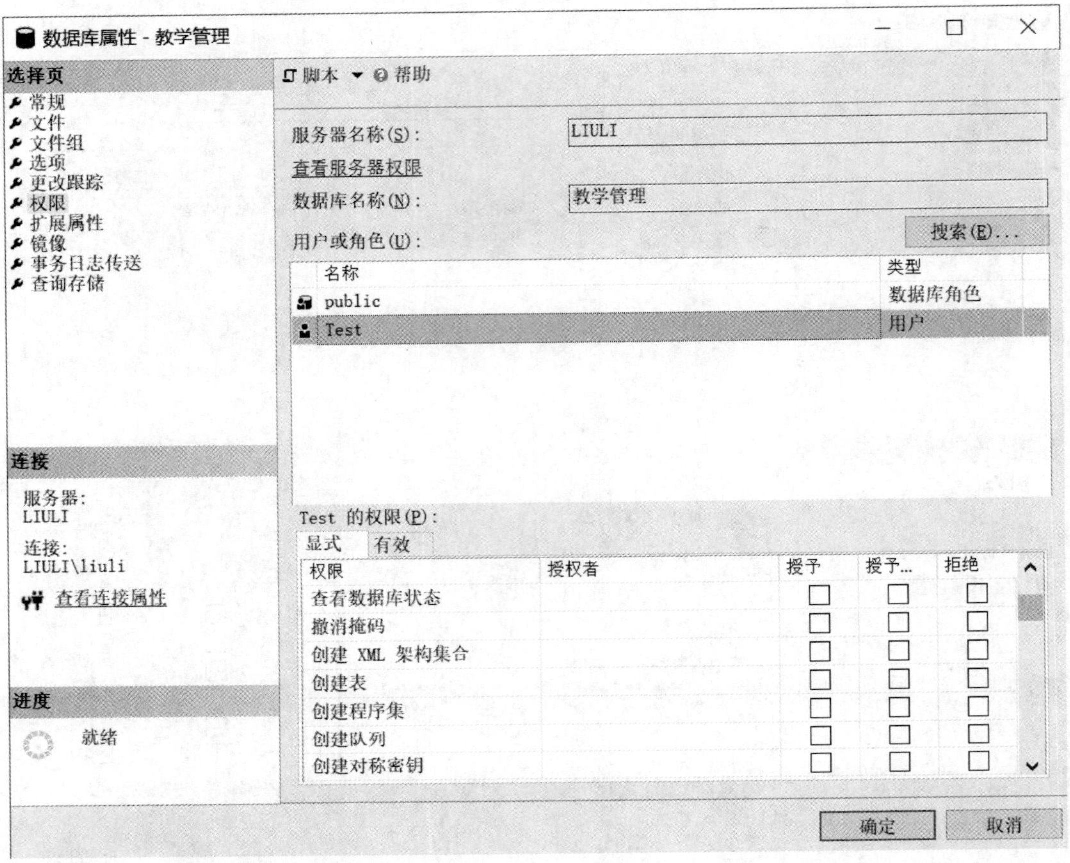

数据库属性 - 教学管理

选择页
常规
文件
文件组
选项
更改跟踪
权限
扩展属性
镜像
事务日志传送
查询存储

连接
服务器:
LIULI
连接:
LIULI\liuli
查看连接属性

进度
就绪

脚本 帮助

服务器名称(S): LIULI
查看服务器权限
数据库名称(N): 教学管理
用户或角色(U): 搜索(E)...

名称	类型
public	数据库角色
Test	用户

Test 的权限(P):
显式 有效

权限	授权者	授予	授予...	拒绝
查看数据库状态		☐	☐	☐
撤消掩码		☐	☐	☐
创建 XML 架构集合		☐	☐	☐
创建表		☐	☐	☐
创建程序集		☐	☐	☐
创建队列		☐	☐	☐
创建对称密钥		☐	☐	☐

确定 取消

图 7-22 数据库用户和角色的语句权限设置

权限，授予用户“Test”对表 Course 的 insert 和 delete 的权限。

```
USE 教学管理
GRANT SELECT ON course TO role02
GRANT INSERT, DELETE ON course TO Test
```

通过查看角色“role02”和用户“Test”的属性，可以看到他们已拥有对数据库对象 course 的相应权限。

（2）GRANT 语句授予语句权限的语法格式为：

```
GRANT ALL | statement [ ,…n ] TO security_account [ ,…n ]
```

【例 7-12】 给用户“Test”授予 CREATE TABLE 的权限。

```
USE 教学管理
GRANT CREATE TABLE TO Test
```

通过查看数据库教学管理的“属性”的“权限”项，可以看到用户“Test”拥有创建表的语句权限。

7.5.4.2 禁止权限语句 DENY

（1）禁止语句权限语句的语法格式为：

```
DENY ALL | statement [ ,…n ]  TO security_account [ ,…n ]
```

【例 7-13】 使用 DENY 语句禁止用户“Test”的 CREATE VIEW 语句权限。

```
USE 教学管理
DENY CREATE VIEW TO Test
```

通过查看数据库教学管理的“属性”的“权限”项，可以看到该用户对数据库的创建视图的语句权限被禁止。

（2）禁止对象权限语句的语法格式为：

```
DENY  ALL [ PRIVILEGES ] | permission [ , … n ]
    [ (column [ , … n ] ) ] ON table | view
    | ON table | view [ (column [ , … n ] ) ]
    | ON stored_procedure | extended_procedure
    | ON user_defined_function
TO security_account [ ,…n ]
```

【例 7-14】 禁止用户“Test”对 Course 表的查询、插入、更改和删除操作权限。

```
USE 教学管理
DENY SELECT, INSERT, UPDATE, DELETE ON course TO Test
```

7.5.4.3 撤销权限语句 REVOKE

（1）撤销语句权限语句的语法格式为：

```
REVOKE ALL | statement [ ,…n ] FROM security_account [ ,…n ]
```

【例 7-15】 使用 REVOKE 语句撤销用户“Test”创建表操作的权限。

```
USE 教学管理
REVOKE CREATE TABLE FROM Test
```

（2）撤销对象权限语句的语法格式为：

```
REVOKE [ GRANT OPTION FOR ]
ALL [ PRIVILEGES ] | permission [ ,…n ]
[ (column [ ,…n ] ) ] ON table | view
    | ON table | view [ (column [ ,…n ] ) ]
    | ON stored_procedure | extended_procedure
    | ON user_defined_function
```

```
TO | FROM security_account [ ,…n ]
```

【例 7-16】 撤销用户“Test”对表 Course 的 SELECT 权限。

```
Use 教学管理
REVOKE SELECT ON course FROM Test
```

7.5.4.4 查看权限

使用 sp_helprotect 可以查看当前数据库中某对象的用户权限或语句权限的信息。sp_helprotect 的语法格式为：

```
sp_helprotect [ [@name = ]'object_statement' ]
[ , [@username = ]'security_account' ]
[ , [@grantorname = ] 'grantor' ]
[ , [@permissionarea = ]'type' ]
```

【例 7-17】 查看 Student 表的权限。

```
USE 教学管理
EXEC sp_helprotect 'student'
```

习　　题

(1) 简述 SQL Server 的安全机制。
(2) SQL Serve 的安全认证模式有几种？
(3) 什么是角色，SQL Server 2019 中角色分为哪几种？用户可以创建哪种角色？
(4) SQL Server 2019 的权限有哪几种类型？
(5) 在 SQL Server 中，对表的操作权限有哪些？
(6) 登录账户和用户账户的联系和区别是什么？
(7) 写出完成下列权限操作的 SQL 语句：
1) 将在数据库 MyDb 中创建表的权限授予用户 user1。
2) 将对数据库 MyDb 中表 books 的增、删、改的权限授予用户 user2。
3) 将对数据库 MyDb 中表 books 的查询、增加的权限授予角色 role01。
4) 以 sa 身份重新登录，将授予 user2 的权限全部收回。

8 数据库设计

计算机技术已经广泛地应用于各个领域，应用系统逐渐向着复杂化、大型化的方向发展。数据库是整个系统的核心，它的设计直接关系到系统执行的效率和系统的稳定性。因此在软件系统开发中，数据库设计应遵循必要的数据库范式理论，以减少冗余、保证数据的完整性与正确性。只有设计出合理的数据库模型，才能降低整个系统的编程和维护难度，提高系统的实际运行效率。数据库设计是指对于一个给定的应用环境，构造最优的数据库模式，建立数据库及其应用系统，使之能够有效地存储数据，满足各种用户的应用需求（信息要求和处理要求）。简单讲就是根据用户的需求，在某一具体的数据库管理系统上，设计数据库的结构和建立数据库。本章将详细介绍数据库设计的全过程，即数据库设计的六个阶段，需求分析阶段、概念结构设计阶段、逻辑结构设计阶段、物理结构设计阶段、数据库实施阶段、数据库运行和维护阶段。

8.1 数据库设计概述

数据库设计的主要任务是根据用户的需求以及一定的计算机软硬件环境，通过对现实系统的数据进行抽象，设计并优化数据库的逻辑结构和物理结构，得到符合现实系统要求的、能被 DMBS 支持的数据模式，建立高效、安全的数据库。简言之，就是在充分了解系统实际需求后，把所需要的数据以适当的形式表示出来，使之既能满足用户的需求，又能合理有效地存储数据，方便数据的访问和共享。

数据库设计包括数据库的结构设计和数据库的行为设计两方面的内容。

数据库的结构设计是根据给定的应用环境，进行数据库的模式设计或外模式的设计，包括数据库的概念结构设计、逻辑结构设计和物理结构设计。数据库的行为设计是指数据库用户的行为和动作。在数据库系统中，用户的行为和动作通过操作数据库实现，而这些操作有时要通过应用程序来实现，所以数据库的行为设计主要是操作数据库的应用程序的设计。

8.1.1 数据库设计的过程

数据库设计一般分为六个阶段：需求分析、概念结构设计、逻辑结构设计、物理结构设计、数据库实施、数据库运行和维护。

在数据库设计开始之前，首先要选定参加设计的人员，包括系统分析人员、数据库设计人员、应用开发人员和部分用户代表。表 8-1 列出了在数据库设计各个阶段，不同人员的角色，其中分析和设计人员是数据库的核心人员，他们将自始至终参与数据库设计，其设计在一定程度上决定了数据库系统的质量。用户在数据库设计中也是举足轻重的，他们的积极参与不但能加速数据库系统的设计，而且也是决定数据库设计质量的重要因素。应用开发人员负责编写程序和准备软硬件环境。

表 8-1　数据库设计各个阶段不同人员的角色

数据库设计阶段	系统分析人员	数据库设计人员	应用开发人员	用户代表
需求分析	负责	核心		参与
概念结构设计	核心	负责		参与
逻辑结构设计	核心	负责		
物理结构设计	核心	负责		
数据库实施	核心	负责	参与	
数据库运行和维护	核心	负责	参与	参与

8.1.1.1　需求分析阶段

进行数据库设计必须准确了解与分析用户需求，从数据库设计的角度来看，需求分析的任务是对现实世界要处理的对象进行详细的调查了解，通过对原有系统的了解，收集支持新系统的基础数据，并对其进行处理，在此基础上确定系统的功能。

8.1.1.2　概念结构设计阶段

在需求分析阶段，数据库设计人员充分调查分析了用户的需求，并对分析结果进行了详细的描述，但这些需求还是现实世界的具体描述，需要通过选择、命名、分类等操作抽象为信息世界的结构，便于设计人员更好地用某一 DBMS 来实现用户的需求。简言之，数据库概念结构设计的任务就是根据需求分析对用户需求进行综合、归纳与抽象，形成一个独立于具体 DBMS 的概念模型。

8.1.1.3　逻辑结构设计阶段

数据库逻辑结构设计的任务是把概念结构设计阶段所得到的与 DBMS 无关的数据模型转换成某一个 DBMS 所支持的数据模型表示的逻辑结构，并进行优化。

8.1.1.4　物理结构设计阶段

数据库物理结构设计是对给定的关系数据库，根据计算机系统所提供的手段和施加的限制，确定一个最适合应用环境的物理存储结构和存取方法。

8.1.1.5　数据库实施阶段

在数据库实施阶段，设计人员运用 DBMS 提供的数据语言，根据逻辑结构设计和物理设计的结果建立数据库，编码与调试应用程序，组织数据入库，并进行试运行。数据库实施阶段主要包括以下工作：定义数据结构、组织数据入库、编制与调试应用程序、数据库试运行。

8.1.1.6　数据库运行和维护阶段

数据库应用系统经过试运行后即可投入正式运行。在数据库系统运行过程中必须不断对其进行评价、调整和修改。包括数据库的转储和恢复、数据库的安全性和完整性控制、数据库性能的监督、分析和改进、数据库的重组织和重构造。

上述设计过程符合数据库的三级模式结构，体现了数据的逻辑独立性和物理独立性。需求分析阶段综合各个用户的应用需求（现实世界的需求）；在概念设计阶段形成独立于DBMS的概念模型（信息世界模型），用E-R图来描述；在逻辑设计阶段将E-R图转换成具体的DBMS支持的数据模型，如关系模型，形成数据库逻辑模式（表）；然后根据用户处理的要求、安全性的考虑，在基本表的基础上再建立必要的视图，形成数据库的外模式。物理设计阶段根据DBMS特点和处理性能的要求，进行物理存储和索引的设计，形成数据库内模式；在实施过程中，开发人员将基于外模式进行系统功能模块的编码和调试；成功完成后进入系统的运行和维护阶段。

8.1.2 数据库设计方法

目前常见数据库设计方法包括直观设计法、规范设计法、计算机辅助设计法。

8.1.2.1 直观设计法

直观设计法也叫手工试凑法，它是最早使用的数据库设计方法。这种方法依赖于设计者的经验和技巧，缺乏科学理论和工程原则的支持，设计的质量很难保证，常常是数据库运行一段时间后又发现各种问题，这样再重新进行修改，增加了系统维护的代价。因此，这种方法越来越不适应信息管理发展的需要。

8.1.2.2 规范设计法

1978年10月，来自三十多个国家的数据库专家在美国新奥尔良市专门讨论了数据库设计问题，他们运用软件工程的思想和方法，提出了数据库设计的规范，这就是著名的新奥尔良法，它是目前公认的比较完整和权威的一种规范设计方法。新奥尔良法将数据库设计分成需求分析、概念设计、逻辑设计和物理设计。目前，常用的规范设计方法大多起源于新奥尔良法，并在设计的每一阶段采用一些辅助方法来具体实现。规范设计法的基本思想是过程迭代和逐步求精。

下面简单介绍几种常用的规范设计方法。

（1）基于E-R模型的数据库设计方法。基于E-R模型的数据库设计方法的基本思想是在需求分析的基础上，用E-R图构造一个反映现实世界实体与实体之间联系的概念模型，然后再将E-R模型转换为基于特定DBMS的逻辑模型。

（2）基于3NF的数据库设计方法。基于3NF的数据库设计方法的基本思想是在需求分析的基础上，确定数据库模式中的全部属性与属性之间的依赖关系，设计E-R模型，并转化为DBMS支持的逻辑模型，再进行规范化处理，消除其中不符合3NF的约束条件，把其规范成若干个满足3NF的关系模式的集合。然后设计数据库的物理模式，最终实现数据库。

（3）基于视图的数据库设计方法。此方法先从分析各个应用的数据着手，其基本思想是为每个应用建立自己的视图，然后再把这些视图汇总起来合并成整个数据库的概念模式。合并过程中要消除命名冲突、消除冗余的实体和联系，以及进行模式重构使其满足全部完整性约束条件。

8.1.2.3 计算机辅助的数据库设计方法

计算机辅助数据库设计是数据库设计趋向自动化的一个重要方面，在数据库设计的某些过程中模拟某一规范化设计的方法，并以设计者的知识或经验为主导，通过人机交互方式实现设计中的某些部分。目前许多计算机辅助软件工程（Computer Aided Software Engineering，CASE）工具可以自动或辅助设计人员完成数据库设计过程中的很多任务。如 Sybase PowerDesigner、ER Studio、Rational Rose、Microsoft Visio、MySQL Workbench 等，各种设计工具有其相应的适应环境，可以用于数据库系统详细设计以及相应的软件框架生成。

8.2 需求分析

对用户需求进行调查、描述和分析是数据库设计的基础。需求分析是否详细、正确，将直接影响后面各个阶段的设计，影响到设计结果是否合理和实用。从开发人员的角度讲，事先并不知道数据库应用系统要做什么，它是由用户提供的。用户虽然熟悉自己的业务，但是对计算机技术往往不了解，很难提出明确的要求；而设计人员往往不了解用户的业务需求，难以准确地描述用户现实世界的信息类型与信息之间的关系。由此可见，需求分析不仅十分的必要，也对系统的开发起着十分重要的作用。

8.2.1 需求分析的任务

需求分析的主要任务是通过对数据库用户及各个环节的有关人员做详细的调查分析，了解现实世界具体工作的全过程和各个环节。数据库需求分析的内容主要包括信息要求、处理要求，以及安全性和完整性要求等方面。

需求分析的任务是对需要开发的数据库系统应用对象（组织、部门）进行详细的调查，了解原系统工作概况，分析用户的各种需求，收集支持新系统的基础数据并对其进行处理，在此基础上确定新系统的功能。具体地说，需求分析阶段的任务如下。

8.2.1.1 调查分析用户的活动

通过对新系统运行目标的研究，分析现行系统所存在的主要问题以及制约因素，明确用户总的需求目标，确定该目标的功能边界和数据边界。具体做法是：

（1）调查组织机构情况，包括该组织的职能机构，各部门的职责和任务等。

（2）调查各部门的业务活动情况，对现行系统的功能和信息有一个明确认识。调查内容包括各部门的输入和输出的数据与格式、加工处理这些数据的流程等。调查的方法包括跟班作业、开调查会、设计调查表、询问、查阅记录等，最终写出详细的调查报告。

8.2.1.2 收集和分析需求数据，确定系统边界

在熟悉业务活动的基础上，协助用户明确对新系统的各种需求，包括用户的信息需

求、处理需求、安全性和完整性的需求等。采用数据流图、数据字典和处理逻辑等工具来描述这些需求。

（1）信息需求描述未来系统需要存储和管理的数据是什么，这些数据具有什么样的格式。信息需求指目标范围内涉及的所有实体、实体的属性以及实体间的联系等数据对象，也就是用户需要从数据库中获得信息的内容与性质。由信息需求可以导出数据需求，即在数据库中需要存储哪些数据。

（2）处理需求指用户为了得到需要的信息而对数据进行加工处理的要求，包括对某种处理功能的响应时间，处理的方式（批处理或联机处理）等。

（3）安全性和完整性的需求。在定义信息需求和处理需求的同时必须相应地确定安全性和完整性约束。

在收集各种需求数据后，对前面调查的结果进行初步分析，确定新系统的边界，确定哪些功能由计算机完成或将来准备让计算机完成，哪些活动由人工完成。由计算机完成的功能就是新系统应该实现的功能。

8.2.1.3 编写需求分析说明书

编写系统分析报告对需求分析进行描述总结。编写系统分析报告是一个不断反复、逐步深入和逐步完善的过程，系统分析报告应包括如下内容：

（1）系统概况，系统的目标、范围、背景和现状；

（2）系统总体结构与子系统结构说明；

（3）系统功能说明；

（4）数据处理流程；

（5）系统方案及技术的可行性。

8.2.2 需求分析的方法

调查了用户的需求后，需要进一步分析和表达用户的需求，结构化分析方法（Structured Analysis，SA）是用于需求分析的方法之一。SA 方法从最上层的系统组织机构入手，采用逐层分解的方式分析系统，用数据流图（Data Flow Diagram，DFD）和数据字典（Data Dictionary，DD）描述系统。

8.2.2.1 数据流图

使用 SA 方法，任何一个系统都可抽象为图 8-1 所示的数据流图。当系统比较复杂时，可以采用分层描述的方法，对系统进行逐级分解，将处理功能分为若干个子系统，形成若干层次的数据流图，数据流图表达了数据和处理过程的关系。

数据流图是用来描述数据的流动、处理和存储的逻辑关系。数据流图的组成元素包括数据流、数据处理、数据存储、数据源点及数据终点。数据流是具有名字且有流向的一组数据，是动态数据结构。数据处理表示对数据所进行的加工和交换。数据存储表示用数据库形式所存储的数据，是静态的数据结构。数据源点及数据终点表示当前系统的数据来源或数据去向。

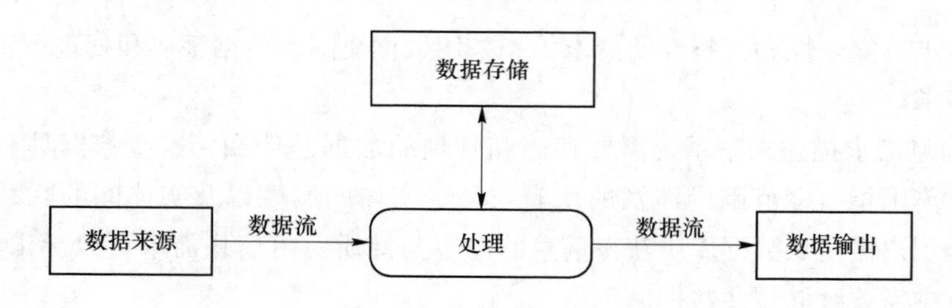

图 8-1　数据和处理的关系

数据流图是通过系列符号及其组合来描述系统功能的输入、输出、处理。数据流图中使用的符号在各种书籍和资料上表达不尽相同，目前许多常用的一些流行的数据库辅助设计工具如 Microsoft Visio、Sybase PowerDesigner、Oracle Designer、Rational Rose 等符号都不统一，这里以 Visio 工具为例，定义以下符号作为参考，如图 8-2 所示。

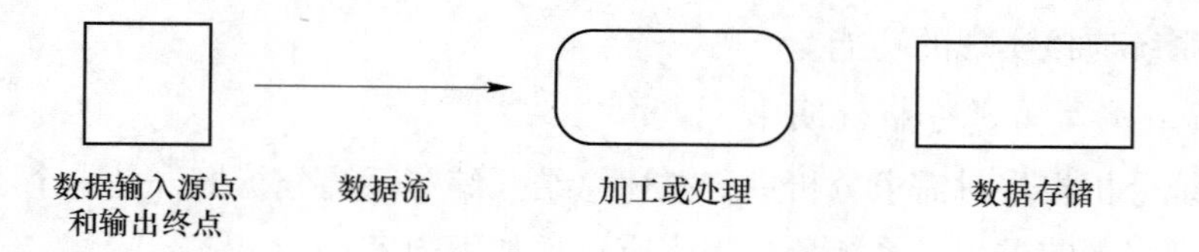

图 8-2　数据流图的基本元素

其中，命名的箭头描述一个数据流，内容包括被加工的数据及其流向，数据流线上要注明数据名称，箭头代表数据流动方向。

图 8-3 是一个简单的课程成绩管理的数据流图。

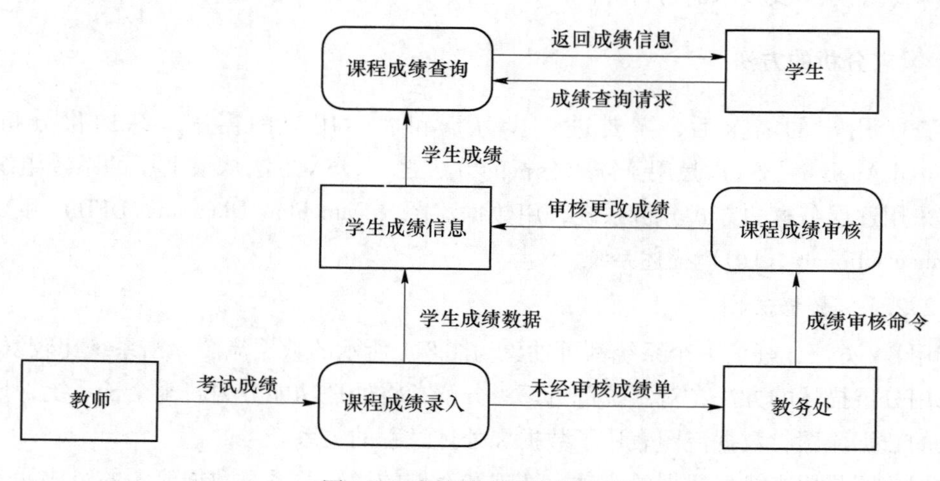

图 8-3　成绩管理的数据流图

8.2.2.2　数据字典

数据字典是对系统中各类数据的详细描述，是元数据，而不是数据本身，是各类数据结构和属性的清单。

数据字典通常包含以下几部分内容：

（1）数据项。数据项是数据的最小单位，具体内容包括｛数据项名、含义说明、别名、类型、长度、取值范围，以及与其他数据项的关系｝。其中，取值范围、与其他数据项的关系这两项内容定义了完整性约束条件。

以课程成绩管理的学生实体的属性“学号”为例说明，其数据项描述如下：

数据项名	学号
含义说明	唯一标识每个学生
别名	学生编号
类型	字符型
长度	8
取值范围	00000000～99999999

（2）数据结构。数据结构是若干数据项有意义的集合。对数据结构的描述包括｛数据结构名、含义说明，以及组成该数据结构的数据项名｝。

以“课程成绩管理系统”为例，其数据结构如下：

数据结构名	组成该数据结构的数据项
学生	学号、姓名、性别、年龄等
教师	职工号、姓名、性别、职称等
教务员	职工号、姓名、性别、部门等

（3）数据流。数据流组成元素可以是数据项，也可以是数据结构，表示某一处理过程中数据在系统内流动的路径。对数据流的描述包括｛数据流名、说明、数据流来源、数据流去向，以及组成该数据流的数据结构或数据项｝。

以“考试成绩数据”为例，其数据流描述如下：

数据流名	考试成绩数据
说明	学生试卷成绩
来源	教师
流向	课程成绩录入
组成	学号、课程号、开课学年、开课学期、成绩

（4）数据存储。数据存储表示处理过程中数据的物理存取方式，描述数据或数据结构存储的数据量、存取的频度或存取的方法。对数据存储的描述包括｛数据存储名、说明、输入数据流、输出数据流、组成（数据项或数据结构）、存储的数据量、存取的频度、存取的方法｝。其中，存取频度是指单位时间内存取的次数，每次存取多少数据等信息。存取方法指的是批处理还是联机处理，是检索还是更新，是顺序检索还是随机检索等。

以“学生成绩信息”为例，其存储数据文件描述如下：

数据存储	学生成绩表
说明	记录学生所选课程的成绩
输入数据流	录入的学生成绩
输出数据流	经审核的学生成绩
组成	学号 + 课程编号 + 开课学年 + 开课学期 + 成绩
数据量	每学期 1000 张
存取方法	按学号升序

（5）处理过程。处理过程的处理逻辑通常用判定表或判定树来描述，数据字典只用来描述处理过程的说明性信息。具体内容包括｛处理过程名、说明、输入数据流、输出数据流、处理的简要说明｝。其中，简要说明主要说明处理过程的功能及处理要求。功能是指该处理过程用来做什么，处理要求指该处理的频度要求，如单位时间里处理多少事务、多少数据量、响应时间要求等，这些处理要求是物理结构设计的输入及性能评价的标准。

以成绩管理系统的处理过程“课程成绩审核”为例说明，其描述如下：

处理过程名	课程成绩审核
说明	教务员审核录入的课程成绩
流入	教务处
流出	学生成绩信息
处理	对已录入的成绩进行审核并保存经审核修改的数据

最终形成的数据流图和数据字典为“需求分析说明书”的主要内容，这是下一步进行概念结构设计的基础。

8.3 概念结构设计

根据需求分析阶段形成的需求分析说明书，把用户的信息需求抽象为信息结构即概念模型的过程就是概念结构设计。也就是说，概念结构设计阶段将现实世界中的客观对象首先抽象为独立于具体 DBMS 的信息结构。这种表达与数据库系统的具体细节无关，它所涉及的数据独立于 DBMS 和计算机硬件。描述概念模型的有力工具是 E-R（实体-联系）方法。概念结构设计的原则是能真实、充分地反映现实世界；易于理解；易于修改和扩充；易于向关系、网状、层次等各种数据模型转换。

8.3.1 概念结构设计的方法

常用的概念结构设计方法包括：自顶向下、自底向上、混合策略等。自顶向下方法是首先定义全局的概念结构的框架，然后逐步细化。自底向上方法是首先抽象数据并设计局部视图，然后集成局部视图，得到全局的概念结构。混合策略是将自顶向下策略和自底向上策略相结合。用自顶向下策略设计一个全局概念结构的框架，以此为骨架集成由自底向上策略中设计的各局部概念结构。

最常用概念结构设计策略是自底向上策略，即自顶向下进行需求分析，然后再自底向上设计概念结构，如图 8-4 所示。

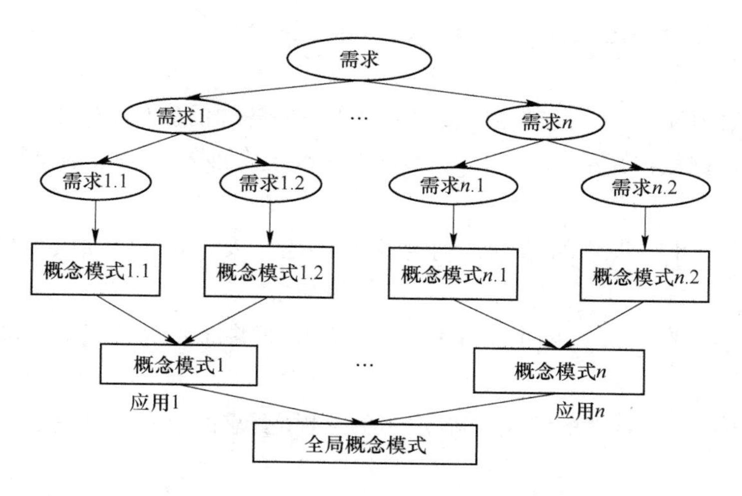

图 8-4　概念结构设计方法——自底向上策略

8.3.2　概念结构设计过程

概念结构设计就是通过对需求分析阶段所得到的信息需求进行综合、归纳与抽象，形成一个独立于具体数据库管理系统的概念模型，在概念结构设计阶段，主要采用的设计手段是 E-R 模型。概念结构设计的步骤通常分为两步：第一步是根据需求分析得到的各个分系统业务需求，抽象数据并设计局部概念模式，以局部 E-R 图描述；第二步是集成局部概念模式，得到全局的概念模式，以全局 E-R 图表示。如图 8-5 所示。

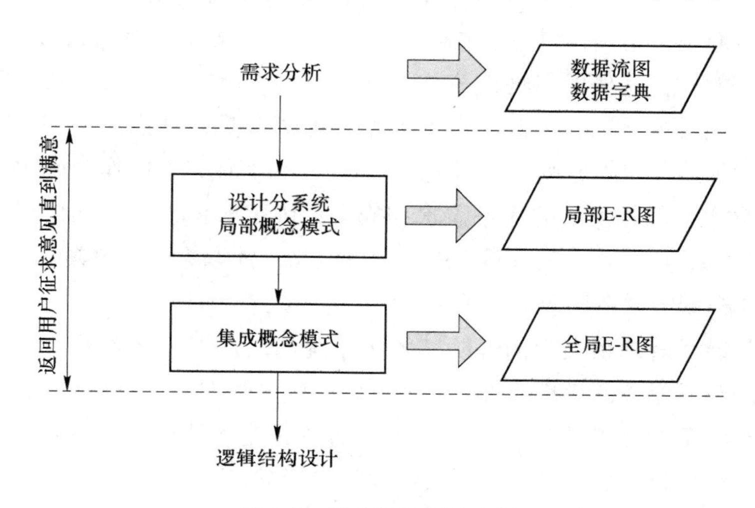

图 8-5　概念结构设计步骤

8.3.2.1 设计局部 E-R 模式

通常需求分析阶段采用自上而下的分析方法，得到了各个子系统的应用需求，要在其基础上进一步进行概念结构设计，需要细化分析数据流图以及数据字典，对每个局部应用逐一设计局部 E-R 图，将各局部应用涉及的数据分别从数据字典中抽取出来，参照数据流图，分析确定实体及其属性后，进一步分析各实体之间的联系以及联系的类型。

使用 E-R 数据模型来分析描述现实信息世界中的各种信息对象的主要分析步骤如下：

（1）首先根据数据库系统应用的整体要求，确定所涉及的现实信息世界中的所有信息对象的范围。

（2）根据第（1）步骤的结论，确定能够描述所要求的所有信息对象的各实体及属性。

（3）根据第（1）、（2）两个步骤的结论，确定能够描述所有信息对象的各实体间的联系。

（4）根据第（3）步骤的结论，确定能够描述所要求的所有信息对象的各实体间的联系的属性。

完成了上述的分析步骤，就可以获得能够描述现实信息世界的 E-R 模型。

下面详细描述创建 E-R 模型的过程。

（1）定义实体和属性。要建立系统的 E-R 模型的描述，需进一步从数据流图和数据字典中提取系统所有的实体及其属性。现实世界中一组具有某些共同特性和行为的对象就可以抽象为一个实体。实体集成员都有一个共同的特征和属性集，可以从需求分析中的基本数据表中直接或间接标识出实体。E-R 模型中实体用矩形表示，属性用椭圆表示。

属性和实体是相对而言的，往往要根据实际情况进行必要的调整，同一事物，在一种应用环境中作为“属性”，在另一种应用环境中可能就作为“实体”。设计实体或属性需要遵循以下两条原则：第一，属性不能再具有需要描述的性质，即属性必须是不可分的数据项，属性中不能包含其他的属性或实体；第二，E-R 模式中联系必须是实体之间的关联，联系只发生在实体之间，因此属性不能与其他实体具有联系。例如，“学生”由学号、姓名等属性描述，根据原则一，“学生”只能作为实体，不能作为属性。

（2）定义联系。根据实际的业务需求和规则，确定实体与实体间的联系以及联系的类型（$1:1$，$1:n$，$m:n$）。关系模型中只允许定义二元联系，n 元联系必须定义为 n 个二元联系。E-R 模型中联系用菱形表示。

下面以学校教学管理系统为例说明其各子系统的局部 E-R 图的设计。经需求分析确定学校教学管理包括学生的学籍管理、学生选课和成绩管理。

（1）学生学籍管理系统主要完成对学生学籍注册业务处理，学生入学注册会分配宿舍，登记学生班级、班主任等信息，同时保存学生档案。

该系统涉及学生、班主任、班级三个实体。

学生实体属性有：学号、姓名、出生日期、性别、宿舍号；

班主任实体属性有：职工号、姓名、性别、职称；

班级实体属性有：班级编号、班级名称、学生人数、系名。

并且实体间存在如下联系：一个班主任可以指导多个学生，但只能管理一个班级；一个班级由许多学生组成，由一名班主任管理；每个学生都由相应的一名班主任指导，且多名同学组成一个班级。

学校教学管理系统的学籍管理局部 E-R 模式如图 8-6 所示。

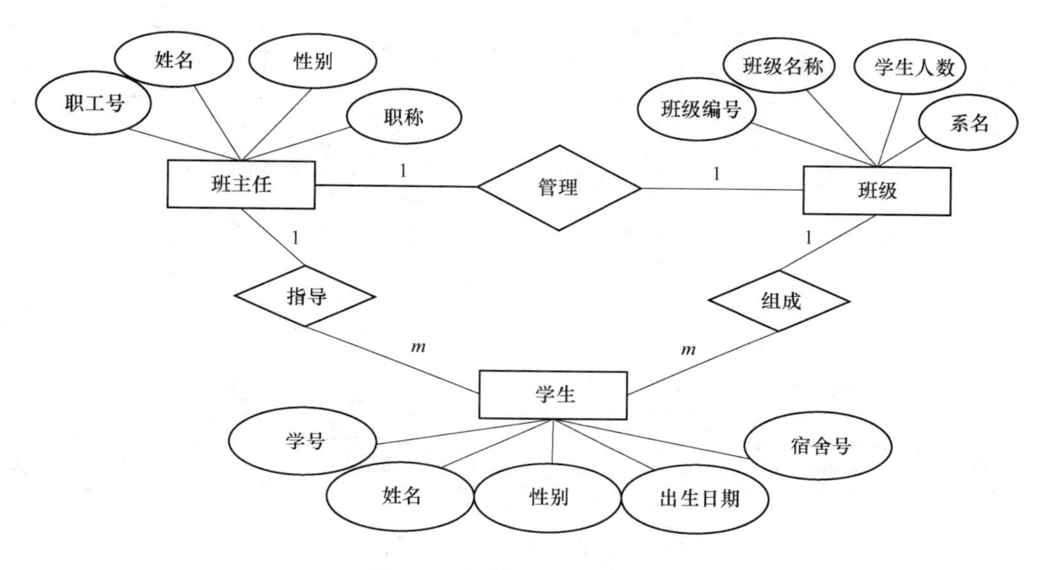

图 8-6 学籍管理局部 E-R 图

（2）学生选课和成绩管理系统的主要功能是：学生根据开设课程和培养计划选择其本学期所选修课程，教务员对学生所选修课程确认处理，生成各个课程的选课名单。成绩管理的功能包括各授课教师录入所讲授课程成绩，教务员进行学生成绩的审核，并保存和公布成绩，使学生能够查询所选课程的成绩。

学生选课和成绩管理系统可以抽象得到的实体主要有：学生、教师、课程、系。

学生实体的属性有：学号、姓名、出生年月、性别、入学时间；

教师实体的属性有：教师号、姓名、性别、出生日期、职称、电话、电子邮件；

课程实体的属性有：课程号、课程名、学时、学分；

系实体的属性有：系号、系名、系主任。

各个实体间存在如下联系：学生实体和课程实体存在“选修”的联系，一名学生可以选修多门课程，每门课也可以被多名学生选修，所以学生实体和课程实体之间是多对多的联系（$m:n$）。该“选修”联系包括属性“分数”。教师实体和课程实体存在“讲授”的联系，一名教师可以讲授多门课程，每门课也可以由多名教师讲授，所以教师实体和课程实体是多对多的联系（$m:n$）。该“讲授”联系包括属性“开课年度、开课学期、课程评价”。教师实体和系实体之间存在“属于”的联系，一名教师只能属于一个系，而每个系可以拥有多名教师，所以系和教师之间是一对多的联系（1∶n）。

学校教学管理系统的选课管理局部 E-R 模式如图 8-7 所示。

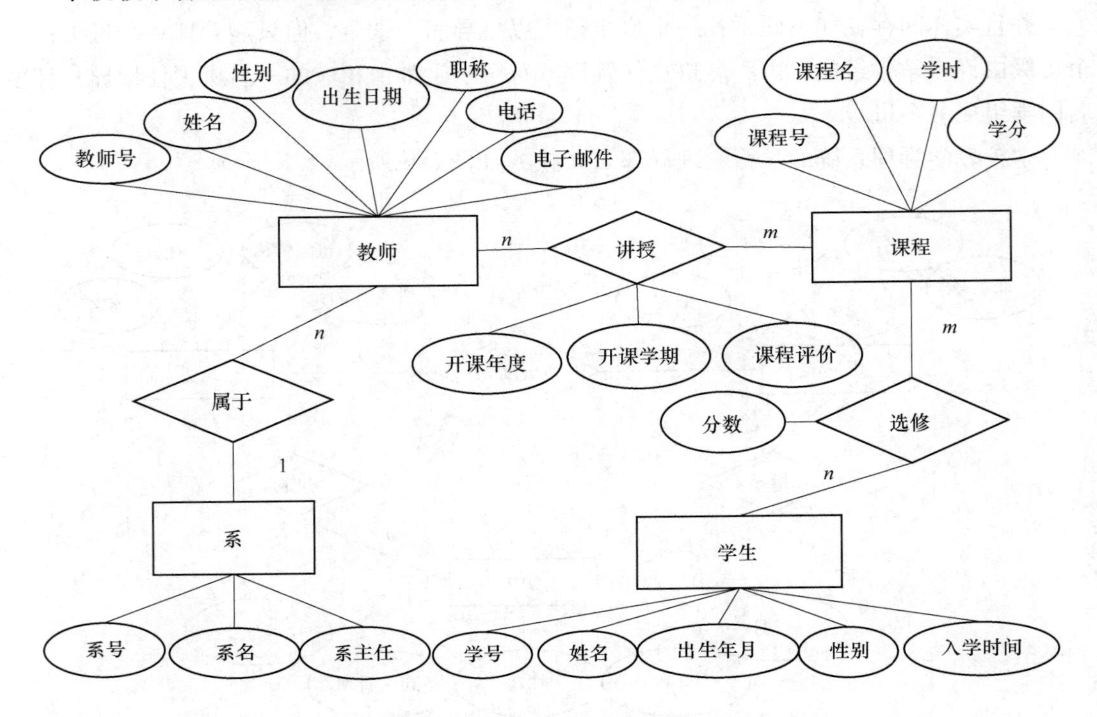

图 8-7 选课和成绩管理局部 E-R 图

8.3.2.2 设计全局 E-R 模式

局部 E-R 模式只反映了系统部分应用的数据和处理视图，需要从全局数据观点出发，把得到的多个局部 E-R 模式进行合并，把各局部 E-R 模式的共同特性统一起来（合并），找出并消除各局部 E-R 模式之间的差别（消除冗余），进而得到数据的全局概念模型，即全局 E-R 模式。

（1）合并分 E-R 图，生成初步 E-R 图。各个局部应用所解决的问题不同，并且通常是由不同的设计人员进行局部的 E-R 模式设计，这就导致了各个分 E-R 图之间必定会存在许多不一致的地方，称之为冲突。合理地消除冲突，以形成一个能为全系统中所有用户共同理解和接受的概念模型，成为合并各局部 E-R 模型的主要工作。

E-R 图中的冲突一般分为属性冲突、命名冲突和结构冲突三种类型。

1）属性冲突。属性冲突包括属性域冲突和属性取值单位冲突。属性域冲突指属性值的类型、取值范围不同。例如属性“学号”，某些部门将学号定义为整数，而另一些部门将学号定义为字符型。属性取值单位冲突如学生的身高，有的以厘米为单位，有的以尺为单位。这类冲突需要由用户协商解决。

2）命名冲突。命名冲突指属性、联系、实体的命名存在冲突，包含同名异义和同义异名两种形式。同名异义指不同含义的对象在不同的局部应用中具有相同的名字。同义异名是指相同含义的对象在不同的局部应用中具有不同的名字。例如“学生”实体的属性“出生年月”和“出生日期”具有相同的含义，属于同义异名。这类冲突需要通过讨论、协商解决。

3）结构冲突。结构冲突存在以下两种情况：

同一对象在不同应用中具有不同的抽象。例如“系”在选课和成绩管理中被当作实体，而在学籍管理中则被当作属性。解决方法是根据实际情况，将属性变换为实体或将实体变换为属性。

同一实体类型在不同分 E-R 图中所包含的属性个数不同。如“学生”实体在学籍管理中由学号、姓名、出生日期、性别、宿舍号组成，而在选课和成绩管理中由学号、姓名、出生年月、性别、入学时间组成。解决方法是使该实体的属性取各分 E-R 图中属性的并集。

（2）消除不必要的冗余、设计基本 E-R 图。在初步的 E-R 图中，可能存在冗余的数据和冗余的实体间联系，冗余的数据是指可由基本数据导出的数据，冗余的联系是指可由其他联系导出的联系，冗余数据和冗余联系容易破坏数据库的完整性，给数据库维护增加困难。

设计数据库概念模型时，哪些冗余信息必须消除，哪些冗余信息允许存在，需要根据用户的整体需求来确定。消除不要的冗余信息后的初步 E-R 图称为基本 E-R 图。可采用分析的方法来消除冗余，以数据字典和数据流图为依据，根据数据字典中关于数据项之间的逻辑关系的说明来消除冗余。

下面将图 8-6 的学生学籍管理系统 E-R 图和图 8-7 的选课和成绩管理 E-R 图合并成一个学校管理系统的全局 E-R 图。这两个局部 E-R 图存在部分冲突和冗余，合并过程如下：

（1）班主任实际上也属于教师，也就是说学籍管理中的班主任实体与课程管理中的教师实体在一定程度上属于异名同义，应将学籍管理中的班主任实体与课程管理中的教师实体统一称为教师。

（2）将班主任改为教师后，教师与学生之间的联系在两个局部视图中呈现两种不同的类型，一种是学籍管理中教师与学生之间的指导联系，一种是选课和成绩管理中教师与学生之间的教学联系，由于指导联系实际上可以包含在教学联系之中，因此可以将这两种联系综合为教学联系。

（3）在两个局部 E-R 图中，学生实体属性组成和属性的命名都存在差异，应取所有属性的并集，并统一属性的命名，例如将“出生年月”和“出生日期”统一为“出生日期”，学生实体属性可描述为：学生（学号、姓名、出生日期、性别、入学时间、宿舍号）。

（4）“系”在学籍管理局部 E-R 图中被作为属性，而在选课和成绩管理 E-R 图中作为实体，合并全局 E-R 图后应该把“系”作为实体对待，并包括“系号、系名、系主任”属性。

合并后的学校教学管理系统的全局 E-R 图如图 8-8 所示。

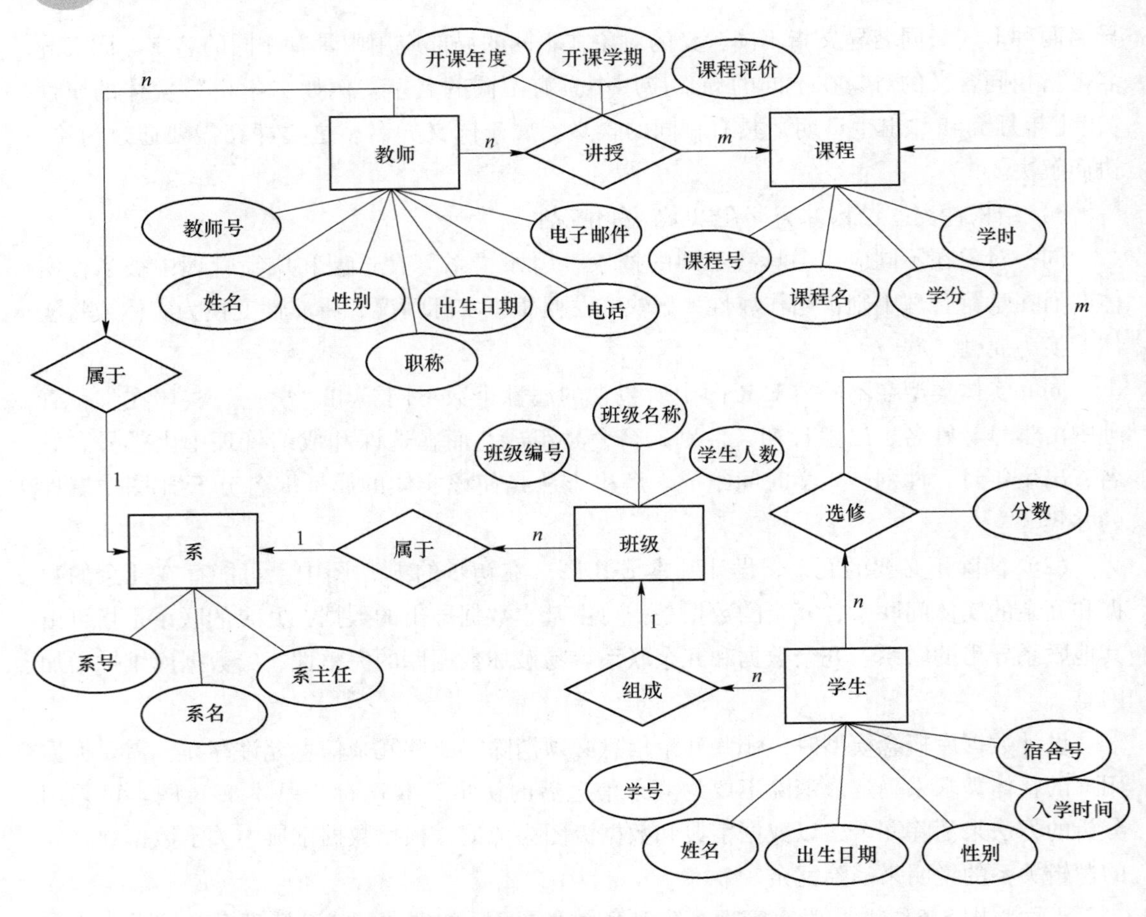

图 8-8 合并后的学校教学管理系统的全局 E-R 图

8.4 逻辑结构设计

在概念结构设计阶段得到的 E-R 模型是针对用户的数据模型，独立于具体的 DBMS。为了能够使用某一具体的 DBMS 实现用户需求，还必须将概念结构模型转化为相应的数据模型。逻辑结构设计阶段的主要任务就是将概念结构设计阶段设计好的概念模式（E-R 图）转换为与选用的 DBMS 产品所支持的数据模型，并对数据模型进行优化。目前的 DBMS 产品支持关系、网状、层次这三种数据模型，这里只讨论目前最流行的关系数据模型。

逻辑结构设计的原则是满足标准化和规范化，数据的标准化有助于消除数据库中的数据冗余，标准化有几种形式，但 3NF 通常被认为在性能、扩展性和数据完整性方面达到了最好平衡。

8.4.1 概念模型向关系模型的转换

概念结构设计中得到的 E-R 图是由实体、属性和联系组成的，而关系数据库逻辑设计的结果是一组关系模式的集合，所以将 E-R 图转换为关系模型实际上是将实体、属性和联系转换成关系模式。

8.4.1.1 实体的转换

一个实体转换为一个关系模式，实体的属性转化为该关系模式的属性，关系的码（键）就是实体的码。例如，图 8-9 所示的学生实体的 E-R 图转换为如下关系模式：

学生（学号、姓名、出生日期、性别、入学时间、宿舍号）。

“学号”是该关系的码。

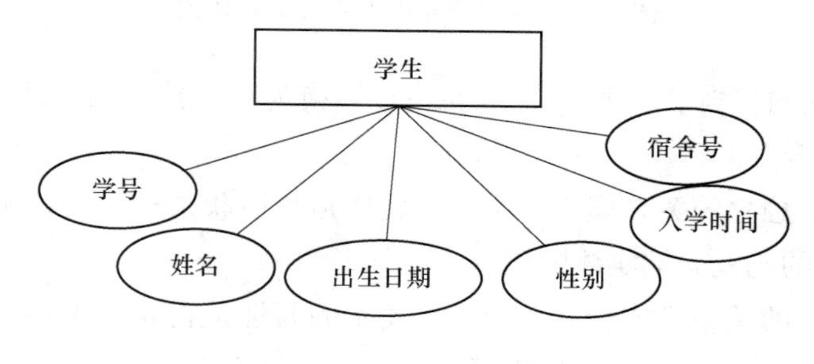

图 8-9 学生实体的 E-R 图

8.4.1.2 实体间联系的转换

（1）1∶1 联系的转换。一个 1∶1 联系可以转换为一个独立的关系模式，也可以与任意一端对应的关系模式合并。

如果转换为一个独立的关系模式，则该关系模式的属性由与该联系相连的各实体的码及联系本身的属性组成。与该联系相连的每个实体的码均是该关系的候选码（以下关系的码用下划线标出）。

如果与某一端对应的关系模式合并，则合并后关系的属性是加入对应关系的码和联系本身的属性，合并后关系的码不变。

例如，图 8-10 所示的班主任和班级的 E-R 图中“管理”联系的转换方式如下。

1）转换为独立的关系模式。

班主任（教师号、姓名、性别、职称、电话）；

班级（班级名称、学生人数、系名）；

管理（教师号、班级名称）。

其中，“管理”关系的码也可以是“班级名称”。

2）与“管理”联系对应的实体“班主任”的关系模式合并。

班主任（教师号、姓名、性别、职称、电话、班级名称）；

班级（班级名称、学生人数、系名）。

3）与“管理”联系对应的实体“班级”的关系模式合并。

班主任（教师号、姓名、性别、职称、电话）；

班级（班级名称、学生人数、系名、教师号）。

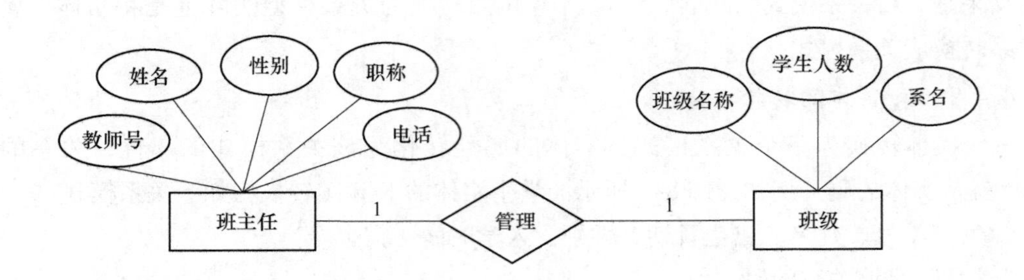

图 8-10　班主任和班级的联系 E-R 图

（2）1∶n 联系的转换。一个 1∶n 联系可以转换为一个独立的关系模式，也可以与 n 端对应的关系模式合并。

1）转换为一个独立的关系模式。关系的属性是与该联系相连的各实体的码以及联系本身的属性，关系的码是 n 端实体的码。

2）与 n 端对应的关系模式合并。合并后关系的属性是在 n 端关系中加入 1 端关系的码和联系本身的属性，合并后关系的码不变。

例如，图 8-11 所示的系与教师的联系是 1∶n 的联系。

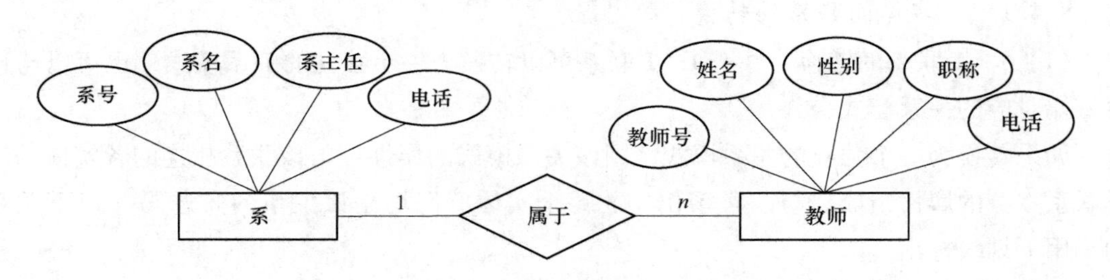

图 8-11　系与教师联系的 E-R 图

该“属于”联系可转化为独立的关系模式：

属于（教师号、系号），其中主键为 n 端实体的主键“教师号”。

该“属于”联系也可以与 n 端实体“教师”合并，转换为如下关系模式：

系（系号、系名、系主任、电话）；

教师（教师号、姓名、性别、职称、电话、系号）。

（3）m∶n 联系的转换。一个 m∶n 联系转换为一个独立的关系模式，关系的属性由与该联系相连的各实体的码以及联系本身的属性组成，关系的码是与该联系相连的各实体码的组合。

例如，图 8-12 教师与课程之间的“讲授”联系是一个 m∶n 联系，可以将它转换为如下关系模式，其中教师号与课程号的组合作为讲授关系的码。

讲授（教师号、课程号、开课年度、开课学期、课程评价）。

综上，按照实体和联系的转换规则，图 8-8 所示的“学校教学管理系统”E-R 图转换

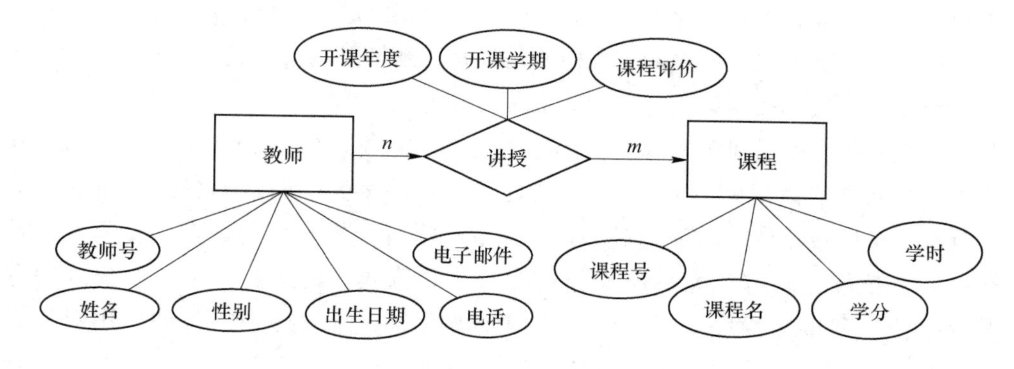

图 8-12 教师与课程联系的 E-R 图

为关系模式的方法如下：

“课程”实体与“教师”实体之间的联系“讲授”是多对多的联系类型，需要设计单独的关系模式“讲授”；系与教师实体，以及系与班级实体间是一对多的联系，可以把该联系“属于”分别放到“教师”实体和“班级”实体中；“学生”实体与“课程”实体的“选修”联系是多对多的联系类型，需要设计单独的关系模式“选修”；班级实体和学生实体之间是一对多的联系类型，可以把该联系“组成”放到“学生”实体中。

因此，将图 8-8 中的实体和联系分别设计成如下的关系模式，关系的主码用下划线标出：

教师（<u>教师号</u>、姓名、性别、职称、出生日期、电话、电子邮件、系号）；

课程（<u>课程号</u>、课程名、学时、学分）；

讲授（<u>教师号、课程号</u>、开课年度、开课学期、课程评价）；

系（<u>系号</u>、系名、系主任）；

班级（<u>班级编号</u>、班级名称、学生人数、系号）；

学生（<u>学号</u>、姓名、性别、出生日期、入学时间、宿舍号、班级编号）；

选修（<u>学号、课程号</u>、分数）。

8.4.2 数据模型的优化

数据库设计是应用程序设计的基础，其性能直接影响应用程序的性能。模式设计得合理与否，对数据库的性能有很大影响。为了优化数据库性能，在根据 E-R 图和转换规则设计出关系模式后，还必须按照规范化和实际要求对关系模式进行优化，对模式进行优化是逻辑设计的重要环节。规范化理论为数据库设计人员判断关系模式优劣提供了理论标准，可用来预测模式可能出现的问题，使数据库设计工作有了严格的理论基础。规范化的范式可分为第一范式、第二范式、第三范式、BCNF 范式、第四范式和第五范式。在实际的应用中，关系模式的规范化程度并不是越高越好，因为在关系模式的规范化提升过程中，必须将一个关系模式分解成为多个关系模式。这样，在执行查询操作时，如果需要相关的信息，就必须做多个表的连接才能达到要求，这样会给系统增加一定的开销，特别当很多用户同时访问或者关系中存在许多元组时，其负担会越加明显。一般来说，在逻辑数据结构设计阶段，满足第三范式的关系模式结构容易维护且基本满足实际应用的要求。因此，实际应用中一般都按照第三范式的标准进行规范化。

数据模型的优化就是对关系模式进行优化使其满足第三范式的要求。首先，需要确定关系模式中的数据依赖。对于各个关系模式之间的数据依赖进行极小化处理，消除冗余的联系。其次，按照数据依赖的理论对关系模式逐一进行分析，考查是否存在部分函数依赖、传递函数依赖，确定各关系模式分别属于第几范式，消除在一个关系模式中存在的部分函数依赖和传递函数依赖。最后，按照需求分析阶段得到的各种应用对数据处理的要求，分析对于这样的应用环境这些模式是否合适，确定是否要对他们进行合并或分解。

经过简单的分析可以看出，8.4.1 节设计的所有关系模式都属于 3NF。任何非主属性都不存在对码的部分函数依赖，也不存在非主属性对码的传递函数依赖。

8.4.3 设计用户外模式

生成了整个应用系统的模式后，还应该根据局部应用需求，设计更符合局部用户需要的用户外模式。外模式是用户所用到的那部分数据的描述。定义用户外模式时应该更注重考虑用户的习惯与方便，除了指出用户用到的数据外，还应指出数据与概念模式中相应数据的联系，即指出概念模式与外模式之间的对应性。用户外模式设计时要注意以下问题：

（1）使用更符合用户习惯的别名；

（2）针对不同级别的用户定义不同的外模式，以满足系统对安全性的要求；

（3）简化用户对系统的使用。

8.5 物理结构设计

数据库在物理设备上的存储结构与存取方法称为数据库的物理结构。物理结构设计是从数据库的逻辑模式出发，设计一个可实现的、有效的物理数据库结构。其主要任务是确定文件组织、分块技术、缓冲区大小及管理方式、数据库在存储器上的分布等。设计过程一般分为两步：确定数据库的物理存储结构；对物理结构的时间和空间效率进行评价。

8.5.1 确定物理结构

（1）记录存储结构的设计。逻辑模式表示的是数据库的逻辑结构，其中的记录称为逻辑记录，而存储记录是逻辑记录的存储形式，记录存储结构的设计就是设计存储记录的结构形式，它涉及不定长数据项的表示、数据项编码、是否需要压缩和采用何种压缩方式、记录间互联指针的设置以及记录是否需要分割以节省存储空间等。确定数据库存储结构时要综合考虑存取时间、存储空间利用率和维护代价三方面的因素。这三个方面常常是相互矛盾的，例如，消除一切冗余数据虽然能够节约存储空间，但往往会导致检索代价的增加，因此必须进行权衡，选择一个折中方案。

（2）数据的存取方法设计。数据库系统是多用户共享的系统，对同一个关系要建立多条存取路径才能满足多用户的多种应用要求。物理结构设计的第一个任务就是要确定选择哪些存取方法，即建立哪些存取路径。在关系数据库中，选择存取路径主要是指确定如何建立索引。

索引是一种独立的存储结构，也是独立的数据库对象，它对 DBMS 的操作效率有很重要的影响。索引的主要作用是提供了一种不需要扫描每个页就可以快速访问数据页的方法。这里所说的数据页即是存储数据的物理块。设计优秀的索引可以大大提高对数据库的访问效率。索引存取方法的主要内容包括：对哪些属性列建立索引、对哪些属性列建立组合索引，以及对哪些索引要设计为唯一索引等。

索引并不是越多越好，关系上定义的索引数过多会带来较多的额外开销，特别是建立一些不可利用的索引，将增加维护索引结构的代价，最终增加系统负担，反而降低系统性能。

（3）确定系统配置。DBMS 产品一般都提供了一些存储分配参数，供设计人员和 DBA 对数据库进行物理优化。初始情况下，系统都为这些变量赋予了合理的缺省值。但是这些值不一定适合每一种应用环境，在进行物理设计时，需要重新对这些变量赋值以改善系统的性能。

8.5.2 评价物理结构

数据库物理设计过程中需要对时间效率、空间效率、维护代价和各种用户的要求进行权衡，其结果可以产生多种设计方案。数据库设计人员必须对这些方案进行评价，从中选出一种较优的设计方案作为数据库的物理结构。

评价数据库物理结构的方法完全依赖于所选用的 DBMS，主要是从定量估算各种方案的存储空间、存取时间和维护代价入手，对估算结果进行权衡、比较，选择出一个较优的合理的物理结构。

8.6 数据库实施

数据库实施是指根据逻辑设计和物理设计的结果，在计算机上建立起实际的数据库结构，进行数据载入、测试和试运行的过程。数据库实施的主要工作包括：定义数据库结构、组织数据入库、编制与调试应用程序、数据库试运行。

8.6.1 建立实际数据库结构

确定了数据库的逻辑结构与物理结构后，就可以用所选用的 DBMS 提供的 DDL 来严格描述数据库结构。

8.6.2 数据载入

数据库结构建立好后，就可以向数据库中装载数据，数据库实施阶段的首要任务是载入数据。数据来源可能是原始的账本、票据、档案资料等；分散的计算机文件；原有的数据库系统。

数据载入的方法有人工方法和计算机辅助数据入库方法两种。

（1）人工方法。人工方法适用于小型系统，步骤如下：

1）筛选数据，需要载入数据库中的数据通常都分散在各个部门的数据文件或原始凭证中，首先必须把需要入库的数据筛选出来。

2）转换数据格式，筛选出来的需要入库的数据，格式往往不符合数据库的要求，还需要进行格式转换。

3）输入数据，将完成格式转换的数据输入计算机。

4）校验数据，检查输入的数据是否有误。

（2）计算机辅助。对于中大型系统，由于数据量极大，用人工方式组织数据入库将会耗费大量人力物力，而且很难保证数据的正确性。因此应该设计一个数据输入子系统由计算机辅助数据的入库工作。

8.6.3 编写、调试应用程序

数据库应用系统中应用程序的设计，一般应与数据库设计同步进行，它是数据库应用设计的另一个重要方面——行为设计。由于面向对象技术与可视化编程技术的普遍应用，出现了不少专门为开发数据库应用设计的软件系统，如 Visual Studio. NET、C ++ Builder、PowerBuilder 等，都是非常优秀的集成开发环境，它们具备强大的应用程序设计能力，使得高效率地建立数据库应用系统成为可能。

8.6.4 数据库试运行

应用程序调试完成，并且已经有小部分数据输入数据库后，就可以开始数据库的试运行，此阶段也被称作联合调试。数据库试运行期间，主要完成以下两方面工作：

（1）功能测试。在实际运行应用程序的过程中，对数据库执行各种操作，测试应用程序的各种功能。

（2）性能测试。利用性能监视器、查询分析器等软件工具对系统性能进行监视和分析。

数据库试运行期间要实际测量系统的各种性能指标，如果不符合设计目标，则需要返回物理设计阶段进行修改。对于数据库设计的问题，可能还需要返工，检查数据库的逻辑设计是否存在问题。

经过反复测试，直到数据库应用程序功能正常，数据库运行效率也能满足需要，就可以删除模拟数据，将正式数据全部装入数据库，进行最后的试运行。此时，最好原有的系统也处于正常的运行状态，形成一种同一应用两个系统同时运行的局面，以确保用户的业务能正常开展。

8.7　数据库运行和维护

数据库试运行结果符合设计目标后，数据库就可以真正投入运行了。数据库投入运行标志着开发任务的基本完成和维护工作的开始，并不意味着设计过程的终结，由于应用环境在不断变化，数据库运行过程中物理存储也会不断变化，对数据库设计进行评价、调整、修改等维护工作是一个长期的任务，也是设计工作的继续和提高。对数据库经常性的维护工作主要是由 DBA 完成的，包括以下几个方面的内容。

(1) 数据库的转储与恢复。在系统运行过程中，会存在着像电源故障、磁盘故障等无法预料的意外情况，导致数据库运行中断，甚至数据库部分内容被破坏。许多大型的 DBMS 都提供了故障恢复功能，但是这个功能需要 DBA 配合才能完成。所以，需要 DBA 定期地对数据库及其日志文件进行备份，以保证一旦发生故障，能利用数据库备份的日志文件，尽快将数据库恢复到某种一致性状态，并尽可能减少对数据库的破坏。

(2) 数据库的完整性和安全性控制。DBA 维护数据库安全的主要工作内容包括：根据用户的实际需要授予不同的操作权限；根据应用环境的改变修改数据对象的安全级别；经常修改口令或者其他保密措施。由于应用环境的变化，数据库的完整性约束条件也会发生改变，DBA 应根据实际情况及时做出调整，以满足用户需求。

(3) 数据库性能监控、分析与改进。在数据库运行过程中，DBA 必须监控系统运行，对监测数据进行分析，找出改进系统性能的方法。首先利用 DBMS 提供的系统性能监控、分析工具获取系统运行过程中一系列性能参数的值；通过仔细分析这些数据，判断当前系统是否处于最佳运行状态；如果不是，则需要通过调整某些参数来对数据库进行改进、重组和重构。

(4) 数据库的重组与重构。在数据库运行一段时间之后，由于记录的不断增、查、删、改，数据库的物理结构会发生改变，变得不尽合理，从而导致数据库存储空间的利用率和数据的存取效率降低，数据库的性能下降。这时 DBA 就要对数据库进行重组织或部分重组织（只对频繁增、删的表进行重组织）。

数据库重组改变的是数据库物理存储结构，不改变逻辑结构和数据库的数据内容。而数据库的重构可能涉及数据内容、逻辑结构、物理结构的改变。例如：在表中增加或删除某些数据项，改变数据项的类型，增加或删除某个表，改变数据库的容量，增加或删除索引等。当重构也不能解决应用更改带来的变化，就需要设计新的数据库应用系统了。

习　题

(1) 数据库设计分为哪几个阶段？简述每个阶段的主要工作内容。

（2）需求分析的设计目标是什么？调查的内容是什么？

（3）数据流图的作用是什么？

（4）数据字典的内容和作用是什么？

（5）什么是数据库的概念结构设计？简述数据库概念结构设计的步骤。

（6）什么是E-R图？构成E-R图的基本要素是什么？

（7）简述数据库逻辑结构设计的步骤。

（8）简述将E-R图转换为关系模型的转换规则。

（9）简述数据库物理结构设计的内容和步骤。

（10）简述数据库实施阶段的主要工作。

（11）数据库运行和维护阶段的主要工作包括哪些？什么是数据库的重组和重构？

（12）一个图书管理系统中有如下信息。

图书：书号、书名、数量、位置；

借书人：借书证号、姓名、单位；

出版社：出版社名、邮编、地址、电话、E-mail。

任何人可以借多本书，每一本书可以被多人借阅，借书和还书时要登记相应的借书日期和归还日期；一个出版社可以出版许多书，而一本书仅由某一出版社出版，且出版社名是唯一的。

根据以上情况，完成以下设计：

1）设计系统的E-R图；

2）将E-R图转换为关系模式，并将其规范化以满足3NF要求；

3）指出转换后的每个关系模式的码（主键）。

（13）请为计算机经销商设计一个数据库，对生产厂商、产品信息和生产情况进行管理。系统要求记录产品的编号、名称、品牌、型号、单价、生产厂商编号、厂商名称、地址、联系人、电话、生产数量、生产日期。用E-R图来描述该数据库的概念模型，根据所构建的E-R图设计满足3NF的关系模式，并说明关系模式的主键和外键。

9 Java 与数据库编程

9.1 Java 概述及开发环境

Java 是 Sun 系统公司在 1995 年推出的一种编程语言，设计用于互联网的分布式环境，推出之后马上给互联网的交互式应用带来了新面貌。Java 具有类似于 C ++ 语言的“形式和感觉”，而比 C ++ 语言更易于使用。在编程时采用“以对象为导向”的方式，Java 语言作为静态面向对象编程语言的代表，极好地实现了面向对象理论，允许程序员以优雅的思维方式进行复杂的编程。

在实际的软件编程开发过程中，使用如 Java、Python 或 . NET 语言与数据库进行连接操作，是有必要的。软件通过连接数据库进行数据管理，是面向用户的和服务用户的。因此，需要学习和掌握编程语言与数据库之间的连接与基本操作的实现。

9.1.1 Java 语言特点

（1）简单性。Java 语言的语法与 C 语言和 C ++ 语言很接近，使得大多数程序员很容易学习和使用。另一方面，Java 丢弃了 C ++ 中很少使用的、很难理解的特性，如操作符重载、多继承、自动的强制类型转换。特别地，Java 语言不使用指针，而是引用。Java 提供了自动分配和回收内存空间，使得程序员不必为内存管理而担忧。

（2）面向对象。Java 语言是一个纯的面向对象的程序设计语言。Java 语言提供类、接口和继承等面向对象的特性。为了编程的建议性，规定支持类之间的单继承，但限于接口之间的多继承，并支持类与接口之间的实现机制。Java 语言全面支持动态绑定。

（3）分布式。Java 语言支持 Internet 应用的开发。在基本的 Java 应用编程接口中，提供应用网络的接口和类库，包括 URL、URL Connection、Socket、ServerSocket 等。此外，Java 的远程激活机制也是开发分布式应用的方式。

（4）可移植性。与平台无关的特性使 Java 程序可以方便地被移植到网络上的不同机器。另外，Java 系统本身也具有很强的可移植性，Java 编译器是用 Java 实现的，Java 的运行环境是用 ANSIC 实现的。

（5）安全性。Java 经常应用于网络环境中，为此，Java 有安全机制以防恶意代码的攻击。除了 Java 语言具有的许多安全特性以外，Java 对通过网络下载的类具有一个安全防范机制，如分配不同的名字空间以防替代本地的同名类、字节代码检查，并提供安全管理机制。

（6）多线程。线程是一种特殊的对象，由 Java 中的 Thread 类或其子（孙）类来创建。线程的活动由一组方法来控制。Java 语言支持多个线程的同时执行，并提供多线程之间的同步机制。多线程机制使应用程序能够并行执行，而且同步机制保证了对共享数据的正确操作。

（7）高性能。Java 是一种先编译后解释的语言，但与那些解释型的高级脚本语言相比，Java 是高性能的。Java 在运行时会被编译成字节码文件，这些字节码文件很容易被编译成特定的机器码，从而使得生成机器码的过程相当简单，并得到较高的性能。事实上，Java 的运行速度随着编译器技术的发展越来越接近于 C ++。

（8）动态性。Java 语言的设计目标之一是适应于动态变化的环境。Java 程序需要的类能够动态地被载入到运行环境，也可以通过网络来载入所需要的类。

（9）体系结构中立。Java 解释器生成与体系结构无关的字节码指令，只要安装了 Java 运行系统，Java 程序就可在任意的处理器上运行。

（10）鲁棒性。Java 在编译和运行程序时，都要对可能出现的问题进行检查，以消除错误的产生。

9.1.2 JDK 及 Java 编程环境设置

9.1.2.1 JDK 概述

JDK（Java Development Kit）是 Java 语言的软件开发工具包（SDK）。作为 Java 语言的软件开发工具包，可用于移动设备、嵌入式设备上的 Java 应用程序开发。JDK 是整个 Java 开发的核心，它包含了 Java 编译器、Java 运行工具、Java 文档生成工具、Java 打包工具等。

目前使用最多的 JDK 是来自 Sun 公司发布的 JDK。当然除了 Sun 公司的 JDK 外，还有很多公司及组织开发自身的 JDK，如 IBM、阿里等知名公司，自行开发的 JDK 主要用于满足自身公司的特定需求。

9.1.2.2 JDK 版本

（1）SE（J2SE），Standard Edition，标准版，是通常使用的一个版本，从 JDK 5.0 开始，修改名称为 Java SE。

（2）EE（J2EE），Enterprise Edition，企业版，使用这种 JDK 开发 J2EE 应用程序，从 JDK 5.0 开始，修改名称为 Java EE。

（3）ME（J2ME），Micro Edition，主要用于移动设备、嵌入式设备上的 Java 应用程序，从 JDK 5.0 开始，修改名称为 Java ME。

9.1.2.3 JDK 下载

访问 oracle 官网 http：//www.oracle.com，进入 Java Downloads 页面下载页，如图 9-1 所示。

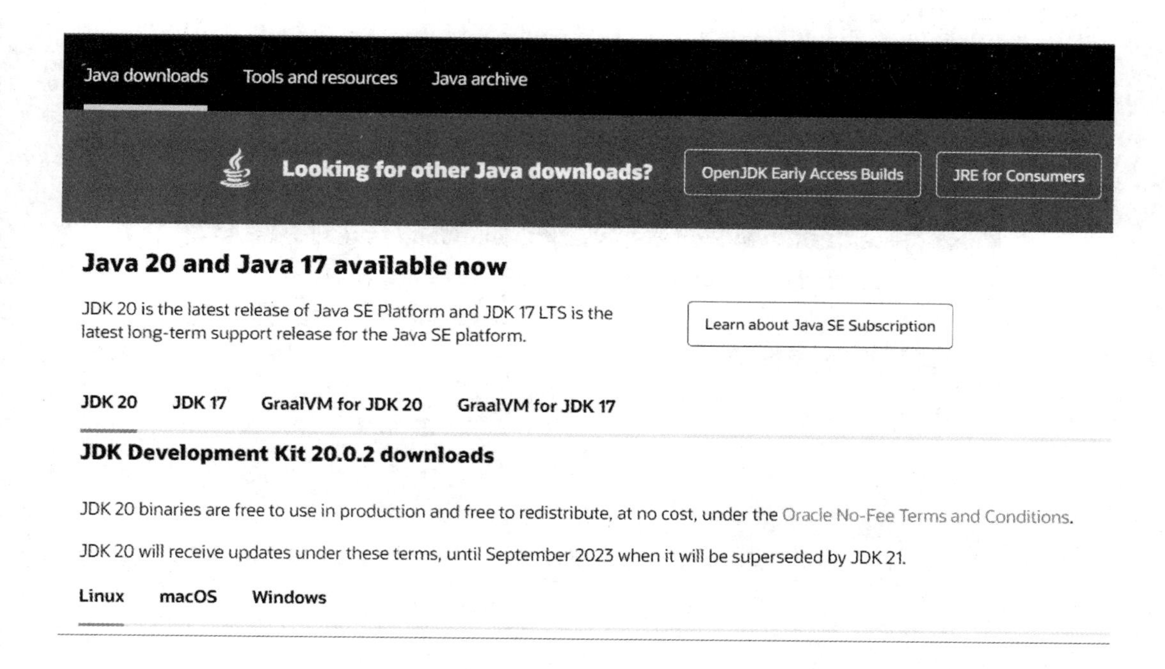

图 9-1　JDK 官网下载页面

按照计算机操作系统版本型号，选择 JDK 下载。本书内容中，以下载 Windows 的 JDK17 为例来说明，如图 9-2 所示，即下载文件“jdk-17_windows-x64_bin. exe”。另外，JDK 在 Java1. 0 到 Java9 对应每一个版本号为 JDK1. 0、JDK1. 2、…、JDK1. 8、JDK1. 9，在 Java10 以后，JDK 对应名称则为：JDK10、JDK11、JDK12、…、JDK17。

JDK 20　JDK 17　GraalVM for JDK 20　GraalVM for JDK 17

JDK Development Kit 17.0.8 downloads

JDK 17 binaries are free to use in production and free to redistribute, at no cost, under the Oracle No-Fee Terms and Conditions.

JDK 17 will receive updates under these terms, until September 2024, a year after the release of the next LTS.

Linux　macOS　Windows

Product/file description	File size	Download
x64 Compressed Archive	172.38 MB	https://download.oracle.com/java/17/latest/jdk-17_windows-x64_bin.zip (sha256)
x64 Installer	153.48 MB	https://download.oracle.com/java/17/latest/jdk-17_windows-x64_bin.exe (sha256)
x64 MSI Installer	152.27 MB	https://download.oracle.com/java/17/latest/jdk-17_windows-x64_bin.msi (sha256)

图 9-2　选择合适的 JDK 版本下载

9.1.2.4 JDK 安装

打开下载好的“jdk-17_windows-x64_bin. exe”文件，点击“下一步”，如图 9-3 所示。

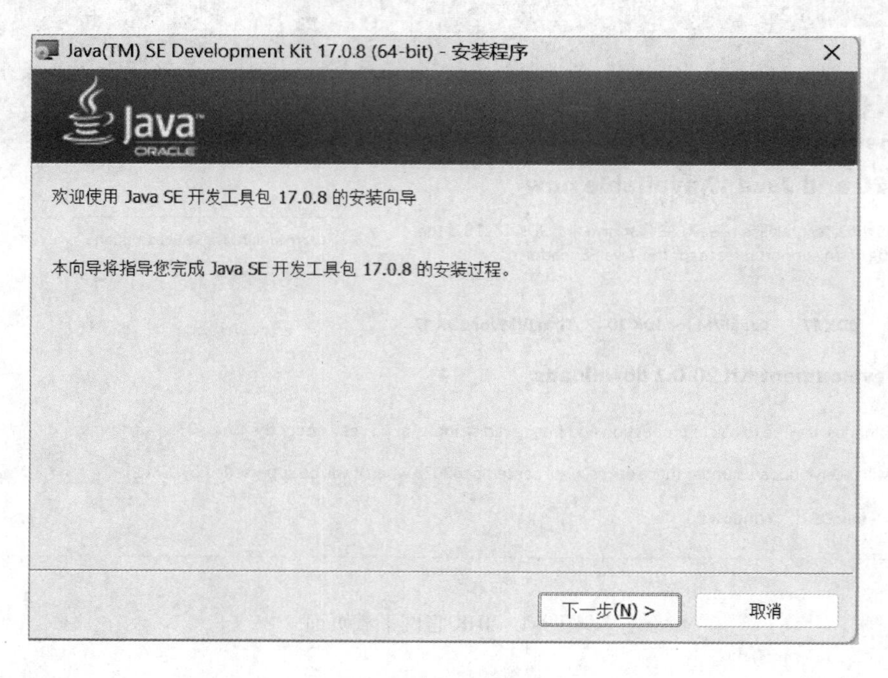

图 9-3 JDK 开始安装界面

安装过程中，可修改安装路径，如图 9-4 所示。

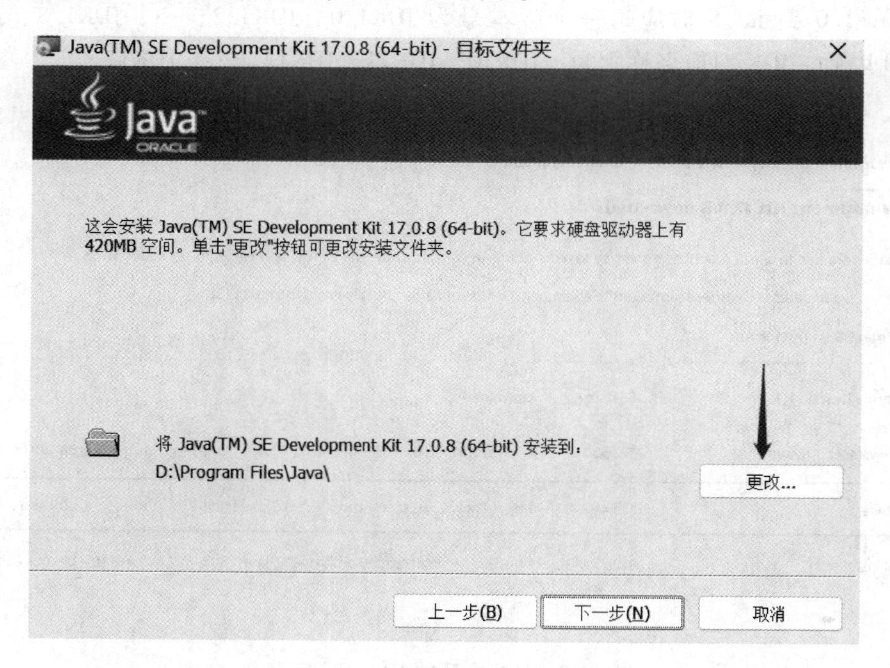

图 9-4 JDK 安装路径设置

等待安装，出现如图 9-5 的界面时，可“关闭”退出，表示安装已完成。

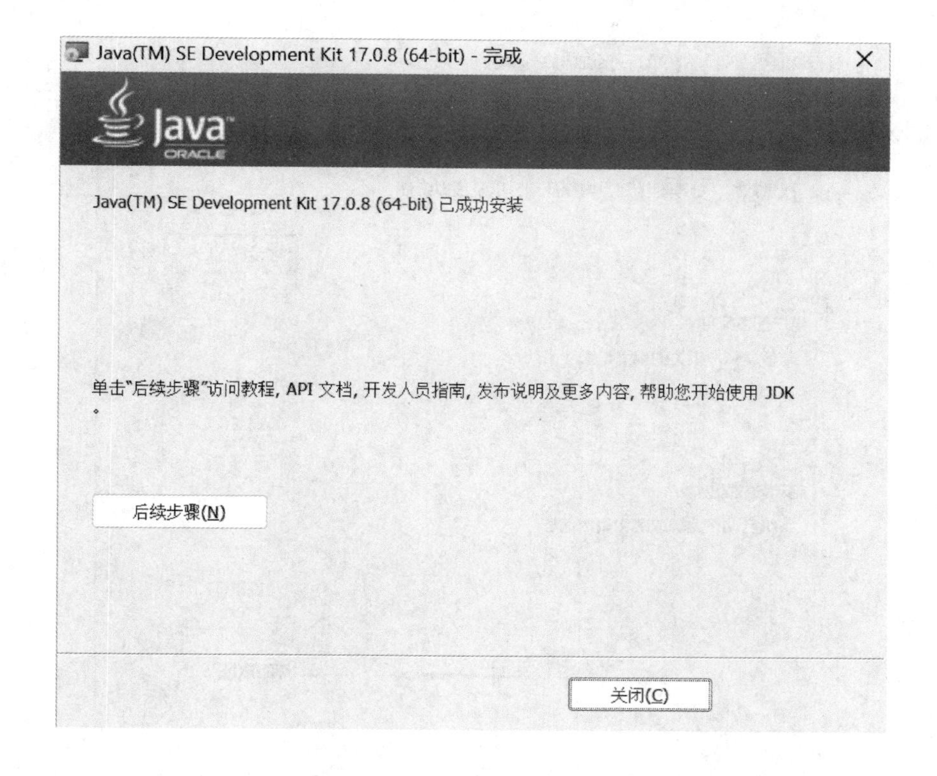

图 9-5　JDK 安装完毕界面

9.1.2.5　环境变量设置

安装完毕 JDK 之后，需要进一步设置 Java 编译的环境变量。打开“系统属性”—“高级”，找到环境变量，如图 9-6(a) 所示。找到系统变量“Path”，点击“编辑”，如图 9-6(b) 所示，进入编辑变量页面。

在编辑环境变量页面，“新建”之后，将 JDK 安装路径下的 bin 目录加到列表里，如图 9-7 所示。

然后依次确定即可完成环境变量的设置。设置完成后，可使用 cmd 命令，打开命令提示符，输入 java-version 出现如图 9-8 的界面，表示环境变量设置成功。

9.1.2.6　Java 的 IDE 安装和使用

Java 的 JDK 安装完成后，需要一个环境来编写 Java 文件。IDE，全称是 Integrated Development Environment，意思是集成开发环境。Java 的 IDE 常用的有 Eclipse、IntelliJ IDEA、Visual Studio 等，可根据日常编程习惯来选择。本书以 Eclipse 为例说明和演示。

Eclipse 的安装很简便，在官网 https：//www. eclipse. org/中选择适合系统的版本，如图 9-9 所示，下载安装即可。

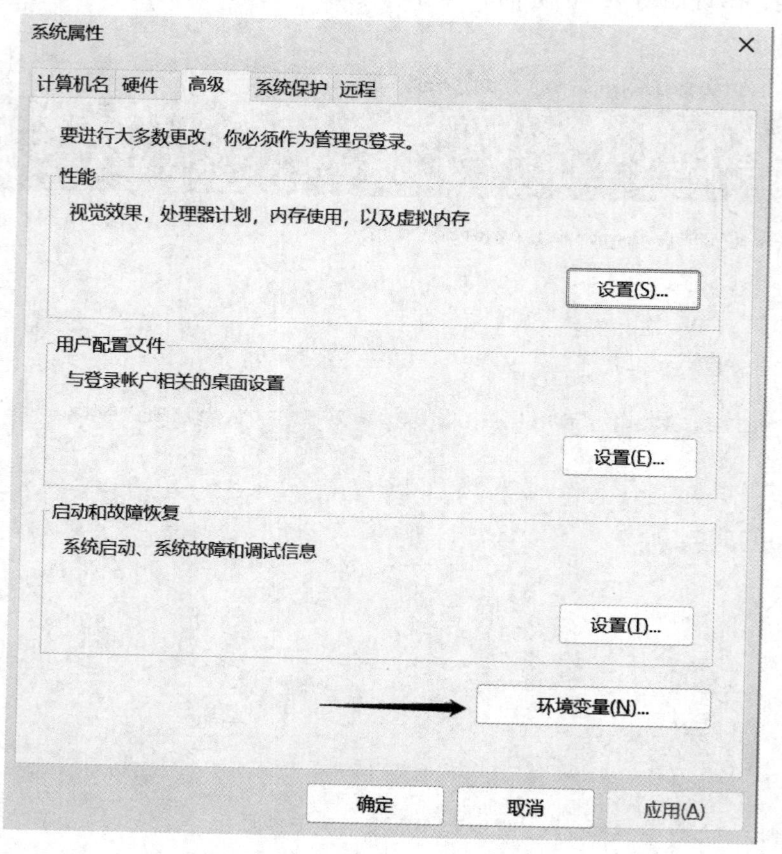

(a)

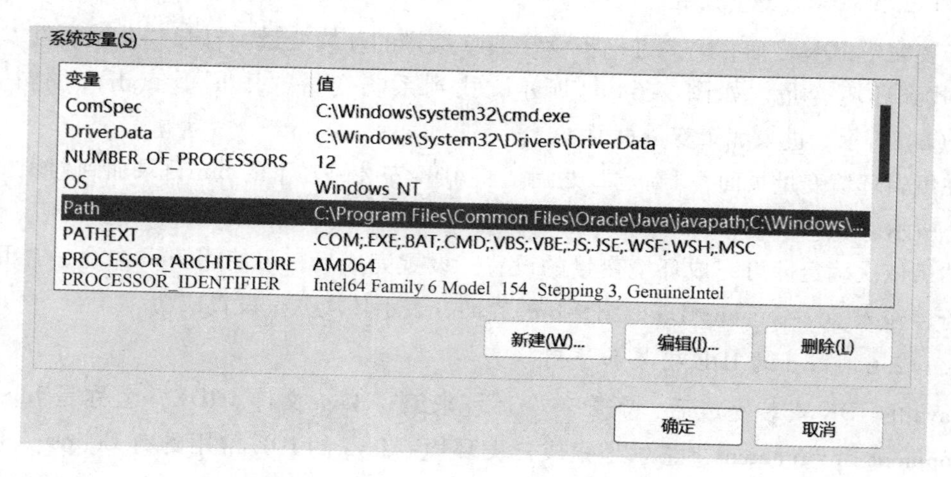

(b)

图 9-6　环境变量位置

（a）找到环境变量；（b）找到系统变量

图 9-7　环境变量设置

命令提示符

```
Microsoft Windows [版本 10.0.22621.1992]
(c) Microsoft Corporation。保留所有权利。

C:\Users\    >java -version
java version "17.0.8" 2023-07-18 LTS
Java(TM) SE Runtime Environment (build 17.0.8+9-LTS-211)
Java HotSpot(TM) 64-Bit Server VM (build 17.0.8+9-LTS-211, mixed mode, sharing)
```

图 9-8　环境变量设置检查

Eclipse IDE for Java Developers
326 MB
434,109 DOWNLOADS
The essential tools for any Java developer, including a Java IDE, a Git client, XML Editor, Maven and Gradle integration

Eclipse IDE for Enterprise Java and Web Developers
523 MB
254,732 DOWNLOADS
Tools for developers working with Java and Web applications, including a Java IDE, tools for JavaScript, TypeScript, JavaServer Pages and Faces, Yaml, Markdown, Web Services, JPA and Data Tools, Maven and Gradle, Git, and more.
Click here to open a bug report with the Eclipse Web Tools Platform.
Click here to raise an issue with the Eclipse Platform.
Click here to raise an issue with Maven integration for web projects.
Click here to raise an issue with Eclipse Wild Web Developer (incubating).

图 9-9 Java IDE 的下载页面

9.2 JDBC

JDBC，全称是 Java Database Connectivity，为 Java 应用程序访问关系型数据库提供了统一的访问接口。用 JDBC 访问接口，Java 程序可以用相同的方式对多种关系数据库进行访问，实现数据库连接、执行 SQL 语句等操作，充当了 Java 应用程序与各种数据库之间的桥梁。

9.2.1 JDBC 驱动程序的下载和安装

在使用 JDBC 之前，需要下载相应的 JDBC 驱动程序。该驱动程序应该与所使用的数据库的版本相对应。

进入微软官网 https://learn.microsoft.com/，找到“SQL”—“下载 Microsoft SQL Server JDBC 驱动程序”，如图 9-10 所示。

下载得到文件“sqljdbc_12.2.0.0_chs.tar.gz”，解压获得如图 9-11 的文件，选择与本书安装的 JDK 匹配的 jar 包，即“mssql-jdbc-12.2.0.jre11.jar”。

将匹配的 jar 包复制到安装的 JDK 目录下的 lib 文件夹下。如本书的例子中，JDK 的目录在 D:\Program Files\Java,因此，找到目录下的 lib 文件夹，将文件复制到此目录下即可。接下来，需要配置环境变量。找到“系统高级设置”—“环境变量”，在 Path 中“编辑”并“新建”一个环境变量，添加 JDBC 的 jar 包所在的位置，如图 9-12 所示。

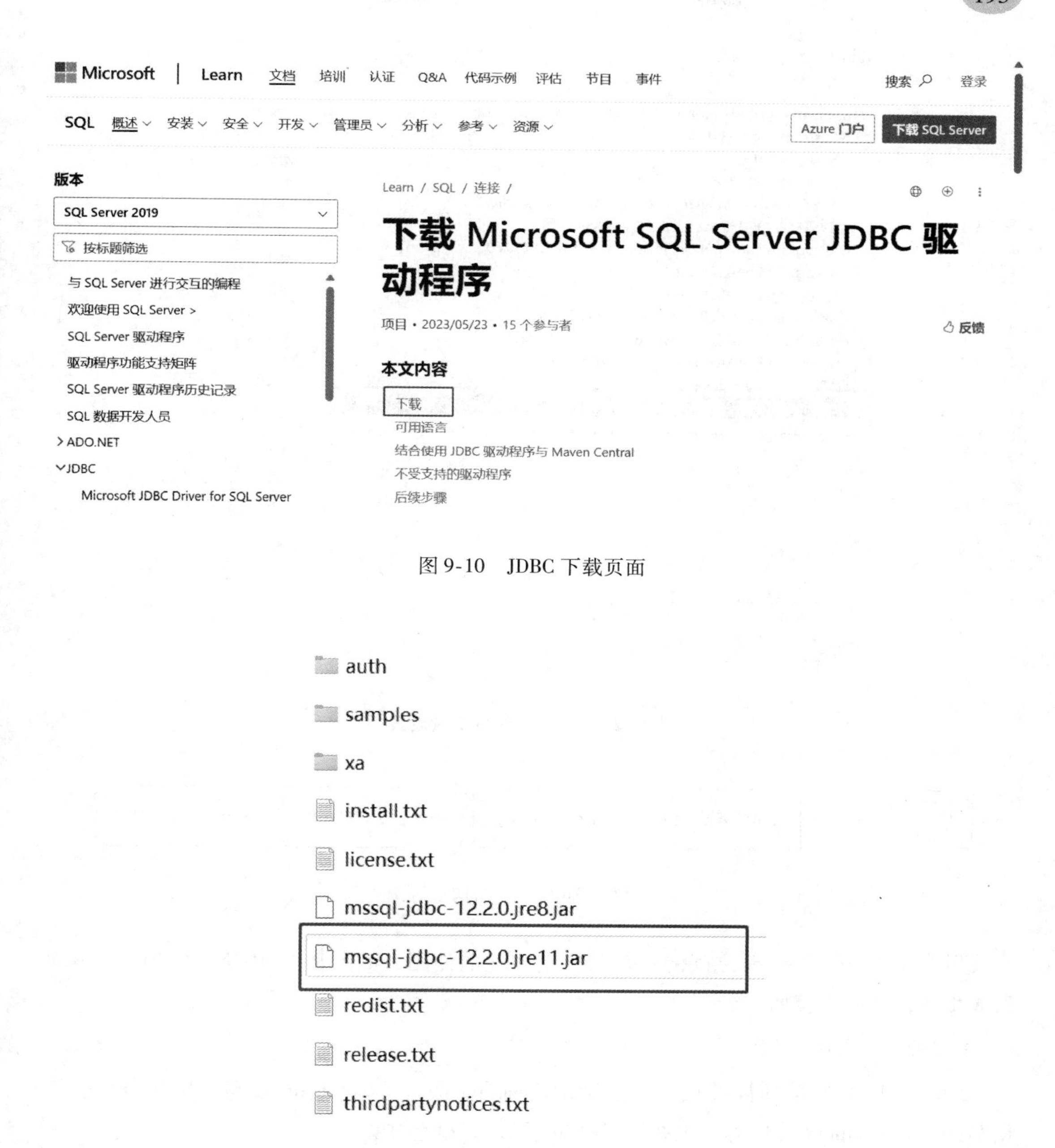

图 9-10　JDBC 下载页面

图 9-11　JDBC 安装文件使用

9.2.2　JDBC 的数据库访问模型

JDBC 支持两层和三层处理模型进行数据库访问，如图 9-13 所示是 JDBC 工作结构示意图。

图中的 Java 应用程序面向用户，属于顶层；而 SQL Server 数据库面向开发人员，属于底层。应用程序通过访问获取数据库中的数据实现业务功能，在访问的过程中，将涉及

图 9-12　JDBC 的环境变量设置

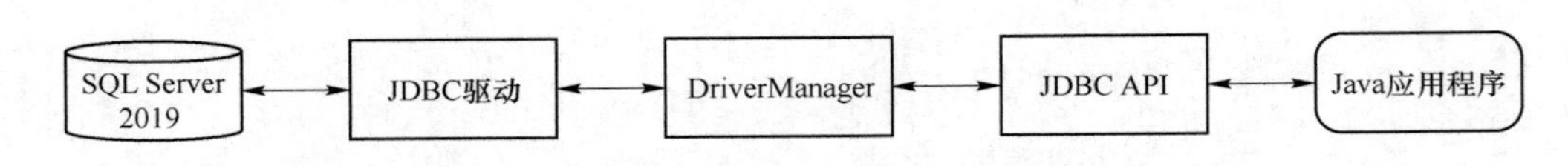

图 9-13　JDBC 工作结构示意图

一系列 Java 与 SQL Server 之间的接口与驱动 API 的使用，如图 9-13 中所示的 JDBC 驱动和 API 等，具体内容如下。

9.2.2.1　JDBC API

JDBC API 是一系列标准接口，包括 Connection 接口、Statement 接口、ResultSet 接口和 PreparedStatement 接口等，这些接口都位于 java. sql 包中。

9.2.2.2　DriverManager

该类负责加载和管理各个数据库厂商提供的 JDBC 驱动，并借助于这些驱动连接数据库。

9.2.2.3　JDBC 驱动

JDBC 驱动由各个数据库厂商提供，当要连接 SQL Server 数据库就需要使用微软公司提供的 JDBC 驱动，当要连接 Oracle 数据库就需要使用甲骨文公司提供的 JDBC 驱动。这些 JDBC 驱动都实现了 JDBC API 中的各个接口。

当一个 Java 应用程序要访问数据库时，它不会直接和与之对应的数据库驱动包进行通信连接，而是让 JDBC 中的 API 去跟驱动包里的 DriverManager 建立通信，并获取数据库连接和关闭连接引用（每一个不同的驱动都对应着不同类型的数据库）。

9.2.3 SQL Server JDBC 的 API

表 9-1 列出了 JDBC API 中常用的类和接口。

表 9-1 JDBC API 中常用的类和接口说明

类与接口	说明
DriverManager 类	根据不同的数据库管理相应的 JDBC 驱动
Connection 接口	负责连接数据库
Statement 接口	发送 SQL 语句
ResultSet 接口	保存和处理 SQL 语句的查询结果
PreparedStatement 接口	Statement 子接口，负责发送 SQL 语句，优于 Statement

以上常用类和接口中的重要方法如下。

9.2.3.1 DriverManager 类

static Connection getConnection（String url，String user，String pwd）：该方法用于建立和数据库的连接，并返回表示连接的 Connection 对象。其中 url 是数据库所在的 ip 地址，user 是数据库登录时的用户名，pwd 是数据库登录时的密码。

9.2.3.2 Connection 接口

（1）Statement createStatement()：该方法用于返回一个向数据库发送语句的 Statement 对象。

（2）PreparedStatement prepareStatement（String sql）：该方法用于返回一个 PreparedStatement 对象，该对象用于向数据库发送参数化的 SQL 语句，其中 sql 表示合法的 SQL 语句字符串。

（3）CallableStatement prepareCall（String sql）：该方法用于返回一个 CallableStatement 对象，该对象用于调用数据库的存储过程，其中 sql 表示合法的 SQL 语句字符串。

9.2.3.3 Statement 接口

（1）boolean execute（String sql）：用于执行各种 SQL 语句，返回一个 boolean 类型的值。如果为 true，表示执行的 SQL 语句有查询结果，可通过 Statement 的 getResultSet()方法获得查询结果。

（2）int executeUpdate（String sql）：用于执行 SQL 中的 insert、update、delete 语句，该方法返回一个 int 类型的值，表示数据库中受该 SQL 语句影响的记录条数。

（3）ResultSet executeQuery（String sql）：用于执行 SQL 中的 select 语句，该方法返回

一个表示查询结果的 ResultSet 对象。

9.2.3.4 ResultSet 接口

在 ResultSet 接口内部中有一个指向表格数据行的游标（或指针），ResultSet 对象初始化时，游标在表格的第一行之前，调用 next( )方法可将游标移动到下一行。如果下一行没有数据，则返回 false。在应用程序经常使用 next( )方法作为 while 循环的条件来迭代 ResultSet 结果集。

（1）String getString（int colIndex）：用于获取指定字段的 String 类型的值，其中的参数 colIndex 代表的是所指定字段的索引。

（2）String getString（int colName）：用于获取指定字段的 String 类型的值，其中的参数 colName 代表字段的名称。

（3）int getInt（int colIndex）：用于获取指定字段的 int 类型的值，其中的参数 colIndex 代表的是所指定字段的索引。

（4）int getInt（String colName）：用于获取指定字段的 int 类型的值，其中的参数 colName 代表字段的名称。

（5）Date getDate（int colIndex）：用于获取指定字段的 Date 类型的值，其中的参数 colIndex 代表的是所指定字段的索引。

（6）Date getDate（String colName）：用于获取指定字段的 Date 类型的值。其中的参数 colName 代表字段的名称。

（7）boolean next( )：将游标从当前位置向下移一行。

（8）boolean absolute（int row）：将游标移动到此 ResultSet 对象的指定行，其中的参数 row 表示指定行的序号。

（9）void afterLast( )：将游标移动到此 ResultSet 对象的末尾，即最后一行之后。

（10）void beforeFirst( )：将游标移动到此 ResultSet 对象的开头，即第一行之前。

（11）boolean previous( )：将游标移动到此 ResultSet( )对象的上一行。

（12）boolean last( )：将游标移动到此 ResultSet( )对象的最后一行。

注：ResultSet( )接口中定义了多个 getXXX( )方法，而采用哪种 getXXX( )方法取决于字段的数据类型。

9.2.3.5 PreparedStatement 接口

PreparedStatement 是 Statement 接口的子接口，用于执行预编译的 SQL 语句。该接口扩展带有参数 SQL 语句的执行操作，应用接口的 SQL 语句可以使用占位符“?”来代替其参数，然后通过 setXXX( )方法为 SQL 语句的参数赋值。

（1）int executeUpdate( )：表示在此 PreparedStatement 对象中执行 SQL 语句，该语句必须是一个 DML 语句或者是无返回内容的 SQL 语句，比如 DDL 语句。

（2）ResultSet executeQuery( )：表示在此 PreparedStatement 对象中执行 SQL 查询，该方法返回的是 ResultSet 对象。

（3）void setInt（int parameterIndex，int x）：将指定参数设置为给定的 int 值，其中指

定的参数是 parameterIndex，给定的值是 x。

（4） void setFloat （int parameterIndex，Float x）：将指定参数设置为给定的 Float 值，其中指定的参数是 parameterIndex，给定的值是 x。

（5） void setString （int parameterIndex，String x）：将指定参数设置为给定的 String 值，其中指定的参数是 parameterIndex，给定的值是 x。

（6） void setDate （int parameterIndex，Date x）：将指定参数设置为给定的 Date 值。其中指定的参数是 parameterIndex，给定的值是 x，而且 x 的类型必须是 java. sql. Date 而不是 java. util. Date。

（7） void addBatch( )：将一组参数添加到 PreparedStatement 对象的批处理理命令中。

9.3 Java 连接 SQL Server 数据库

借助 SQL Server 的 JDBC 所提供的丰富 API，可以实现 Java 应用程序与 SQL Server 数据库的相互连接。

9.3.1 建立 JDBC 驱动的连接对象

9.3.1.1 加载驱动

建立 JDBC 驱动的连接对象，需要先对 JDBC 驱动进行加载，加载语句为：

```
Class. forName("JDBC 驱动类的名称")
```

其中，JDBC 驱动类的名称需要根据所连接的数据库类型来编写，主要包括：

（1） SQL Server 数据库：com. microsoft. sqlserver. jdbc. SQLServerDriver。

（2） MySQL 数据库：com. mysql. jdbc. Driver。

（3） Oracle 数据库：oracle. jdbc. driver. OracleDriver。

Class. forName 方法会加载参数指定的类，并返回参数指定的类或接口关联的 Class 对象，这里只需要这个类被加载，所以不需要获取返回值。

9.3.1.2 确定连接 URL

SQL Server 数据库连接 URL 的一般形式为：

```
jdbc:sqlserver://[serverName[\instanceName][:portNumber]][;property = value[;property = value]]
```

其中：

jdbc：sqlserver：//（必需） 称为子协议，且为常数。

serverName （可选） 是要连接到的服务器的地址。此地址可以是 DNS 或 IP 地址，也可以是本地计算机地址 localhost 或 127. 0. 0. 1。如果未在连接 URL 中指定服务器名称，则必须在属性集中指定。

instanceName（可选）是 serverName 上要连接到的实例。如果未指定，则会连接到默认实例。

portNumber（可选）是 serverName 上要连接到的端口。SQL Server 默认值为 1433。

property（可选）是一个或多个选项连接属性。

9.3.1.3 建立连接

创建到 SQL Server 数据库的连接，常用的技术是加载 JDBC 驱动程序，然后调用 DriverManager 类的 getConnection 方法，建立的语法如下：

Connection conn = DriverManager.getConnection('user','pwd','url')

其中，conn 是 Connection 子类的实例名，可自定义；user 是数据库登录时的用户名，pwd 是数据库登录时的密码，url 是连接 URL。

通过 Java 中的 println 方法，可测试 conn 实例名是否正确建立，检测连接是否成功。图 9-14 是建立 JDBC 驱动的连接对象并测试的例子。

```
// SQL Server的驱动类型
String jdbc = "com.microsoft.sqlserver.jdbc.SQLServerDriver";
// 连接URL，当未建立数据库实例时，可省略database参数
String url = "jdbc:sqlserver://localhost:1433;databaseName=教学管理";
// 登录用户名
String user = "sa";
// 登录密码
String password = "81753128yt";

// 加载JDBC驱动
Class.forName(jdbc);
// 建立Connection连接对象
Connection conn = DriverManager.getConnection(url,user,password);
// 未抛出异常
System.out.println("连接成功");
```

图 9-14 JDBC 连接对象 Java 代码示例

当连接成功后，后台将打印出 println 函数的“连接成功”的信息，如图 9-15 所示。

```
Problems @ Javadoc Declaration Console ×
<terminated> GetSql [Java Application] D:\Program Files\Java\bin\javaw.exe
连接成功
```

图 9-15 JDBC 连接成功后台信息

9.3.2 使用 SQL 语句

9.3.2.1 不含参数的 SQL 语句

若要使用不带参数的 SQL 语句处理 SQL Server 数据库中的数据，可以使用 Statement

类的 executeQuery 方法，返回包含所需数据的 ResultSet 结果集。

对于 Statement 对象，是通过使用 Connection 类的 createStatement 方法创建的。常用的语句格式是：

```
Statement stmt = conn. createStatement( );
ResultSet rs = stmt. executeQuery(一个不含参数的 SQL 语句)
```

其中，conn 是 Connection 对象实例，如图 9-14 所示。

9.3.2.2 含参数的 SQL 语句

若要使用包含参数的 SQL 语句处理 SQL Server 数据库中的数据，可使用 PreparedStatement 类的 executeQuery 方法返回包含所请求数据的 ResultSet。

若要执行此操作，必须首先使用 Connection 类的 prepareStatement 方法创建一个 PreparedStatement 对象。

构造 SQL 语句时，可使用?（问号）字符指定 SQL 语句中的参数。该问号将用作随后传递到 SQL 语句中的参数值的占位符。可以使用 PreparedStatement 类的 setter 方法之一为参数指定值。使用的 setter 方法由要传递到 SQL 语句中的值的数据类型确定。常用的 setter 方法包括：

（1） setInt( )，将指定参数设置为指定的 int 值；

（2） setString( )，将指定参数设置为指定的 String 值；

（3） setDate( )，将指定参数设置为指定的日期值；

（4） setFloat ( )，setDouble ( )，将指定参数设置为指定精度如 Float 或 Double 的浮点值。

另外，向 setter 方法传递值时，不仅需要指定要在 SQL 语句中使用的实际值，还必须指定参数在 SQL 语句中的序数位置。例如，如果 SQL 语句包含单个参数，则其序数值为 1。如果该语句包含两个参数，则第一个序数值为 1，第二个序数值为 2。

常用的语句格式示例如下：

```
PreparedStatement pstmt = conn. prepareStatement(含参数的 SQL 语句);
pstmt. setString(为 String 类参数设置参数值);
ResultSet rs = pstmt. executeQuery( )
```

9.3.2.3 修改数据库对象的 SQL 语句

若要使用 SQL 语句修改 SQL Server 数据库对象，可以使用 Statement 类的 executeUpdate 方法。executeUpdate 方法会将此 SQL 语句传递给数据库进行处理，然后返回值 0（因为所有行都不受影响）。

修改数据库中对象的 SQL 语句称为“数据定义语言（Data Definition Language，DDL）”语句，比如 CREATE TABLE、DROP TABLE、CREATE INDEX 等。

常用的语句格式示例如下：

```
Statement stmt = conn. createStatement( );
int count = stmt. executeUpdate(修改数据库对象的SQL语句)
```

9.3.2.4 修改数据的SQL语句

若要使用SQL语句修改SQL Server数据库中包含的数据，可以使用Statement类的executeUpdate方法。executeUpdate方法会将SQL语句传递到数据库进行处理，然后返回一个表示受影响的行数的值，为int类型。

若要执行此操作，必须首先使用Connection类的createStatement方法创建一个SQLServerStatement对象。

```
Statement stmt = conn. createStatement( );
int count = stmt. executeUpdate(修改数据的SQL语句)
```

9.3.3 ResultSet对象

ResultSet类是一种数据库查询结果存储类，就是当查询数据库的时候，可以将查询的结果放在具体的ResultSet对象中。使用SQL查询，其查询结果的ResultSet对象叫作ResultSet结果集。

在ResultSet结果集中有一个索引指针，最初这个指针是指向第一条记录的前一个位置，也就是没有指向任何内容，使用next( )方法就会使指针往后移动指向下一个记录，所以一定要先执行一次next( )函数才会让指针指向第一条记录。

由于一条数据记录一般会有多个属性的内容，那么可以使用getXXX（int index）方法类获得具体属性的值，XXX代表以什么样的数据类型方式来读取内容，当指针指向一条包含有字符串的记录时，可以使用ResultSet. getString（1）来获得具体的字符串的值，其中的“1”表示该字符串值所在的位置索引，索引位置是从1开始的，而不是从0开始。

常用的检索get方法包括：

（1）getString( )，检索ResultSet对象的当前行中指定列的字符串值；

（2）getInt( )，检索ResultSet对象的当前行中指定列的整型数值；

（3）getDate( )，检索ResultSet对象的当前行中指定列的java. sql. Date对象值；

（4）getFloat( )，getDouble( )，检索ResultSet对象的当前行中指定列的浮点数值，精度可以为Float或Double型。

9.3.4 关闭数据库连接

当完成对数据库的操作之后，需要关闭连接以节约内存。对于数据库的连接关闭，应按照以下顺序依次关闭：

（1）首先判断是否存在ResultSet对象，优先关闭；

（2）再次判断是否存在PreparedStatement或者Statement对象，其次关闭；

（3）最后判断是否存在 Connection 连接对象，最后关闭。

所使用的 JDBC API 对象，均有 close（）方法，即调用 close（）方法完成资源释放。以 ResultSet 对象为例，常用的语句规范如下：

```
// ResultSet rs = pstmt. executeQuery( ); 已建立的 ResultSet 结果集
if ( rs ! = null) {
rs. close( )
}
```

当使用完 JDBC 的连接对象后，务必保持关闭释放资源的编写规范。如果不及时关闭，系统不会回收，多次使用之后，就会占用大量的连接数，此时就会发生无法连接、连接池死锁等问题。

9.4 SQL Server 2019 数据库连接应用

9.4.1 JDBC 连接 SQL Server 2019 数据库

使用 JDBC 连接 SQL Server 2019 数据库，如 9.3 节所述，创建连接驱动、连接 URL 等操作。以本地数据库为例，端口号默认 1433。如图 9-16 的例程及其注释所示。

```
public static void main(String[] args) throws SQLException, ClassNotFoundException {
    // TODO Auto-generated method stub

    // SQL Server的驱动类型
    String jdbc = "com.microsoft.sqlserver.jdbc.SQLServerDriver";
    // 连接URL，当未建立数据库实例时，可省略database参数
    String url = "jdbc:sqlserver://localhost:1433;encrypt=true;trustServerCertificate=true"
    // 登录用户名
    String user = "sa";
    // 登录密码
    String password = "81753128yt";

    // 加载JDBC驱动
    Class.forName(jdbc);
    // 建立Connection连接对象
    Connection conn = DriverManager.getConnection(url,user,password);
    // 未抛出异常
    System.out.println("连接成功");
}
```

图 9-16 JDBC 连接 SQL Server 2019 数据库

在图 9-16 中，连接 URL 仅给出的必须编写的部分，即指定服务器地址以及端口号信息，其他属性信息，如数据库实例名称等，在未创建具体数据库时可省略默认处理。

除了上述的连接方式，还可以在编写连接 URL 时，将用户名和密码并入，如图 9-17 所示。

注意图 9-17 中的 URL 和 getConnection 方法与图 9-16 中的区别。

```
public static void main(String[] args) throws SQLException, ClassNotFoundException {
    // TODO Auto-generated method stub

    // SQL Server的驱动类型
    String jdbc = "com.microsoft.sqlserver.jdbc.SQLServerDriver";
    // 连接URL，可并入用户名和密码
    String url = "jdbc:sqlserver://localhost:1433;user=sa;password=81753128yt";

    // 加载JDBC驱动
    Class.forName(jdbc);
    // 建立Connection连接对象
    Connection conn = DriverManager.getConnection(url);
    // 未抛出异常
    System.out.println("连接成功");
}
```

图 9-17　不同的连接 URL 实现 JDBC 连接 SQL Server 2019 数据库

9.4.2　建立数据库及数据表

当使用 SQL 语句创建数据库时，首先确定合法的 SQL 语句。例如，当需要创建名为 mydb 的数据库时，SQL 的写法如下：

CREATE DATABASE mydb

由于该 SQL 语句是数据库定义语言，需要使用 9.3.2 小节的内容，采用 Statement 对象的 executeUpdate 方法，参数即为数据库定义的 SQL。如图 9-18 所示，为具体的 Java 编写内容。

```
public static void executeUpdateStatement(Connection con) {
    try{
        // 建立Statement对象
        Statement stmt = con.createStatement();
        // SQL语句，用于创建数据库
        String SQL = "CREATE DATABASE mydb";
        // 调用executeUpdate方法，执行SQL语句
        int count = stmt.executeUpdate(SQL);
        // 创建成功
        System.out.println("已创建名为mydb的数据库实例");
    }
    // Handle any errors that may have occurred.
    catch (SQLException e) {
        e.printStackTrace();
    }
}
```

```
Problems  Javadoc  Declaration  Console ×
<terminated> GetSql [Java Application] D:\Program Files\Java\bin\javaw.exe
已创建名为mydb的数据库实例
```

图 9-18　使用 Statement 完成 CREATE DATABASE 操作

如图 9-19 所示是执行 Java 程序之后，在数据库的 SSMS 中可以看到新创建的数据库 mydb 实例。

图 9-19　Java 实现 CREATE DATABASE 操作后的效果

当有了数据库实例，可在其中创建各个数据表。使用 SQL 语句创建数据表时，最重要的是确定合法的 SQL 语句。

假设需要创建的数据表名称为 myTable，共有 4 个字段，其表结构见表 9-2。

表 9-2　示例数据表 myTable 的表结构

字段名	数据类型	是否主键，是否为空	备　注
id	int	主键，不可为空	自增主键
name	varchar（10）	非主键，不可为空	姓名
age	int	非主键，可为空	年龄，无默认
address	varchar（20）	非主键，可为空	地址，无默认

由表结构，可写出对应的创建表的 SQL 语句，如下所示：

```
USE mydb
CREATE TABLE myTable
(id int, primary key IDENTITY(1,1),
name varchar(10) NOT NULL,
age int,
address varchar(20) )
```

由于该 SQL 语句是数据库定义语言，同样需要使用 9.3.2 小节的内容，采用 Statement 对象的 executeUpdate 方法，参数即为上述所编写的用于数据表定义的 SQL 语句。如图 9-20 所示，为具体的 Java 编写内容。

如图 9-21 所示是执行 Java 程序之后，在数据库 mydb 中可以看到新创建的数据表 myTable。

```
public static void executeUpdateStatement(Connection con) {
    try{
        // 建立Statement对象
        Statement stmt = con.createStatement();
        // SQL语句，用于创建数据库
        String SQL = "use mydb\r\n"
                + "CREATE TABLE myTable "
                + "(id int primary key IDENTITY(1,1), "
                + " name varchar(10) NOT NULL, "
                + " age int, "
                + " address varchar(20))";
        // 调用executeUpdate方法，执行SQL语句
        int count = stmt.executeUpdate(SQL);
        // 创建成功
        System.out.println("已创建名为myTable的数据表");
    }
    // Handle any errors that may have occurred.
    catch (SQLException e) {
        e.printStackTrace();
    }
```

```
Problems  Javadoc  Declaration  Console
<terminated> GetSql [Java Application] D:\Program Files\Java\bin\javaw.exe
连接成功
已创建名为myTable的数据表
```

图 9-20 使用 Statement 完成 CREATE TABLE 操作

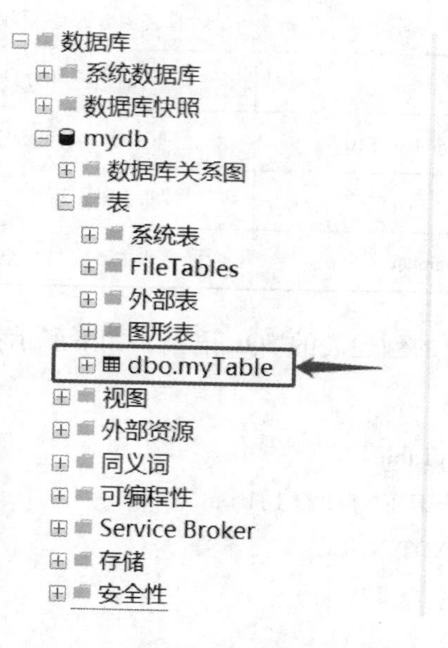

图 9-21 Java 实现 CREATE TABLE 操作后的效果

9.4.3 添加、查询、修改和删除数据

9.4.3.1 添加数据

向数据表中插入数据，使用 INSERT 关键字实现。对于 myTable 数据表，假设需要插

入3条数据，即（王红，24，北京海淀区），（李响，25，上海浦东区），（张明，26，深圳福田区），可写出对应的INSERT的SQL语句，如下所示：

INSERT INTO myTable VALUES

（'王红',24,'北京海淀区'),（'李响',25,'上海浦东区'),（'张明',26,'深圳福田区'）

其中，数据表myTable的第1列ID是自增列，数据插入时，ID列从1开始，当插入新行时在上一行ID的值上自动加1。

由于该SQL语句是数据修改语言，需要使用9.3.2小节的内容，采用Statement对象的executeUpdate方法，参数即为上述所编写的用于数据表定义的SQL语句。如图9-22所示，为具体的Java编写内容。

```
public static void executeUpdateStatement(Connection con) {
    try{
        // 建立Statement对象
        Statement stmt = con.createStatement();
        // 用于数据插入的SQL语句
        String SQL = "USE mydb INSERT INTO myTable VALUES "
                + "('王红',24,'北京海淀区'), ('李响',25,'上海浦东区'), "
                + "('张明',26,'深圳福田区')";

        // 调用executeUpdate方法，执行SQL语句
        int count = stmt.executeUpdate(SQL);
        // 创建成功
        System.out.println("成功插入"+count+"条数据");
    }
    // Handle any errors that may have occurred.
    catch (SQLException e) {
        e.printStackTrace();
    }
}
```

```
Problems  Javadoc  Declaration  Console ×
<terminated> GetSql [Java Application] D:\Program Files\Java\bin\javaw.exe
成功插入3条数据
```

图9-22 使用Statement完成INSERT命令，实现数据插入操作

如图9-23所示，是执行图9-22的Java程序之后，在数据库mydb的数据表myTable中，可以看到新插入的数据。

9.4.3.2 查询数据

（1）使用不含参数的SQL查询。数据表myTable中可查询到的包括姓名、年龄和地址信息。对应的SQL语句为：

SELECT name, age, address FROM myTable

该SQL语句是不含参数的数据查询语言，使用9.3.2小节的内容，采用Statement对象的executeUpdate方法。查询的结果放在ResultSet结果集中。使用ResultSet对象的索引指针，利用next()方法将指针指向下一个记录，获得需要查看的数据。另外，需要注意，

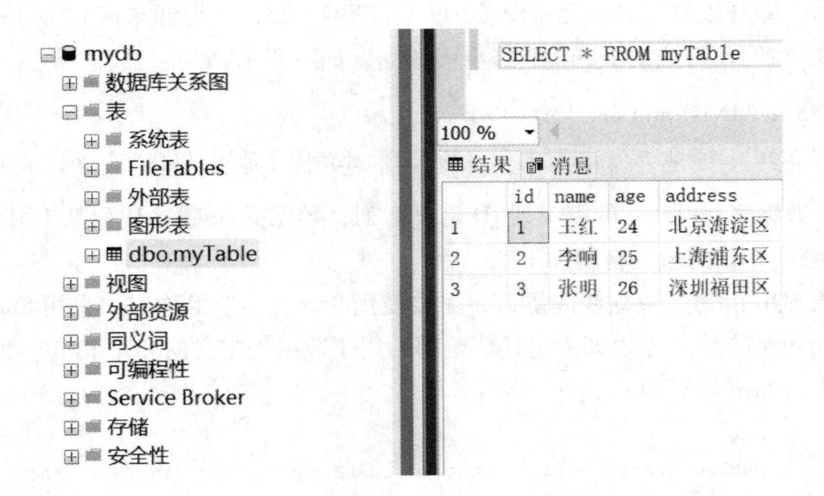

图 9-23 Java 实现 INSERT 操作后的效果

目前一条记录中有 String 类型数值和 int 类型数值，需要利用 getString（int index）方法和 getInt（int index）方法对应的数值类获得具体属性的值，index 表示数值所在的位置索引。

如图 9-24 所示，为具体的 Java 编写内容。

```
public static void executeUpdateStatement(Connection con) {
    try{
        // 建立Statement对象
        Statement stmt = con.createStatement();
        // 数据查询的SQL语句
        String SQL = "USE mydb SELECT name, age, address FROM myTable";

        // 调用executeUpdate方法，执行SQL语句
        ResultSet rs = stmt.executeQuery(SQL);

        // 使用next()方法，查询下一条记录
        while (rs.next()) {
            System.out.println(rs.getString(1) + ", "
                + rs.getInt(2)+ ", " + rs.getString(3)+"\n");
        }
    }
    // Handle any errors that may have occurred.
    catch (SQLException e) {
        e.printStackTrace();
    }
```

```
Problems  Javadoc  Declaration  Console ×
<terminated> GetSql [Java Application] D:\Program Files\Java\bin\javaw.exe
王红, 24, 北京海淀区

李响, 25, 上海浦东区

张明, 26, 深圳福田区
```

图 9-24 使用 Statement 和 ResultSet 完成数据查询操作

在图 9-24 中的 Console 窗口中可以看到，通过使用方法 next( ) 从 ResultSet 结果集中

可依次查询到数据表中的各条记录。

（2）使用含参数的 SQL 查询。当 SELECT 有 WHERE 条件时，可以编写带有参数的 SQL 查询语句。假设需要查询年龄为 24 岁的姓名，其对应的 SQL 语句应为：

```
SELECT name FROM myTable WHERE age = 24
```

该 SQL 语句是含参数的数据查询语言，使用 9.3.2 小节的内容，可使用 PreparedStatement 类的 executeQuery 方法返回包含所请求数据的 ResultSet。构造 SQL 语句时，使用?（问号）字符指定 SQL 语句中的参数。当前的参数为 int 类型的值，使用 setInt ()方法指定该参数具体的值。另外需要注意，向 setInt 方法传递值时，不仅需要指定要在 SQL 语句中使用的实际值，还必须指定参数在 SQL 语句中的序数位置。

在图 9-25 中的 Console 窗口中可以看到，通过使用方法 setInt（）和 PreparedStatement 的 executeQuery 方法，实现了条件为年龄 24 的查询姓名结果。

```
public static void executeUpdateStatement(Connection con) {
    try{
        // 数据查询的SQL语句，参数的值用?做占位符
        String SQL = "USE mydb SELECT name FROM myTable WHERE age = ?";

        // 建立PreparedStatement对象
        PreparedStatement ptstmt = con.prepareStatement(SQL);

        // 使用PreparedStatement的set方法设定参数的具体值
        ptstmt.setInt(1, 24);

        // 调用executeUpdate方法，执行SQL语句
        ResultSet rs = ptstmt.executeQuery();

        // 使用next()方法，查询下一条记录
        while (rs.next()) {
            System.out.println(rs.getString(1));
        }
    }
```

```
Problems  Javadoc  Declaration  Console ×
<terminated> GetSql [Java Application] D:\Program Files\Java\bin\javaw.exe
王红
```

图 9-25 使用 PreparedStatement 和 ResultSet 完成带参数的数据查询操作

9.4.3.3 修改数据

对数据表中的数据进行修改，使用 UPDATE 关键字。假设将姓名为“王红”的年龄修改为 25，则相应的 SQL 语句为：

```
UPDATE myTable SET age = 25 WHERE name = '王红'
```

该 SQL 语句是含参数的数据查询语言，使用 9.3.2 小节的内容，采用 PreparedStatement 对象的 executeUpdate 方法。同时，需要使用 setInt 和 setString 方法，指定 SQL 语句参数的具体数值。具体的 Java 语句如图 9-26 所示。

在 SQL Server 的 SSMS 软件系统中，可查看到被修改的数据，如图 9-27 所示。

```
public static void executeUpdateStatement(Connection con) {
    try{
        // 数据查询的SQL语句，参数的值用?做占位符
        String SQL = "USE mydb UPDATE myTable SET age = ? WHERE name = ?";

        // 建立PreparedStatement对象
        PreparedStatement ptstmt = con.prepareStatement(SQL);

        // 使用PreparedStatement的set方法设定参数的具体值
        ptstmt.setInt(1, 25);
        ptstmt.setString(2, "王红");

        // 调用executeUpdate方法，执行SQL语句
        int count = ptstmt.executeUpdate();
        // 修改成功
        System.out.println("影响的行数"+count+"行");

    }
```

```
Problems  Javadoc  Declaration  Console ×
<terminated> GetSql [Java Application] D:\Program Files\Java\bin\javaw.exe
影响的行数1行
```

图 9-26 使用 PreparedStatement 完成带参数的数据修改操作

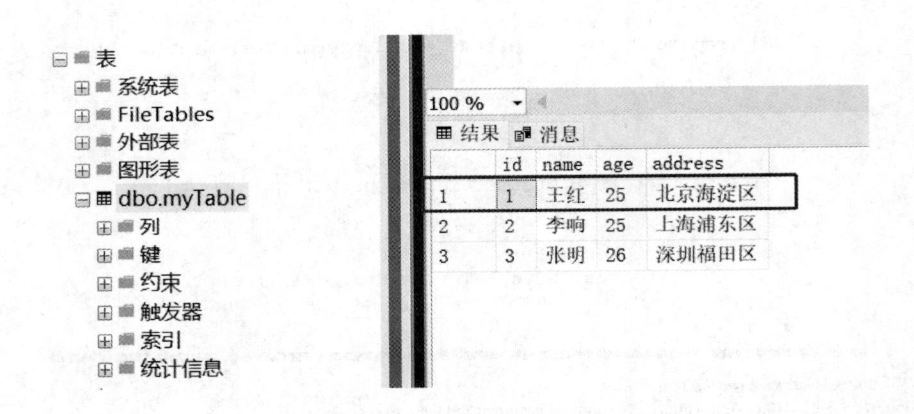

图 9-27 Java 实现 UPDATE 操作后的效果

9.4.3.4 删除数据

对数据表中的数据进行删除，使用关键字 DELETE。假设删除姓名为“王红”的记录，则相应的 SQL 语句应为：

DELETE FROM myTable WHERE name = ‘王红’

该 SQL 语句是含参数的数据修改语言，使用 9.3.2 小节的内容，采用 PreparedStatement 对象的 executeUpdate 方法。同时，需要使用 setString 方法，指定 SQL 语句参数的具体数值。具体的 Java 语句如图 9-28 所示。

在 SQL Server 的 SSMS 软件系统中，可查看到数据删除后的数据表中数据情况，如图 9-29 所示。

```
public static void executeUpdateStatement(Connection con) {
    try{
        // 数据查询的SQL语句，参数的值用?做占位符
        String SQL = "USE mydb DELETE FROM myTable WHERE name = ?";

        // 建立PreparedStatement对象
        PreparedStatement ptstmt = con.prepareStatement(SQL);

        // 使用PreparedStatement的set方法设定参数的具体值
        ptstmt.setString(1, "王红");

        // 调用executeUpdate方法，执行SQL语句
        int count = ptstmt.executeUpdate();
        // 修改成功
        System.out.println("影响的行数"+count+"行");

    }
```

```
Problems  Javadoc  Declaration  Console ×
<terminated> GetSql [Java Application] D:\Program Files\Java\bin\javaw.exe
影响的行数1行
```

图 9-28　使用 PreparedStatement 完成带参数的数据删除操作

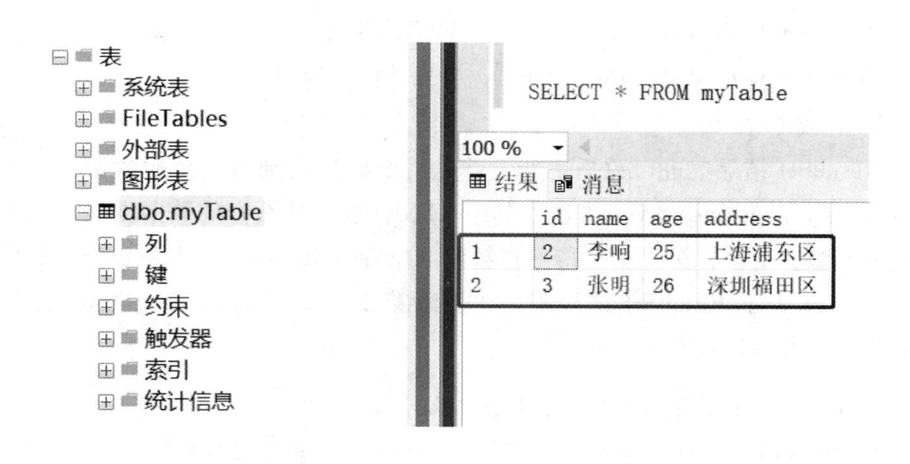

图 9-29　Java 实现 DELETE 操作后的效果

9.4.4　ResultSet 对象的更新和利用

ResultSet 对象作为数据库查询结果的存储类，不仅可以表示结果集，也可以通过设置来实现在结果集上的数据更新操作。

当在 ResultSet 结果集上实现更新操作时，可把结果集看作一张虚拟表，在该虚拟表中实现数据更新、数据插入操作，再将虚拟表中的更新同步到 SQL Server 的数据表中。可见，可实现更新操作的 ResultSet 比较特殊，在创建时，应采用下面的语句进行创建：

```
Statement stmt = conn.createStatement(
                ResultSet.TYPE_SCROLL_SENSITIVE, ResultSet.CONCUR_UPDATABLE);
ResultSet rs = stmt.executeQuery(SQL语句作为参数)
```

其中，conn是Connection对象，调用createStatement方法时，需要使用2个参数，即：

（1）ResultSet.TYPE_SCROLL_SENSITIVE，表示ResultSet结果集可滚动；

（2）ResultSet.CONCUR_UPDATABLE，表示ResultSet结果集可并发更新。

关于createStatement方法中的2个参数，将其写为：

```
createStatement(ResultType, ResultSetConcurrency)
```

其中，ResultSetType支持三种取值，即：

（1）ResultSet.TYPE_FORWARD_ONLY，结果集只能向前移动查看（默认）；

（2）ResultSet.TYPE_SCROLL_INSENSITIVE，结果集可滚动，底层数据改变不会影响结果集；

（3）ResultSet.TYPE_SCROLL_SENSITIVE，结果集可滚动，底层数据的改变会影响结果集。

而resultSetConcurrency有两种取值，即：

（1）ResultSet.CONCUR_READ_ONLY，只读的并发模式（默认）；

（2）ResultSet.CONCUR_UPDATABLE，可更新的并发模式。

9.4.4.1 数据更新

使用ResultSet结果集进行数据更新，首先将游标指定到待更新的数据记录上，然后可调用ResultSet的updateXXX()方法，其中XXX代表以什么样的数据类型方式来实现更新，方法的参数有2个，第1个是待更新数值的位置索引，第2个是待更新的具体数值。

比如，若rs表示ResultSet结果集，要更新第1条记录的第1列String类型数值为“new number”，则写法应为：

```
rs.next(); // 将结果集指向第1条记录
rs.update(1, “new number”); // 使用ResultSet结果集更新数据
rs.updaterow(); // 将ResultSet结果集更新的数据同步到SQL Server数据表中
```

其中，updaterow()方法，是将更新操作同步到实际的SQL Server数据库中的方法。

另外，常用的update更新方法还包括：

（1）updateInt()，使用int值更新指定列；

（2）updateDate()，使用日期值更新指定列；

（3）updateFloat()，updateDouble()，使用浮点数值更新指定列，精度可为Float或Double型。

9.4.4.2 数据插入

使用ResultSet结果集进行数据插入，将游标移至新增数据处，调用moveToInsertRow

( )的方法，然后执行相应的 updateXXX( )方法，其中 XXX 代表以什么样的数据类型方式来实现插入数据，方法的参数有 2 个，第 1 个是待更新数值的位置索引，第 2 个是待更新的具体数值。

比如，若 rs 表示 ResultSet 结果集，通过结果集向 myTable 数据表中插入一条新数据，即(‘孙明’，26，‘北京朝阳区’)，则写法应为：

```
ResultSet rs = stmt.executeQuery("SELECT * FROM myTable");
result.moveToInsertRow();
result.updateString(2, "孙明");
result.updateInt(3, 26);
result.updateString(4, "北京朝阳区");
result.insertRow();
```

注意最后的方法 insertRow( )，是将结果集中实现的插入更新，同步到 SQL Server 数据库中，实现实际的数据库数据的插入更新任务。

习　题

(1) Java 连接 SQL Server 时，前提条件有哪些?
(2) 使用 Java 操作数据库时，有哪些对象使用?
(3) 使用 Java 查询数据时，如何实现单条和多条数据查询?
(4) 使用 Java 更新数据时，如何实现单条和多条数据更新?
(5) Java 的数据类型和 SQL Server 数据类型有什么关系?
(6) 举一个实现一个连接、插入和查询数据的例子。

10 新兴数据库技术

10.1 数据库的发展趋势及新技术

纵观数据库多方面的科研、商用等应用实例，数据库技术发展将以应用为导向，面向业务服务，并与计算机网络和人工智能等技术结合，在大数据时代，为新型应用提供多种支持。

10.1.1 发展特点

10.1.1.1 数据模型的发展

（1）面向对象模型。面向对象的方法和技术对数据库发展的影响最为深远。数据库研究人员借鉴和吸收了面向对象的方法和技术，提出了面向对象（Object Oriented，OO）数据模型。该模型克服了传统数据模型的局限性，促进了数据库技术在一个新的技术基础上继续发展。典型的是对象关系数据库系统（ORDBS）是关系数据库与面向对象数据库的结合。它保持了关系数据库系统的非过程化数据存取方式和数据独立性，继承了关系数据库系统已有的技术，支持原有的数据管理，又能支持 OO 模型和对象管理。

（2）XML 数据模型。目前大量的 XML 数据以文本文档的方式存储，难以支持复杂高效的查询。用传统数据库存储 XML 数据的问题在于模式映射带来的效率下降和语义丢失。XML 数据是半结构化的，不像关系数据库中数据是严格的结构化，这样就给以 XML 数据模型为基础的数据库存储系统带来了更多的灵活性，同时也带来了更大的挑战。恰当的记录划分和簇聚，能够减少 I/O 读取次数，提高查询效率；反之，不恰当的划分和聚簇，则会降低查询效率。研究不同的存储粒度对查询的支持也是 XML 存储面临的一个关键性问题。

（3）资源描述框架。资源描述框架（Resource Description Framework，RDF）是一种资源描述语言，它受到元数据标准、框架系统、面向对象语言等多方面的影响，被用来描述各种网络资源，其出现为人们在 Web 上发布结构化数据提供一个标准的数据描述框架。RDF 提出了一个简单的二元关系模型来表示事物之间的语义关系，即使用三元组集合的方式来描述事物和关系。三元组是知识图谱中知识表示的基本单位，简称 SPO，即主语－谓语－宾语（Subject-Predication-Object）三元组，该三元组被用来表示实体与实体之间的关系，或者实体的某个属性的属性值。RDF 的最大意义在于，它不仅是字符串构成的符号，还包含了语义信息。

10.1.1.2 与多学科技术的有机结合

计算机领域中其他新兴技术的发展对数据库技术产生了重大影响。数据库技术和其他计算机技术，如网络通信技术、人工智能技术、面向对象程序设计技术、并行计算技术、移动计算技术等的互相结合、互相渗透，使数据库中新的技术内容层出不穷。

10.1.1.3 面向应用领域的数据库技术

在传统数据库系统基础上，结合各个应用领域的特点，研究适合该应用领域的数据库技术，如分布式数据库、主动数据库、空间数据库、多媒体数据库、移动数据库、工程数据库等，这是当前数据库技术发展的又一重要特征。

10.1.2 主流趋势

10.1.2.1 非关系型数据库

非关系型数据库，统称 NoSQL，从数据模型入手而提出的突破关系数据库结构的新型数据库技术。所提出的新型 NoSQL 数据库种类很多，但是一个共同的特点都是去掉关系数据库的关系型特性。数据之间无关系，这样就非常容易扩展，在架构的层面上也带来了可扩展的能力。非关系型数据库可以处理数据存储越来越多、类型越来越复杂的问题，而单纯使用关系型数据库是无法满足目前互联网发展对数据存储的要求的。

目前，常见的非关系型数据库包括：

（1）键值（Key-Value）存储数据库。这一类数据库主要会使用到一个哈希表，这个表中有一个特定的键和一个指针指向特定的数据。Key-Value 模型有简单、易部署的优点。

（2）列存储（Column-Oriented）数据库。列存储数据库通常是用来应对分布式存储的海量数据。键仍然存在，但是它们的特点是指向了多个列。

（3）文档型数据库。文档型数据库同键值存储相类似。该类型的数据模型是版本化的文档，半结构化的文档以特定的格式存储，比如 JSON。文档型数据库可以看作是键值数据库的升级版，允许之间嵌套键值，在处理网页等复杂数据时，文档型数据库比传统键值数据库的查询效率更高。

（4）图形（Graph）数据库。图形结构的数据库同其他行列数据库不同，它是使用灵活的图形模型，并且能够扩展到多个服务器上。NoSQL 数据库没有标准的查询语言（SQL），因此进行数据库查询时需要制定数据模型。

10.1.2.2 分布式数据库

随着各行各业产生的数据量呈爆炸式增长，传统集中式数据库的局限性在面对大规模数据处理中逐渐显露，从而分布式数据库应运而生。分布式数据库是在集中式数据库的基础上发展起来的，管理多个互连的数据库，能够实现数据分片等核心功能，具有透明性、数据冗余性、易于扩展性等特点，还具备高可靠、高可用、低成本等方面的优势，能够突破传统数据库的瓶颈。应用对数据库的要求越来越高，新的应用要求数据库不仅具有良好的 ACID 属性，还要具有良好的扩展性。

目前，常见的非关系型数据库可配置为分布式结构，包括：

（1）Redis。Redis是一个基于内存的键值存储数据库。它被广泛用于高速缓存、消息传递、计数器和排行榜等场景。Redis支持多种数据结构，例如字符串、列表、集合和有序集合。Redis还支持分布式操作，可以在多个节点之间进行数据复制和故障转移。

（2）HBase。HBase是一个基于Hadoop的列存储数据库。它被广泛用于大数据环境下的实时读写操作。HBase使用Hadoop分布式文件系统（HDFS）作为存储后端，可以处理PB级别的数据。HBase使用Java编写，支持复杂的查询和分布式事务。HBase还提供了Hadoop生态系统中的许多工具和技术的集成，如Hive、Pig和Spark。

（3）Apache Cassandra。Apache Cassandra是由Facebook开发的基于列存储的分布式数据库。它被广泛用于Web应用程序、消息传递、大数据和物联网等领域。Apache Cassandra支持水平扩展，可以在多个数据中心之间进行复制，具有高可用性和数据可靠性的特点。

（4）MongoDB。MongoDB是一个文档数据库，适用于处理半结构化和非结构化数据。它具有灵活的数据模型和易于使用的API，支持复杂的查询和分布式事务。MongoDB可以在多个节点上水平扩展，以处理大量的数据请求。

（5）Elasticsearch。Elasticsearch是一个基于Lucene的全文搜索引擎。它被广泛用于日志分析、企业搜索、安全分析和实时指标监控等场景。Elasticsearch支持分布式操作，可以在多个节点之间进行数据复制和故障转移。

10.1.2.3 云数据库

云数据库是托管在云计算平台上的数据库。它使用户能够通过互联网存储、管理和访问数据。数据存储在远程服务器上，消除了用户位置处的物理服务器的需求。云数据库可以在任何有互联网连接的地方进行访问，这使其成为具有远程团队或员工在家办公的企业的理想解决方案。云数据库的特点包括可扩展性、可访问性、成本效益高、可靠性高、安全性高（云平台一般有专门的安全团队，并采用最新的安全协议来保护用户数据）；此外，大多数云数据库提供自动备份功能，若发生意外情况，可以快速从最近的备份中恢复其数据。

云数据库的类型根据可访问性和部署方式，分为公共、私有和混合三种类型：

（1）公共云数据库：公共云数据库指的是托管在公共可访问云平台上的数据库。这种类型的数据库适用于不需要高级数据隐私或安全性的企业。公共云数据库具有成本效益和可扩展性，因此非常适合初创企业和小型企业。

（2）私有云数据库：私有云数据库是托管在私有云平台上，只对授权人员可访问的数据库。这种类型的数据库适用于需要高度数据隐私和安全性的企业。私有云数据库比公共云数据库更昂贵，但提供更强大的安全功能。

（3）混合云数据库：混合云数据库是托管在公共云和私有云平台的组合上的数据库。这种类型的数据库适用于既需要可扩展性又需要高度数据隐私和安全性的企业。混合云数据库兼具公共云和私有云的优势，使企业能够将敏感数据存储在私有云上，同时利用公共云的可扩展性。

另外，根据数据的存储和检索方式，又可分为关系型云数据库、非关系型云数据库等。目前，常见的云数据库产品包括：

（1）阿里云关系型数据库；基于阿里云分布式文件系统和 SSD 盘高性能存储，提供了容灾、备份、恢复、监控、迁移等方面的全套解决方案，解决数据库运维困难。

（2）亚马逊的云数据库产品：亚马逊提供基于云的数据库服务 Dynamo。Dynamo 采用 Key/Value 存储，存储的数据是非结构化数据。

（3）谷歌的云数据库产品：目前许多谷歌应用都是建立在自身的一套大规模数据库系统上，支持如谷歌地图、谷歌地球等服务，这套系统配置分布式体系结构来设计实现。

10.1.3 大数据和数据仓库

10.1.3.1 大数据

A 大数据的概念

大数据（Big Data），是一个体量特别大，无法在一定时间范围内用常规软件工具进行捕捉、管理和处理的数据集合，是需要新处理模式才能具有更强的决策力、洞察发现力和流程优化能力的海量、高增长率和多样化的信息资产。简单来说，大数据就是结构化的传统数据再加上非结构化的新数据。

B 大数据的特点

（1）大量。大数据的特征首先就体现为“大”，随着互联网技术的发展，数据存储单位从过去的 GB 到 TB，乃至现在的 PB、EB 级别。社交网络、移动网络、各种智能工具等，都成为数据的来源。需要智能的算法、强大的数据处理平台和新的数据处理技术，来统计、分析、预测和实时处理如此大规模的数据。

（2）高速。大数据对处理速度有非常严格的要求，大量的资源都用于处理和计算数据，很多平台都需要做到实时分析。通过算法对数据的逻辑处理速度非常快，1 秒定律，可从各种类型的数据中快速获得高价值的信息，这一点也和传统的数据挖掘技术有着本质的不同。数据无时无刻不在产生，谁的速度更快，谁就有优势。

（3）多样。广泛的数据来源，决定了大数据形式的多样性。任何形式的数据都可以产生作用，目前应用最广泛的就是推荐系统，都会通过对用户的日志数据进行分析，从而进一步推荐用户喜欢的东西。日志数据是结构化明显的数据，还有一些数据结构化不明显，例如图片、音频、视频等，这些数据因果关系弱，就需要人工对其进行标注。

（4）价值。这也是大数据的核心特征。现实世界所产生的数据中，有价值的数据所占比例很小。大数据运用之广泛，如运用于农业、金融、医疗等各个领域，从而最终达到改善社会治理、提高生产效率、推进科学研究的效果。

C 大数据基本处理流程

常见的大数据处理流程包括：数据采集、数据清洗、数据存储、数据处理、数据展示。

数据采集，应包括数据来源的验证和确认，数据内容的准确性和完整性，数据安全问题，数据量和采取频率的确认，数据质量检查等内容。

数据清洗和预处理是大数据处理的关键步骤之一，应包括数据去重和冗余处理，数据缺失值和异常值处理，数据格式化和标准化，数据质量和可靠性验证等内容。

数据存储和管理是大数据处理流程的重要环节，应包括数据存储方式的选择，数据存储容量的优化，数据备份和恢复，数据访问控制和安全性，数据的规范与标准化，数据的索引和查询，数据的清理与迁移等内容。

数据处理是大数据处理流程中的重要环节，应包括保证数据的可伸缩性，保证数据实时处理能力，注意数据处理精度，保证数据处理的灵活性，保证数据质量和完整性，保证数据处理过程的并行化，保证数据处理的监控和管理等内容。

数据可视化，应注意目标明确，简洁明了，趋势突出，数据精确，适应不同场景，了解不同类型的图表、颜色和布局等知识。

D　大数据的作用

（1）对大数据的处理分析正成为新一代信息技术融合应用的结点。移动互联网、物联网、社交网络、数字家庭、电子商务等是新一代信息技术的应用形态，这些应用不断产生大数据。云计算为这些海量、多样化的大数据提供存储和运算平台。通过对不同来源数据的管理、处理、分析与优化，将结果反馈到上述应用中，将创造出巨大的经济和社会价值。

（2）大数据是信息产业持续高速增长的新引擎。面向大数据市场的新技术、新产品、新服务、新业态会不断涌现。在硬件与集成设备领域，大数据将对芯片、存储产业产生重要影响，还将催生一体化数据存储处理服务器、内存计算等市场。在软件与服务领域，大数据将引发数据快速处理分析、数据挖掘技术和软件产品的发展。

（3）大数据的利用将成为提高核心竞争力的关键因素。各行各业的决策正在从“业务驱动”转变为“数据驱动”。

（4）大数据时代科学研究的方法手段将发生重大改变。例如，抽样调查是社会科学的基本研究方法。在大数据时代，可通过实时监测、跟踪研究对象在互联网上产生的海量行为数据，进行挖掘分析，揭示出规律性的东西，提出研究结论和对策。

E　大数据的发展趋势

（1）数据库框架的融合。在大数据技术的发展中，除了结构化查询语言数据库，NoSQL 数据库发展也十分迅速。而在各类大数据平台上，图形、内存、列数以及关系等数据库将会实现有机融合。通过这样的方式，便可让各种场景条件下的数据处理需求得以全面满足，实现大数据技术良好发展。

（2）数据技术的产业化应用。随着大数据技术不断发展与转变，其应用也逐渐朝着资源化方向发展。在此过程中，数据技术的发展将会趋于产业化，这样便可以让大数据技术为企业发展提供更好的数据支撑。同时，随着大数据技术不断发展，其数据应用也应该按照不同类别进行整合，这样才可以让数据技术实现应用性能的全面提升，以此确保大数据技术在未来的应用效果。

（3）数据的深度挖掘。在大数据技术未来的应用和发展中，数据挖掘深度化是一项核心技术。随着当今数据挖掘技术在各个领域的广泛应用，大数据也实现了更加准确的应用，而大数据业务的增加也使其与用户更加贴近，让用户需求得到更好的满足。在大数据技术的发展中，通过数据挖掘技术对用户进行深度标签的创建越来越成为当今大数据挖掘技术应用的热点内容。在大数据场景中，通过数据挖掘技术的合理应用，以此为依据进行深度标签的多角度、多层次创建。

F 大数据研发的重点

（1）建设一套运行机制。大数据建设是一项有序的、动态的、可持续发展的系统工程，必须建立良好的运行机制，以促进建设过程中各个环节的正规有序，实现统一管理，做好顶层设计。

（2）规范一套建设标准。没有标准就没有系统。应建立面向不同主题、覆盖各个领域、不断动态更新的大数据建设标准，为实现各级各类信息系统的网络互联、信息互通、资源共享奠定基础。

（3）搭建一个共享平台。数据只有不断流动和充分共享，才有生命力。应在各专用数据库建设的基础上，通过数据集成，实现各级各类信息系统的数据交换和共享。

（4）培养一支专业队伍。大数据建设的每个环节都需要依靠专业人员完成，因此，必须培养和造就一支技术与管理方面优秀的大数据建设专业队伍。

10.1.3.2 数据仓库

A 数据仓库的概念

数据仓库，全称是 Data Warehouse，简写 DWH。数据仓库的目的是构建面向分析的集成化数据环境，为企业提供决策支持。它出于分析性报告和决策支持目的而创建。正因为它叫“仓库”，而不是叫“工厂”，所以数据仓库本身并不“生产”任何数据，同时自身也不需要“消费”任何的数据。数据来源于外部，并且开放给外部应用。

B 数据仓库的特点

（1）面向主题的。传统数据库中，最大的特点是面向应用进行数据的组织，各个业务系统可能是相互分离的。数据仓库则是面向主题的。主题是一个抽象的概念，是较高层次上企业信息系统中的数据综合、归类并进行分析利用的抽象。在逻辑意义上，它是对应企业中某一宏观分析领域所涉及的分析对象。

（2）集成的。通过对分散、独立、异构的数据库数据进行抽取、清理、转换和汇总便得到了数据仓库的数据，这样保证了数据仓库内的数据关于整个企业的一致性。数据仓库中的综合数据不能从原有的数据库系统直接得到。因此在数据进入数据仓库之前，必然要经过统一与综合，这一步是数据仓库建设中最关键、最复杂的一步。

（3）时变的。数据仓库包含各种粒度的历史数据。数据仓库中的数据可能与某个特定日期、星期、月份、季度或者年份有关。数据仓库的目的是通过分析企业过去一段时间业务的经营状况，挖掘其中隐藏的模式。虽然数据仓库的用户不能修改数据，但并不是说数据仓库的数据是永远不变的。分析的结果只能反映过去的情况，当业务变化后，挖掘出的模式会失去时效性。因此数据仓库的数据需要更新，以适应决策的需要。从这个角度讲，数据仓库建设是一个项目，更是一个过程。

（4）非易失的。数据仓库里的数据通常只有两种操作，即初始化载入和数据访问，因此其数据相对稳定。数据仓库的数据不能被实时修改，只能由系统定期地进行更新。

C 数据仓库的作用

（1）提供增强的商业智能。利用各种数据源提供的数据，管理人员和高管们将不再需要凭着无限的数据或他们的直觉做出商业决策。此外，数据仓库及相干商业智能可间接用于包含市场细分、库存治理、财务管理、销售这样的业务流程中。

（2）提高效率和节省成本。通过数据仓库，能够建设企业的数据模型，这对于企业的生产与销售、成本管制与收支调配有着重要的意义，极大地节约了企业的成本，提高了经济效益，同时，用数据仓库能够剖析企业人力资源与根底数据之间的关系，保障人力资源的最大化利用，也能够进行人力资源绩效评估，使得企业治理更加科学合理。

（3）数据的品质和一致性。一个数据仓库的施行包含将数据从泛滥的数据源零碎中转换成独特的格局。因为每个来自各个部门的数据被标准化了，每个部门将会产生与所有其他部门符合的结果。所以能够使管理人员和高管们对数据的准确性更有信念，而精确的数据是商业决策的根底。

（4）提供历史的智慧。一个数据仓库贮存了大量的历史数据，所以管理人员和高管们能够通过剖析不同的期间和趋势来作出对将来的预测。这些数据通常不能被存储在一个交易型的数据库里或用来从一个交易系统中生成报表。

D 数据仓库的结构

数据仓库包括三层结构：

（1）数据层：实现对企业操作数据的抽取、转换、清洗和汇总，形成信息数据，并存储在企业级的中心信息数据库中。

（2）应用层：通过联机分析处理，甚至是数据挖掘等应用处理。

（3）表现层：通过前台分析工具，将查询报表、统计分析、多维联机分析和数据挖掘的结论展现在用户前面。

E 数据仓库的类型

数据仓库可分为企业数据仓库、操作型数据库和数据集市。其中的企业数据仓库一般为通用数据仓库，既含有大量详细的数据，也含有大量累赘的数据，这些数据具有不易改变的特性，涵盖多种企业在领域上、战略上的决策。操作型数据库可以对数据进行决策分析，也可以加载到数据仓库。数据集市是数据仓库的一种具体化，可以包含累计、历史的企业某部门的数据，以满足实际的业务需要。

10.2 非关系型数据库

NoSQL，泛指非关系型的数据库。前文已对非关系型数据库作了基本认识，下面对数据模型、数据库类别等作进一步介绍。

10.2.1 非关系型数据模型的概念

10.2.1.1 键值存储数据模型

在这种数据结构中，数据表中的每一个实际行只具有行键（Key）和数值（Value）两个基本内容。值可以看作一个单独的存储区域，可能是任何类型，甚至是数组。键值存储数据库可以通过键添加、查询或删除数据，查找速度快，通常用于处理大量数据的高访问负载，也用于一些日志系统等。

10.2.1.2 列存储数据模型

列存储数据库采用列簇式存储，将同一列数据存在一起。列式存储以流的方式在列中存储所有的数据，主要适合于批量数据处理和即席查询。存储格式：列式数据库把一列中的数据值串在一起存储起来，然后再存储下一列的数据，以此类推。

10.2.1.3 文档存储数据模型

与键值存储模式有相似性，但其值一般是半结构化内容，需要通过某种半结构化标记语言进行描述。和键值模式相比，文档式存储模式强调可以通过关键词查询文档内部的结构，而非只通过键来进行检索。实际上，文档存储以封包键值对的方式进行存储。在这种情况下，应用对要检索的封包采取一些约定，或者利用存储引擎的能力将不同的文档划分成不同的集合，以管理数据。

10.2.1.4 图形存储数据模型

图形存储模式是一种专门存储节点和边，以及节点之间的连线关系的拓扑存储方法，有的支持添加注释。节点和边都存在描述参数，边是矢量，即有方向的，可能是单向或双向的。在图形存储模式中，每个节点都需要有指向其所有相连对象的指针，以实现快速的路由。因此图形存储模式比传统维表模式更容易实现路径的检索和处理。

10.2.2 非关系型数据库的类别和特点

10.2.2.1 键值数据库

（1）Apache Cassandra。Apache Cassandra 是一个混合型的非关系型数据库，最初由 Facebook 开发，用于储存特别大的数据。Cassandra 的主要特点就是它不是一个数据库，而是由一堆数据库节点共同构成的一个分布式网络服务，对 Cassandra 的一个写操作，会被复制到其他节点上去，对 Cassandra 的读操作，也会被路由到某个节点上面去读取。对于一个 Cassandra 群集来说，扩展性能是比较简单的事情，只管在群集里面添加节点就可以了。

（2）Redis。Redis 是一个高性能的 Key-Value 存储系统，它支持存储的 Value 类型相对更多，包括 string（字符串）、list（链表）、set（集合）和 zset（有序集合）。为了保证效率，数据都是缓存在内存中，Redis 会周期性地把更新的数据写入磁盘或者把修改操作写入追加的记录文件，并且在此基础上实现了主从同步。

（3）Apache Accumulo。Apache Accumulo 是一个可靠的、可伸缩的、高性能的排序分布式的 Key-Value 存储解决方案，基于单元访问控制以及可定制的服务器端处理。Accumulo 使用 Google BigTable 设计思路，基于 Apache Hadoop、Zookeeper 和 Thrift 构建。

（4）HyperDex。HyperDex 是一个分布式、可搜索的键值存储系统，特性包括分布式 Key-Value 存储，系统性能能够随节点数目线性扩展，使用了 hyperspace hashing 技术，使得对存储的 Key-Value 的任意属性进行查询成为可能。

10.2.2.2 列存储数据库

（1）Apache Cassandra。Apache Cassandra 作为混合型的非关系型数据库，可构建一个开源的分布式列式存储数据库。它的设计目标是具有高可用性、高可伸缩性和高性能。Cassandra 的数据模型和查询语言类似于关系型数据库，但是在数据分布和复制方面具有更强的可调性。Cassandra 的各个列簇都包含多个行，每行都可以有不同的列。

（2）Amazon Redshift。Amazon Redshift 是一个云端的列式存储数据库。它是在 ParAccel 数据库技术的基础上开发的，提供了高性能的数据分析能力。Redshift 通过分布式存储和列式压缩来处理 TB 级别甚至 PB 级别的数据量。Redshift 提供了与 SQL 兼容的查询语言，并支持复杂查询和聚合操作。它还提供了多种商业智能工具，使得数据分析和报表生成更加方便。

（3）Google Bigtable。Google Bigtable 是一个面向大数据的 NoSQL 列式存储数据库。它是 Google 自行开发的，用于支持其多种互联网应用，包括 Google 搜索、谷歌地图和 YouTube 等。同时也支持第三方应用访问。Bigtable 使用分布式存储和列式存储的方式来处理 PB 级别的数据。它提供了高可用性、可伸缩性和容错性，并支持多种操作系统和编程语言的 SDK。

（4）Druid。Druid 是一个高性能的实时分析数据库。用于大数据集的 OLAP 查询。Druid 通常用作支持实时摄取、快速查询性能和高正常运行时间的用例的数据库。因此，Druid 通常被用于支持分析应用的 GUIs，或者作为需要快速聚合的高并发 APIs 的后端。Druid 最擅长处理面向事件的数据。Druid 使用面向列的存储，这意味着它只需要加载特定查询所需的精确列。这极大地提高了只访问几列的查询的速度。此外，每个列的存储都针对其特定的数据类型进行了优化，该数据类型支持快速扫描和聚合。

10.2.2.3 文档存储数据库

（1）MongoDB。MongoDB 是一种基于文档的数据库管理系统，它具有高性能、高可用性和灵活性，适用于处理大规模数据。它的文档格式是 JSON 格式，无须像关系型数据库那样指定表结构，可以非常方便地存储和查询数据。另外，MongoDB 还有很多针对高可用性、安全性、监控和管理等方面的扩展功能，可以为企业提供全面的数据管理解决方案。

（2）Couchbase。Couchbase是一种基于文档的NoSQL数据库，它可以非常方便地与大型已有应用程序集成。Couchbase的一个显著特点是支持分布式架构，能够处理高并发的读写请求，同时也具有很高的可靠性。此外，Couchbase的文档模型可以存储复杂的数据类型，支持多种数据格式，例如JSON、XML、HTML、KVP等，非常灵活。

（3）RavenDB。RavenDB是一款面向文档的NoSQL数据库，它在大数据存储和查询方面相当强大。RavenDB的文档模型采用JSON格式，可以非常方便地存储和查询数据，同时还提供了强大的索引、事务和分布式处理功能，支持云端和本地部署。RavenDB还可以在.NET和Java等多个开发环境中使用，丰富的API库和文档使得它能够方便地满足企业的数据管理需求。

10.2.2.4 图形存储数据库

（1）Neo4j。Neo4j是一个流行的图形数据库，它是开源的。Neo4j是一个嵌入式，基于磁盘的，支持完整事务的Java持久化引擎，它在图（网络）中而不是表中存储数据。Neo4j具备大规模可扩展性，在一台机器上可以处理数十亿节点/关系/属性的图，可以扩展到多台机器并行运行。Neo4j重点解决了拥有大量连接的传统RDBMS在查询时出现的性能衰退问题。通过围绕图进行数据建模，Neo4j会以相同的速度遍历节点与边，其遍历速度与构成图的数据量没有任何关系。

（2）FlockDB。FlockDB是Twitter为进行关系数据分析而构建的。FlockDB和其他图形数据库（如Neo4j、OrientDB）的区别在于图的遍历，它不是为多跳图遍历而设计的，而是为快速设置操作而设计的。优化的操作包括：超大规模邻接矩阵查询、快速读写和可分页查询。FlockDB将图存储为一个边的集合，每条边用两个代表顶点的64位整数表示。

（3）AllegroGraph。AllegroGraph是一个基于W3C标准的为资源描述框架构建的图形数据库。它为处理链接数据和Web语义而设计，支持SPARQL、RDFS++和Prolog。AllegroGraph是Franz Lnc.公司的产品之一，而且AllegroGraph是一个封闭源三元库，旨在存储RDF三元组，这是一种标准格式的关联数据。

（4）GraphDB。GraphDB是德国sones公司在.NET基础上构建的。GraphDB社区版遵循AGPL v3许可协议，企业版是商业化的。GraphDB托管在Windows Azure平台上。

（5）Titan。Titan是一个可扩展的图形数据库，针对存储和查询包含分布在多机群集中的数百亿个顶点和边缘的图形进行了优化。Titan是一个事务性数据库，可以支持数千个并发用户实时执行复杂的图形遍历。

（6）OrientDB。OrientDB是兼具文档数据库的灵活性和图形数据库管理链接能力的可深层次扩展的文档-图形数据库管理系统。可选无模式、全模式或混合模式。支持许多特性，诸如ACID事务、快速索引，原生和SQL查询功能。可以JSON格式导入、导出文档。若不执行昂贵的JOIN操作的话，如同关系数据库可在几毫秒内检索数以百计的链接文档图。

10.3 分布式数据库

分布式数据库是在集中式数据库的基础上发展的，管理多个互联的数据库，能够实现数据分片等核心功能，不仅具有良好的 ACID 属性，还具有良好的扩展性。前文已对分布式数据库作了基本认识，下面对其结构作进一步介绍。

10.3.1 分布式数据库的概念

分布式数据库，全称为 Distributed Database，能够将数据分别存在计算机网络中的各台计算机上的数据。分布式数据库的各台计算机通常使用较小的计算机系统，每台计算机可单独放在一个地方，每台计算机一般都有 DBMS 的一份完整副本或者部分副本，并具有自己独自的数据库，位于不同地点的不同多台计算机通过网络互相联接，共同组成一个完整的、全局的、逻辑上集中、物理上分布的大型数据库。

分布式数据库的核心是将原来集中式数据库中的数据分散存储到多个通过网络连接的数据存储节点上，以获取更大的存储容量和更高的并发访问量。随着数据量的高速增长，分布式数据库技术也得到了快速发展，传统的关系型数据库开始从集中式模型向分布式架构发展。

分布式软件系统，全称为 Distributed Software Systems，是支持分布式处理的软件系统，在由通信网络互联的多处理机体系结构上执行任务的系统。分布式软件系统包括分布式操作系统、分布式程序设计语言及其编译系统、分布式文件系统和分布式数据库系统等。

10.3.2 分布式数据库的特点

（1）可扩展性。分布式数据库系统可以轻松地扩展到数千个节点，从而可以处理大规模的数据和请求。

（2）高可用性。由于数据被分布在多个节点上，分布式数据库系统可以在节点故障时提供高可用性和容错性。它可以自动将请求路由到可用的节点，并重新分配数据以保持数据的可用性。

（3）一致性。分布式数据库系统通常支持多种复制和数据同步策略，以确保不同节点之间的数据一致性。这可以通过使用复制协议、事务处理、数据分区等技术来实现。

（4）数据安全性。分布式数据库系统通常采用多层次的安全性措施，以确保数据的保密性、完整性和可用性。这些措施包括身份验证、访问控制、数据加密、日志审计等。

（5）低延迟。由于数据分布在多个节点上，分布式数据库系统可以在靠近用户的节点上快速响应请求，从而提供低延迟的服务。

（6）分布式处理。分布式数据库系统可以将任务分发到多个节点上并行处理，提升数据处理的速度和效率。

（7）易于维护。分布式数据库系统中的多个节点可以分散在不同的地方，可以通过远程维护工具对其进行管理和维护。

（8）节约成本。分布式数据库系统可以通过横向扩展来提高性能，相比于集中式数据库系统更加节约成本。

（9）负载均衡。分布式数据库系统可以将负载均衡到不同的节点上，从而避免出现单节点负载过高的情况。

（10）可伸缩性。分布式数据库系统可以根据需要进行水平或垂直扩展，提高系统的可伸缩性和适应性。

10.3.3 分布式数据库的结构

10.3.3.1 架构组件

分布式数据库的架构通常由三个组件组成：存储节点、查询节点和协调节点。

（1）存储节点：用于保存集群的配置信息和数据分片的元数据信息等。

（2）查询节点：负责分片数据的实际存储和管理。数据可保存在本地磁盘或分布式存储，采用多副本方式保证数据的可靠性。

（3）协调节点：在集群中可作为网关使用，提供客户端应用程序和数据节点集群之间的外部 API 接口，或简单的 SQL 支持，负责语法解析、优化，形成执行计划，下压给数据节点执行，负责数据分片和聚合，记录元数据到配置节点，或从配置节点读取元数据。

10.3.3.2 模式结构

分布式数据库的模式结构可以划分为全局视图、全局概念层、局部概念层、局部内层。各层之间有相应的层间映射。具体介绍如下：

（1）全局外层。分布式数据库是一组分布的局部物理数据库的逻辑集合。分布式数据库的全局视图由多个用户视图组成。用户视图是对分布式数据库的最高层抽象。分布式数据库与集中式数据库的视图有同样的概念，不同的是，它不是从某个具体节点上的局部数据库中抽取，而是从一个虚拟的由各局部数据库组成的逻辑集合中抽取，对全局用户而言，不论在分布式数据库系统中的哪一个节点上访问系统中的数据，都可以认为所有的数据库都在本地。

（2）全局概念层。全局概念层是分布式数据库的整体抽象，包含了系统中全部数据的特性和逻辑结构，是对数据库的整体描述。从分布式透明特性来说，分布式数据库的全局概念层具有三种模式描述信息。全局概念模式：描述分布式数据库全局数据的逻辑结构，是分布式数据库的全局概念视图。分片模式：描述全局数据逻辑划分的视图，它是全局数据的逻辑结构根据某种条件的划分，每一个逻辑划分即是一个片段或称为分片。分配模式：描述局部逻辑的局部物理结构，是划分后的片段的物理分配视图，属于全局概念层的内容。

分布式数据库的定义语言除了需要提供概念模式的定义语句外，还需要提供分片模式和分配模式的定义语句。全局模式到分片模式到分配模式之间存在着映射。全局概念模式到分配模式到分片模式是一对多。分片模式到分配模式是一对多或者一对一，主要根据数据分布的冗余策略决定。一对一表明分片数据有多个副本存储在不同节点上，并且同一场地一般情况下不允许有相同的副本存在。一对一表明数据是非冗余的。

（3）局部概念层。局部概念层是由局部概念模式描述，一般情况下，它是全局概念模式的子集，全局概念模式经逻辑划分后被分配在各局部场地上。在分布式数据库局部场地上，每个全局关系有该全局关系的若干个逻辑片段的物理片段集合，该集合是一个全局关系在某个局部场地上的物理映像，全部的物理映像组成局部概念模式。

（4）局部内层。局部内层是分布式数据库中关于物理数据库的描述。分布式数据库四层结构及其模式定义之间的相互映射关系，体现了分布式数据库是一组用网络连接的局部数据库的逻辑集合。四层结构体现了分布式数据库的特点。

10.4 云数据库

云数据库是托管在云计算平台上的数据库。前文已对云数据库作了基本认识，下面对其概念等内容作进一步介绍。

10.4.1 云数据库的概念

云数据库（Cloud Database），是一种可以被优化部署到一个虚拟计算环境中的数据库，是在云计算背景下发展的一种共享基础架构的方法，极大增强了数据库的存储能力，消除了人员、硬件、软件的重复配置，让数据库的升级变得容易，具有可扩展性、高可用性等特点。云数据库可以实现按需付费、按需扩展以及存储整合等功能。

10.4.2 云数据库的特点

相比传统数据库，云数据库一般具有以下特点：

（1）易用性。云数据库一般也是作为一个云服务提供，与其他云服务一样，可以快速部署和运行，同时一般还可以免去运维的工作。

（2）高扩展。针对云环境设计，基于开放式架构和云计算存算分离的环境，可扩展性更强。

（3）低成本。相比传统数据库有着更低的软硬件成本，以及由于按使用付费、按需扩展等特性，云数据库还有着低的总体拥有成本。

（4）留存率。云数据库信息的“留存率”更高，即使本地数据丢失也可以在云端找回。

（5）迁移性。数据迁移更为简便，容易将云数据库所在的操作系统迁移到其他机器。

10.4.3 云数据库产品

10.4.3.1 供应商

（1）传统的数据库厂商：Oracle、IBM 和微软 SQL Server。

（2）云服务供应商：Amazon、Google、阿里和百度等。

目前，各类云服务在一定程度上能够实现海量数据的管理，在数据管理功能和应用方面，还有很多提升的空间。

10.4.3.2 云数据库产品

（1）阿里云数据库。阿里云数据库（Alibaba Cloud Database）是阿里云为企业提供的云数据库服务产品，它是一款高可用、安全可靠的数据库，支持多种数据库引擎类型，包括 MySQL、SQL Server、PostgreSQL、Redis、MongoDB、PolarDB 等，为企业提供稳定、可靠、灵活的数据库服务。目前，阿里云产品已应用在电商行业、金融行业、游戏行业、媒体行业等多类商业活动中。

（2）华为云数据库。华为云数据库是华为云推出的一款数据库产品，提供了多种数据库服务，包括 MySQL、Oracle、SQL Server、Redis 等，可以帮助用户快速构建数据库应用。华为云数据库的特点包括多种数据库服务，即提供了 MySQL、Oracle、SQL Server、Redis 等多种数据库服务，满足不同场景下的数据库需求；一站式数据库服务，即通过华为云数据库，用户可以一站式获得数据库服务，无须再考虑数据库的部署、管理和运维；安全可靠，即华为云数据库提供了多种安全防护措施，保障数据库的安全可靠性。高性能，即华为云数据库采用了高性能的硬件和虚拟化技术，提供了高性能的数据库服务。可靠性，即华为云数据库提供了多种故障恢复和数据备份方案，保障数据的可靠性。

（3）百度云数据库。百度云服务器（Baidu Cloud Server）作为国内领先的云计算服务提供商之一，为用户提供了强大的云端数据库服务。百度云服务器提供的数据库服务包括了主流的关系型数据库和非关系型数据库，例如 MySQL、SQL Server、MongoDB 和 Redis 等。这些数据库在各自领域内都有广泛应用，而百度云服务器则通过高可用性、灵活性和可扩展性的特点，为用户提供了稳定可靠的数据库服务。通过百度云服务器上的数据库，用户可以轻松实现数据的存储、查询和分析，提升业务的效率和竞争力。

（4）谷歌云平台。谷歌云平台（Google Cloud Platform）是谷歌所提供的一套公有云计算与数据库服务。该平台包括一系列在 Google 硬件上运行的用于计算、存储和应用程序开发的托管服务。软件开发人员、云管理员和其他企业 IT 专业人员可以通过公共互联网或专用网络连接访问 Google Cloud Platform 服务。

10.4.4 云数据库的发展趋势

10.4.4.1 发展方向

（1）大规模数据处理能力的提升：随着大数据时代的到来，云数据库需要具备处理海量数据的能力。未来的云数据库将进一步提升其大规模数据处理能力，以满足用户对于高效、快速的数据处理需求。

（2）数据安全性的提高：数据安全一直是云数据库发展的重要关注点。未来的云数据库将加强数据加密、访问控制和身份认证等安全机制，以保护用户数据的安全性。

（3）弹性扩展能力的增强：云数据库需要具备弹性扩展的能力，以应对用户需求的快速变化。未来的云数据库将进一步提升其弹性扩展能力，以满足用户对于灵活性和可伸缩性的需求。

（4）多云环境的支持：随着多云环境的兴起，用户往往需要在不同的云平台之间进行数据迁移和管理。未来的云数据库将提供更好的多云环境支持，使用户能够更方便地在不同云平台之间进行数据操作和管理。

（5）人工智能的应用：人工智能技术的快速发展将对云数据库产生深远的影响。未来的云数据库将结合人工智能技术，提供更智能化的数据管理和分析功能，以满足用户对于智能化数据处理的需求。

10.4.4.2 新技术结合

（1）区块链技术：区块链技术的出现为云数据库带来了新的机遇和挑战。区块链技术可以提供去中心化、不可篡改的数据存储和交易机制，为云数据库的数据安全性和可信度提供了新的解决方案。

（2）边缘计算：边缘计算是一种将计算和存储资源放置在离数据源近的位置进行处理的技术。未来的云数据库将结合边缘计算技术，提供更低延迟、更高效的数据处理能力，以满足对于实时性和响应性的需求。

（3）量子计算：量子计算是一种基于量子力学原理的计算方式，具有极高的计算能力。未来的云数据库将结合量子计算技术，提供更强大的计算能力和更高效的数据处理能力，以满足对于复杂数据分析和计算的需求。

（4）自动化运维：自动化运维技术可以提高云数据库的运维效率和稳定性。未来的云数据库将引入更多的自动化运维技术，实现自动化的数据库管理和维护，减少人工干预，提高系统的可靠性和稳定性。

（5）数据隐私保护：数据隐私保护是云数据库发展中的重要问题。未来的云数据库将引入更多的数据隐私保护技术，如差分隐私、同态加密等，以保护用户的数据隐私和个人信息安全。

习　题

（1）新兴的数据库类型有哪些？

（2）除了关系模式，数据结构还有哪几种模式？

（3）举出一个实际使用分布式数据库的例子。

（4）举出一个实际使用云数据库的例子。

（5）自学完成列数据库的查询语句并分析与关系型数据库的区别。

（6）设想一个人工智能与数据库相结合的方案。

11 实 验 指 导

11.1 实验1：SQL Server 2019 常用工具和 T-SQL

11.1.1 实验目的

（1）了解数据库配置管理器的作用，熟悉 SQL Server 2019 服务的启动方法；
（2）熟练掌握 SQL Server Management Studio 操作，以及查询的使用方法；
（3）掌握 T-SQL 语言各种数据类型的定义、局部变量的声明、赋值和显示方法；
（4）熟悉批处理和流程控制语句的使用方法。

11.1.2 实验内容

（1）利用 SQL Server 配置管理器，实现启动和停止 SQL Server 服务。展开“开始”→“程序”→“Microsoft SQL Server 2019”程序项，点击“SQL Server 2019 配置管理器”，在“SQL Server Configuration Manager”窗口中点击“SQL Server 服务”，可以在右侧窗口选择不同的服务进行启动，也可以设置某一服务自动或者手动启动。了解 SQL Server 2019 中包括的服务组件，掌握服务的启动、暂停和停止等操作。只有启动 SQL Server 服务并正常运行后，MSSQL Server 才能提供正常的管理与服务，SQL Server 服务正常运行后，出现一个带有绿色向右三角符号的小图标。

（2）启动并使用 SQL Server Management Studio。

第一步：展开“开始”→“程序”→“Microsoft SQL Server Tools 18”程序项，点击“Microsoft SQL Server Management Studio”，此时连接到服务器窗口将会显示，选择连接的服务器名称，选择 Windows 身份验证（根据安装 SQL Server 的设定，若选择 SQL Server 身份验证，给出用户名和密码），点击连接。

第二步：在“对象资源管理器”窗口，点击“数据库”节点，可以看到系统数据库下有 master、model、msdb、tempdb 数据库。

第三步：展开“master”，可以看到其存在的数据库对象，展开“表”“系统表”，可以看到“master”数据库下存在多个数据表，右击某一表，选择“选择前 1000 行”，可以查看该表保存的所有记录。

（3）启动并使用 SQL Server 查询。

第一步：在 SQL Server Management Studio 工具栏，单击“新建查询”，出现 SQL 查询

窗口。

第二步：在查询分析器的命令行窗口中输入如下 SQL 语句：

```
USE master
SELECT * FROM MSreplication_options
```

并单击“执行查询”，在窗口下方会显示该表的所有记录。然后将 SELECT 语句中的表名称换成其他表名进行查询。

（4）在查询窗口运行如下命令并理解各数学函数的功能。

```
SELECT  CEILING(123. 928)
SELECT  FLOOR(123. 3456)
SELECT  LEFT('abcdefg',2)
SELECT  LEN('Wartian Herkku')
SELECT  LTRIM('Five spaces are at the beginning of this string. ')
SELECT  RIGHT('Tom Bowyer')
SELECT  POWER(4,3)
SELECT  SQRT(16)
SELECT  SUBSTRING('abcdef', 2, 3)
SELECT  STR(123.45, 6, 1)
SELECT '上海 2010' + '世博会'
SELECT ASCII('A'), char(65)
SELECT 2, ~2, 2^3, 2 | 4, 2&4
SELECT CONVERT(char(5),'1992-05-01')
```

（5）定义一个局部变量@ score，并为其赋值，然后设计一个 IF-ELSE 语句，如果@ score > =60 则输出“及格”，否则输出“不及格”。

（6）定义一个局部变量@ score，并为其赋值，然后设计一个 CASE 语句为成绩分等级，按照以下规则输出信息：分数在 90 ~ 100 区间，显示“优”；分数在 80 ~ 90 区间，显示“良”；分数在 70 ~ 80 区间，显示“中”；分数在 60 ~ 70 区间，显示“及格”；分数在 60 以下，显示“不及格”；否则显示“无效成绩”。

提示：

```
DECLARE @ score float,@ dj char(6)
SET @ score = 78
SELECT @ dj = CASE
          WHEN @ score BETWEEN 90 AND 100 THEN '优'
          WHEN @ score BETWEEN 80 AND 89 THEN '良'
          WHEN @ score BETWEEN 70 AND 79 THEN '中'
          WHEN @ score BETWEEN 60 AND 69 THEN '及格'
```

```
        WHEN @score <60 AND @score > =0 THEN '不及格'
        ELSE '无效成绩'
      END
PRINT '成绩等级：' + @dj
```

11.2　实验2：创建与管理数据库

11.2.1　实验目的

（1）掌握 Microsoft SQL Server Management Studio 工具的使用；

（2）熟练掌握 SQL 语句创建数据库的方法；

（3）掌握查看和修改数据库选项的方法；

（4）掌握分离与附加数据库的方法。

11.2.2　实验内容

11.2.2.1　利用 Microsoft SQL Server Management Studio 的对象资源管理器建立和修改数据库

（1）在“对象资源管理器”中创建一个数据库，名称为“Test”。

第一步：依次展开“开始”→“程序”→“Microsoft SQL Server Tools 18”程序项，点击“Microsoft SQL Server Management Studio”，连接 SQL Server 服务。

第二步：在 Microsoft SQL Server Management Studio 界面的“对象资源管理器”窗口，鼠标右键点击“数据库”，选择“新建数据库”，出现“新建数据库”窗口。

第三步：在“数据库名称”文本框中输入“Test”，其余所有界面中都选默认值。创建完毕后，在“对象资源管理器”中比较“Test”数据库和“Model”数据库。

（2）在“对象资源管理器”中，鼠标右键点击“Test”数据库，在弹出菜单中选择“属性”。在弹出的对话框中选择“文件”，在“数据文件”选项卡中修改“Test”数据文件，将分配的空间大小改为 20 MB，最大文件大小为 50 MB，自动增长按百分比 10%。

（3）在“对象资源管理器”中鼠标右键点击“Test”删除该数据库。

11.2.2.2　用 SQL 语句创建和修改数据库

（1）在 Microsoft SQL Server Management Studio 中点击“新建查询”，打开“查询分析”窗口，用 SQL 语句创建一个图书管理数据库，名称为“BookMIS”，该库包括一个主数据文件，逻辑名为 BookMIS_data，物理文件名为 d:\data\BookMIS_mdf，初始大小为 10 MB，最大容量为 30 MB，文件增量以 5 MB 增长。事务日志文件为 BookMIS_log.ldf，存储在上述路径下，初始大小为 15 MB，最大为 25 MB，文件增量以 2 MB 增长。

（2）在“查询分析”窗口，使用系统存储过程 sp_helpdb 来查看系统中的数据库信息，执行以下语句，并观察结果。

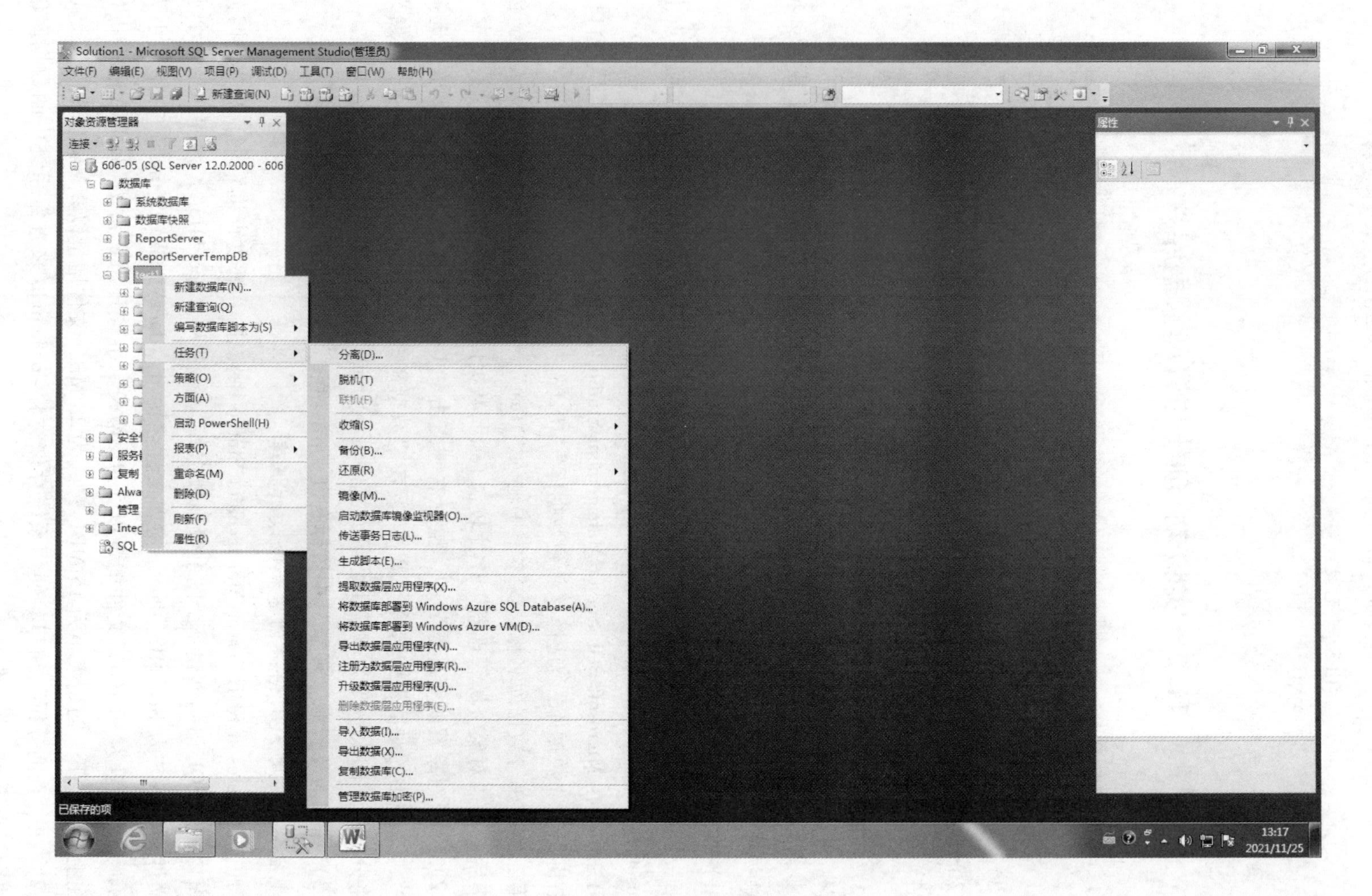

图 11-1　分离数据库设置

图 11-2 分离数据库执行结果

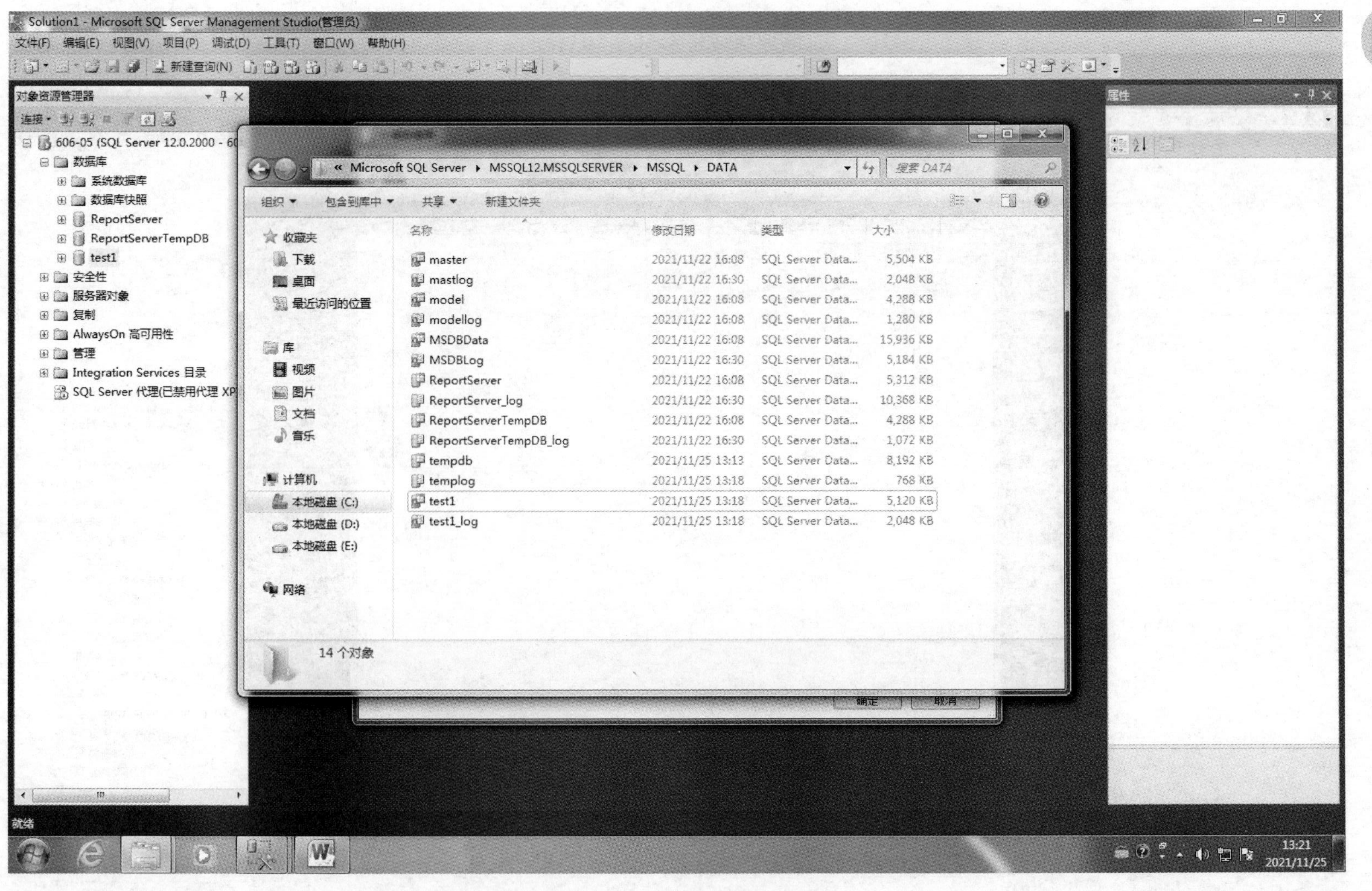

图 11-3 分离后的文件显示

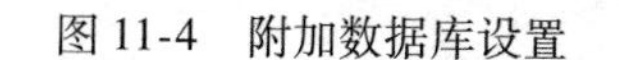
图 11-4　附加数据库设置

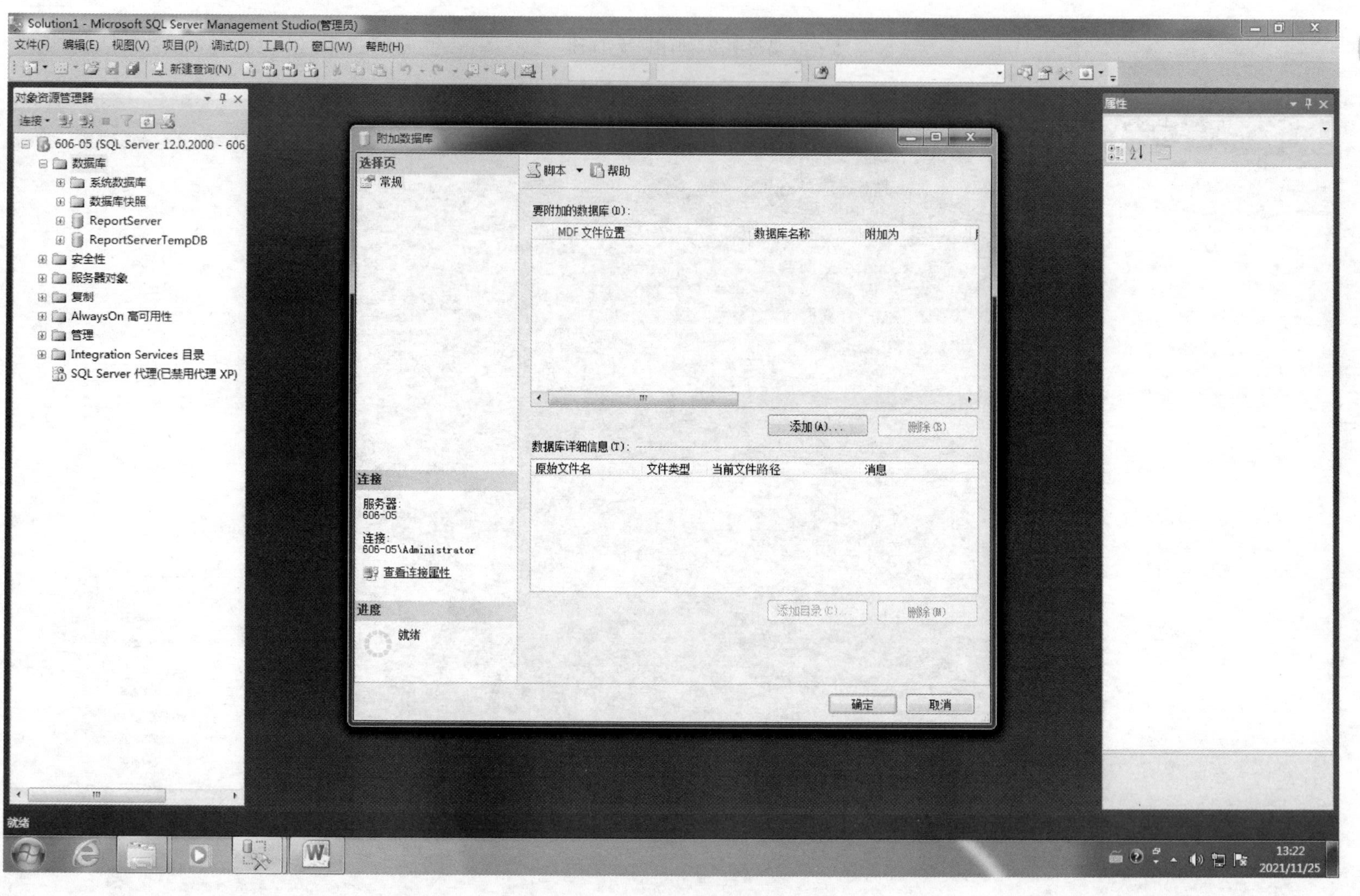

图 11-5 添加附加的数据库

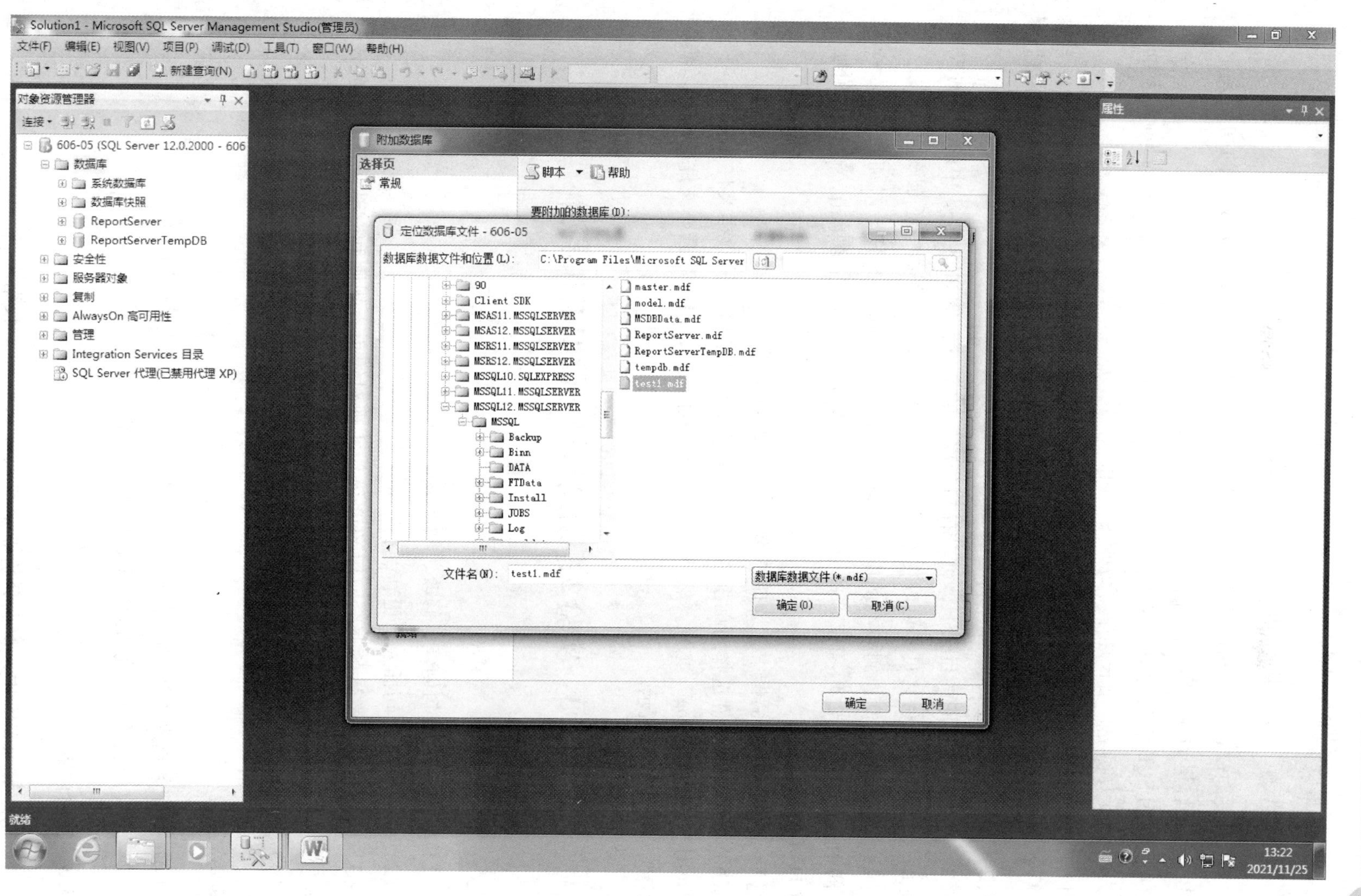

图 11-6　附加数据库执行结果

EXEC sp_helpdb

EXEC sp_helpdb BookMIS

（3）在查询窗口使用SQL语句修改数据库的设置，修改主数据文件的初始大小为15 MB，最大容量为60 MB，文件增量以10%增长。

（4）使用SQL语句为BookMIS数据库增加一个辅助数据文件，命名为Book_Data2，初始大小、最大容量、增长速率等分别为5 M、15 M、10%。

11.2.2.3 分离和附加数据库

（1）选中已创建的数据库，例如图11-1中的“test1”，右键选择“任务”→“分离”。

（2）弹出的对话框，点击“确定”，如图11-2所示。

（3）在创建数据库的目录下，可以看到分离后的文件，例如图11-3中的“test1”和“test_log”。将两个文件拷贝，可以在不同设备的SQL Server服务器中还原该数据库。

（4）将数据库文件，例如本例中的“test1”和“test_log”文件，附加到SQL Server服务器中，还原数据库“test1”。选中根目录“数据库”，鼠标右键单击，选择“附加”，如图11-4所示。

（5）在弹出的对话框中，选择“添加”，如图11-5所示。

（6）在弹出的文件选择对话框中，找到分离（或已备份）的数据文件，例如本例中的“test1”和“test_log”文件，然后“确定”。添加完后，出现数据库文件的信息，然后“确定”，如图11-6所示。

11.3 实验3：创建与管理数据表和索引

11.3.1 实验目的

（1）掌握SQL语句创建、修改、删除数据表；

（2）掌握SQL语句插入、更新、删除表中数据；

（3）理解数据完整性的概念，用SQL语句实现对约束、规则和默认值对象的创建和管理；

（4）理解索引的概念和分类，掌握索引的创建、查看和删除方法。

11.3.2 实验准备

（1）确定数据库中各表的结构，了解SQL Server的常用数据类型。

（2）已完成实验2，成功创建了数据库BookMIS。

11.3.3 实验内容

在数据库BookMIS中，根据分析需要表11-1～表11-4数据表。

表 11-1 Reader（读者）表的表结构

列　名	数据类型	长　度	允许空值	说　　明
ReaderID	char	6	否	读者编号，主键
ReaderPwd	varchar	8	否	登录密码
ReaderName	char	8	否	姓名
Age	smallint		是	年龄
Sex	char	2	是	性别
BorrowNum	int		否	可借册数
Department	varchar	16	是	工作单位

表 11-2 Book（图书）表的表结构

字段名称	类　型	长　度	允许空值	说　　明
BookID	char	8	否	图书编号，主键
BookName	varchar	20	否	图书名称
Price	numeric	（3，1）	是	单价
AuthorName	char	8	是	作者
PubNum	varchar	20	是	出版社编号
BookNum	int		否	馆藏册数

表 11-3 Publisher（出版社）表的表结构

列　名	数据类型	长　度	允许空值	说　　明
PubNum	varchar	20	否	出版社编号，主键
PubUnit	varchar	20	否	名称
PubAdr	varchar	50	是	地址
Phone	char	11	是	电话

表 11-4 Borrow（借阅）表的表结构

字段名称	类　型	长　度	允许空值	说　　明
ReaderID	char	6	否	读者号和图书号一起作为主键
BookID	char	8	否	图书号
BorrowDate	date		是	借阅日期
ReturnDate	date		是	归还日期

11.3.3.1 使用SQL语句创建和管理数据表

（1）创建数据表，在 Microsoft SQL Server Management Studio 中点击“新建查询”，打开“查询分析”窗口，用SQL语句创建表 Reader、Book、Borrow 和 Publisher 定义主键。

（2）修改数据表，为借阅表建立两个外键约束，一个是与读者表的读者编号属性列之间的外键约束，另一个是与图书表的图书编号属性列之间的外键约束。

（3）修改数据表，为图书表建立一个外建约束，与出版社表的出版社编号列之间建立约束。

（4）修改表为读者表的年龄列建立一个检查约束，年龄为18～60。

（5）在图书表中加入出版日期 PubDate 列，其数据类型为日期型。

（6）将加入的 PubDate 列删除掉。

11.3.3.2　向 BookMIS 数据库的各个表中插入和修改数据

（1）用 SQL 语句为 Reader 表、Book 表、Borrow 表和 Publisher 表输入数据，见表11-5～表11-8。

表 11-5　Reader 表中的数据

ReaderID	ReaderPwd	ReaderName	Age	Sex	BorrowNum	Department
950010	10010	赵刚	18	男	10	自动化学院
950020	10011	王明	21	女	15	计算机学院
950030	10012	孙芳	23	女	15	自动化学院
950040	10013	钱元昊	25	男	8	计算机学院
950050	10014	孙东方	20	男	10	计算机学院
950060	10015	李淑娟	19	女	15	外语学院
950070	10016	周一伟	20	男	16	外语学院
950080	10017	陈建国	28	男	8	计算机学院

表 11-6　Book 表中的数据

BookID	BookName	Price	AuthorName	PubNum	BookNum
10100001	数据库技术	35	王力	7-111	10
10100002	微机原理	50	刘红	7-302	20
10100003	自动控制原理	70	宋志	7-111	15
10100004	计算机网络	40	王宏	7-302	5

表 11-7　Borrow 表中的数据

ReaderID	BookID	BorrowDate	ReturnDate
950010	10100001	2023-10-01	2023-11-01
950010	10100002	2022-11-01	
950020	10100002	2023-10-10	2023-11-10
950020	10100003	2023-10-20	2023-11-20
950020	10100004	2022-10-30	
950030	10100001	2022-11-10	2022-12-10

续表 11-7

ReaderID	BookID	BorrowDate	ReturnDate
950030	10100002	2022-11-10	2022-12-10
950030	10100003	2023-11-20	2023-12-20

表 11-8 Publisher 表中的数据

PubNum	PubUnit	PubAdr	Phone
7-111	机械工业出版社	北京市海淀区学院路	12345678
7-302	清华大学出版社	北京市海淀区成府路	87654321

（2）在 Reader 表中，将读者编号 ReaderID 为“950010”的可借图书册数 BorrowNum 在原来基础上增加 20%。

（3）将所有图书的馆藏册数增加 5。

（4）在 Reader 表中删除读者编号为“950080”的读者信息。

11.3.3.3 规则和默认值约束

（1）用 T-SQL 语句创建一个工作单位默认值对象，名称为“default_department”，设定工作单位的默认值为“计算机学院”，并将该默认值约束绑定到 Reader 表的工作单位 department 列上。然后在表中插入一条新记录，观察其工作单位属性是否是默认值。最后将默认值松绑后删除。

（2）用 T-SQL 语句创建一个可借图书册数规则对象，名称为“rule_BorrowNum”，限定其范围为 1 ~ 20，并将该规则绑定到 Reader 表的可借册数 BorrowNum 列上。然后在 Reader 表中插入一条新记录，将该记录的可借册数设置为 25，观察系统是否提示出错。最后将规则松绑后删除。

11.3.3.4 索引的创建与管理

（1）在创建三个数据表时已经指定了主键，所以系统会自动在主键列上创建聚集唯一性索引。在“对象资源管理器”中查看这三个表中自动创建的聚集索引。

（2）用 T-SQL 语句为 Book 表的馆藏册数 BookNum 列建立非聚集索引，索引名为“BookNum_desc”，并按降序排序。

11.4 实验4：查询与视图

11.4.1 实验目的

（1）熟练掌握查询语句的一般格式；

（2）熟练数据查询中的排序、分组、统计的操作方法；

（3）熟练掌握多表连接查询、嵌套查询方法；

（4）熟练掌握视图的创建和管理；

（5）熟练掌握视图的查询操作和通过视图修改数据的操作。

11.4.2 实验内容

11.4.2.1 查询操作

使用SQL语句，对所建立的数据库BookMIS的Reader表、Book表、Publisher表和Borrow表中的数据进行查询操作。

（1）查询所有读者的基本信息，并按年龄升序排列。

（2）查询女读者的信息和女读者的人数。

（3）查询“机械工业出版社”且图书单价大于50元的图书信息。

（4）查询所有借阅图书的读者的姓名、借阅图书名及借阅日期。

（5）查询尚未归还图书的读者编号、姓名、图书名称。

（6）按书名分类统计书籍的借阅人数。

（7）查询与“孙东方”同一个单位的读者情况。

（8）使用统计函数计算图书表中图书馆藏册数的最大数量、最小数量和平均数。

（9）查询借阅图书数超过2本（包括2本）的读者编号、姓名、年龄、工作单位及图书名称。

（10）查询没有借阅图书的读者信息。

（11）查询借阅了“自动控制原理”图书的读者编号、姓名、工作单位、借阅日期，并按读者编号升序排序。

（12）查找比所有计算机学院的读者年龄都低的读者信息。

（13）按借阅日期的年份分组统计各图书借阅册数，显示图书名、借阅年份、借阅册数。

11.4.2.2 视图操作

（1）创建视图v1，显示“计算机学院”读者基本情况。

（2）创建视图v2，查看“自动化学院”读者及借阅图书信息的视图，要求显示读者的读者编号、姓名、工作单位、图书名称、借阅日期、归还日期。

（3）创建视图v3，显示“计算机网络”未还书的读者信息。

（4）从视图v2中查询借阅了“数据库技术”书的读者编号、姓名、工作单位、图书名称、借阅日期、归还日期；

（5）从视图v3中查询计算机学院中“计算机网络”未还书的读者姓名、工作单位。

11.5 实验5：存储过程、触发器与用户自定义函数

11.5.1 实验目的

（1）了解存储过程的概念和作用，理解触发器的触发原理和类型；

（2）掌握使用T-SQL语句创建存储过程的方法；

（3）掌握执行、查看、修改和删除存储过程的方法；

（4）掌握创建触发器的方法和利用触发器维护数据完整性的方法；

（5）理解用户自定义函数的定义和使用方法。

11.5.2 实验内容

11.5.2.1 使用T-SQL 语句创建和执行存储过程

（1）创建和执行不带输入参数的存储过程，在数据库BookMIS中创建存储过程proc_ReturnDate，用于查询所有借阅“10100002”号图书的读者归还日期。

（2）创建和执行带输入参数的存储过程，在数据库BookMIS中创建存储过程proc_insert，用于向Reader表中插入新记录。

（3）创建和执行带输入参数和输出参数的存储过程，在数据库BookMIS中创建存储过程proc_borrow，查询指定图书的读者借阅的姓名、借阅日期和归还日期。

（4）使用SQL语句修改存储过程proc_ReturnDate，将其修改为查询没有借阅“10100002”号图书的读者归还日期。

（5）删除存储过程proc_ReturnDate。

11.5.2.2 创建和使用触发器

（1）为Reader表创建一个UPDATE触发器，当某位读者的读者编号改变时，级联更新Borrow表中匹配的读者编号信息。在查询分析中输入如下语句来测试UPDATE触发器：

```
UPDATE Reader SET ReaderID =‘950011’WHERE ReaderID =‘950010’
```

（2）为Book表创建一个DELETE触发器，当某图书信息被删除时，将其在Borrow表中相匹配的记录删除掉。在查询分析中输入如下语句来测试DELETE触发器：

```
DELETE FROM Book WHERE BookID =‘10100001’
```

11.5.2.3 创建用户自定义函数

（1）请编写一个用户自定义标量函数：在BookMIS数据库中，根据输入的读者编号，给出该读者借阅图书的册数。

（2）请编写一个内嵌表值函数：根据输入的图书编号，输出借阅该图书的读者姓名、工作单位、借阅日期和归还日期。

11.6 实验6：SQL Server的安全性管理

数据库系统的安全性是每个数据库管理员都必须认真考虑的问题。数据库的安全性，涉及对用户的管理，对数据库对象操作权限的管理，对登录数据库权限的管理等方面。

11.6.1 实验目的

（1）理解 SQL Server 的安全性机制；

（2）明确如何管理和设计 SQL Server 登录信息，实现服务器级的安全控制；

（3）掌握设计和实现数据库级的安全保护机制的方法；

（4）独立设计和实现数据库对象级安全保护机制。

11.6.2 实验内容

（1）查看本机 SQL Server 服务器的安全控制机制。

（2）查看所有的固定服务器的角色，了解其权限。

（3）在“对象资源管理器”建立登录账户“user1”“user2”，设置“user1”用户可以访问 Model 数据库、Tempdb 数据库、BookMIS 数据库，并设置“user1”用户为 BookMIS 数据库的 db_owner 的角色。然后测试该用户的访问情况。

（4）去掉“user1”具有的 BookMIS 数据库拥有者的权限，查看 BookMIS 目前所具有的角色权限。

（5）使用 T-SQL 赋予用户“user2”对数据库 BookMIS 的拥有权。

（6）使用 T-SQL 取消“user2”对数据库 BookMIS 的 Borrow 表的修改权限。

11.7 实验 7：图书管理数据库设计

11.7.1 实验目的

（1）掌握数据库应用系统的设计方法和流程；

（2）综合应用数据建模工具、SQL Server 等开发语言。

11.7.2 实验内容

（1）“图书管理系统”的业务需求分析。采用结构化设计方法，如数据流图，描述数据与处理流程及其关系；再如数据字典，描述系统中各类业务数据及结构描述的集合。

（2）根据需求分析的结果，进行系统的概念结构设计。将系统涉及的实体对象以 E-R 图的形式进行描述。

（3）在概念结构的基础上，将 E-R 图转换为关系模型，并优化关系模型，符合 3NF。

（4）在 SQL Server 2019 中进行实现，即创建各表及各表的完整性约束。

（5）使用 select、insert、update、delete 语句实现对图书信息的管理操作，为数据库系统添加数据。

11.7.3 实验步骤

（1）分析系统需求，绘制数据流图。建议根据实际需求调研分析，设计数据流图。

参考如下：数据来源主要包括读者用户；数据流主要包括登录信息、借阅请求、还书请求等；数据存储主要包括原馆藏数量、已借数量、剩余数量等，数据输出主要包括可借阅信息、归还信息等。

（2）绘制系统的E-R图，建议根据系统需求分析，自行设计E-R图。参考如下：E-R图可设计由4个实体和3个联系构成。其中实体包括读者（读者编号、登录密码、姓名、年龄、性别、可借册数和工作单位）；图书（图书编号、名称、单价、作者、出版社编号、馆藏册数）；书架（书架号、地点、负责人）；出版社（出版社编号、名称、地址、电话）。联系可参考如下：读者与图书之间存在多对多的借阅关系，并记录借阅时间和归还时间；图书与出版社存在一对多的出版关系，并记录当前图书的出版总数；图书与书架存在一对多的存放关系。

（3）进行E-R图向关系模式的转换，注意使用从概念模型到逻辑模型转换的方法，并再次优化检查是否符合3NF。

（4）在SQL Server 2019中通过SQL语言或者界面的方式，建立数据库BookMIS及其数据表，设计优化各表的完整性约束。其中Reader表、Book表、Publisher表和Borrow表的表结构见实验3，PubInfor（图书出版）表和bkshelf（书架）表见表11-9和表11-10。

表11-9　PubInfor（图书出版）表的表结构

列　名	数据类型	长度	允许空值	说　明
PubNum	varchar	20	否	出版社编号
BookID	char	8	否	图书号
PubTotal	int		否	图书出版总数

表11-10　bkshelf（书架）表的表结构

列　名	数据类型	长度	允许空值	说　明
bkshelfNum	char	5	否	书架号
location	varchar	20	否	书架放置地点
leader	varchar	20	是	书架负责人

（5）使用Insert语句，根据设计的表结构录入相应数据。

（6）使用select、update、delete测试对各表数据的正确管理。

11.7.4　实验要求

（1）撰写系统概要设计报告，要求包括E-R图、关系模式、功能描述、数据库结构。

（2）测试数据库的数据管理功能。

11.8 实验8：基于Java的图书管理数据库系统开发

11.8.1 实验目的

（1）掌握Java与SQL Server的连接方法；

（2）掌握Java中的数据库对象变量的使用方法；

（3）了解Java的GUI编程和Swing类库的基本用法；

（4）了解Java与SQL Server结合的开发过程。

11.8.2 实验内容

（1）利用Java的Connection对象，连接已建立的SQL Server数据库BookMIS。

（2）利用Java的Statement对象，测试对已连接数据库的查询、更新等数据管理功能。

（3）利用Java的ResultSet对象，对数据库中查询到的数据进行读取操作。

（4）利用Swing类库中的JFrame、JTextField等组件，创建数据库系统的用户登录窗口。

（5）利用Swing类库中的JList等组件，实现窗口界面显示查询数据的结果。

（6）完成系统开发与测试。

11.8.3 实验步骤

（1）JDK和JDBC的安装和配置。在http://www.oracle.com和微软官网https://learn.microsoft.com/，分别下载JDK和Microsoft SQL Server JDBC，完成安装、配置、测试。

（2）MyEclipse的安装。在http://java.sun.com/javase/downloads/index.jsp下载并完成安装、配置、测试。

（3）建立Connection连接对象。加载JDBC驱动程序，调用DriverManager类的getConnection方法，确定数据库的IP地址、数据库名、用户名和密码，作为方法的参数连接到数据库。

（4）建立Statement对象。

1）编写添加数据的SQL语句，利用Statement对象的executeQuery方法，执行SQL数据查询语句；

2）编写更新数据的SQL语句，利用Statement对象的executeUpdate方法，执行SQL数据更新语句；

3）编写删除数据的SQL语句，利用Statement对象的executeUpdate方法，执行SQL数据删除语句。

（5）建立ResultSet对象。编写查询数据的SQL语句，利用ResultSet对象的next方法和get方法等，逐条读取数据库中的数据。

（6）显示登录页面。利用JFrame组件，建立一个空窗口；再利用JTextField、JButton等组件，提供输入读者用户名和密码的文本框对象。获取界面的用户名和密码文本框中的内容，用来匹配数据库中的读者用户编号和密码，判断是否允许登录系统。

（7）显示数据查询页面。利用JFrame组件，建立一个空窗口，在其中创建JList组件，用于显示查询的数据信息。通过Java的Statement和ResultSet对象与Java的Swing类库组件相配合，将数据查询结果以参数的形式给予JList组件，实现在界面中的数据显示。

（8）在MyEclipse中编写以上步骤的各个Java代码模块。

（9）进行系统测试。

11.8.4 实验要求

（1）自学Java Swing组件完成简单的界面搭建。

（2）完成系统的开发与测试。

参考文献

[1] 王珊，萨师煊. 数据库系统概论［M］. 5 版. 北京：高等教育出版社，2018.

[2] 王岩，贡正仙. 数据库原理、应用与实践（SQL Server）［M］. 北京：清华大学出版社，2016.

[3] 董健全，郑宇，丁宝康. 数据库实用教程［M］. 4 版. 北京：清华大学出版社，2020.

[4] 于晓鹏. SQL Server 2019 数据库教程［M］. 北京：清华大学出版社，2020.

[5] 屠建飞. SQL Server 2019 数据库管理［M］. 北京：清华大学出版社，2021.

[6] Thomas M. Connolly，Carolyn E. Begg. 数据库系统［M］. 宁洪，李姗姗，王静，译. 北京：机械工业出版社，2021.

[7] Silberschatz A，Korth H F，Sudarshan S. 数据库系统概念［M］. 杨冬青，李红燕，唐世渭，等译. 北京：机械工业出版社，2006.

[8] 王英英. SQL Server 2019 从入门到精通［M］. 北京：清华大学出版社，2021.

[9] 李俊山，叶霞. 数据库原理及应用（SQL Server）［M］. 4 版. 北京：清华大学出版社，2020.

[10] 李海峰，刘欢，张贯虹. 数据库应用技术［M］. 北京：冶金工业出版社，2020.

[11] 刘伟，张利国. Java Web 开发与实战［M］. 北京：科学出版社，2008.

[12] 郭锋. Spring 从入门到精通［M］. 北京：清华大学出版社，2006.

[13] 郑玲利. 数据库原理与应用案例教程［M］. 北京：清华大学出版社，2008.

[14] 温尚书，陈石华，万欣. Java Web 编程入门与实战［M］. 北京：人民邮电出版社，2010.

[15] 范立锋，林果园. Java Web 程序设计教程［M］. 北京：人民邮电出版社，2010.

[16] 徐明华. Java Web 整合开发与项目实战［M］. 北京：人民邮电出版社，2010.

[17] 葛京. Hibernate 3 和 Java Persistence API 程序开发从入门到精通［M］. 北京：清华大学出版社，2007.

[18] 贾铁军，曹锐. 数据库原理及应用：SQL Server 2019［M］. 2 版. 北京：机械工业出版社，2020.